Gottfried W. Ehrenstein · Mit Kunststoffen konstruieren

STUDIENTEXTE KUNSTSTOFFTECHNIK

Carl Hanser Verlag München Wien

Gottfried W. Ehrenstein

Mit Kunststoffen konstruieren

Eine Einführung

Mit 256 Bildern und 33 Tabellen

Carl Hanser Verlag München Wien

Der Autor:

Prof.Dr.-Ing.Gottfried W.Ehrenstein,
Lehrstuhl für Kunststofftechnik, Friedrich-Alexander-Universität,
Erlangen-Tennenlohe

Die Deutsche Bibliothek – CIP-Einheitsaufnahme

Ehrenstein, Gottfried W.:
Mit Kunststoffen konstruieren : eine Einführung / Gottfried
W. Ehrenstein. - München ; Wien : Hanser, 1995
   (Studientexte Kunststofftechnik)

   ISBN 3-446-18347-7

© 1995 Carl Hanser Verlag München Wien

Druck und Bindung: Wagner, Nördlingen
Printed in Germany

Vorwort

Das vorliegende Lehrbuch "Mit Kunststoffen konstruieren" ist aus dem Skript zur Vorlesung entstanden, die an der Universität Erlangen-Nürnberg für Studenten des Maschinenbaus und des Chemieingenieurwesens bzw. der Werkstoffwissenschaften gehalten wird. Es ist stark beeinflußt durch die jahrelange enge Zusammenarbeit mit Herrn Prof. Dr.-Ing. Gunter Erhard, dessen Bücher "Konstruieren mit Kunststoffen" und "Maschinenelemente aus thermoplastischen Kunststoffen" mit Ing. (grad) E. Strickle Meilensteine in der fundierten Bearbeitung dieses Gebietes sind.

Wie bei Skripten üblich, kommen viele Anregungen von Fachleuten aus Industrie und Wissenschaft, Mitarbeitern, Studenten und aus der Literatur zusammen, so daß es im nachhinein oft schwierig wird, jede einzelne Quelle genau zu rekonstruieren. Die wichtigste Literatur ist jeweils am Kapitelende zitiert.

Das Buch ist eine Einführung in das Konstruieren mit Kunststoffen unter besonderer Berücksichtigung der häufig schwer und nicht immer klar zu definierenden Eigenschaften dieser sich zügig entwickelnden Werkstoffgruppe und entspricht dem Umfang einer Vorlesung mit zwei Semesterwochenstunden. Den Konstrukteur soll es mit dem besonderen Werkstoff vertraut machen, dem Werkstoffkundler ein Verständnis für den Verwendungszweck und damit auch für die Formulierung der richtigen Anforderungen an seinen Werkstoff vermitteln.

Mein Dank gebührt vor allem denen, die mir geholfen haben mit Ideen, Hinweisen, kritischen Bemerkungen, Unterlagen, Schreib-, Zeichen- und Fotoarbeiten und Lesen der Korrektur.

Erlangen, Sommer 1995

G. W. Ehrenstein

Inhaltsverzeichnis

Einleitung

Kunststoffe sind Ergebnisse intensiver Forschung besonders der Großchemie, vergleichbar Produkten der Elektronikindustrie. Während das Konstruieren mit klassischen Werkstoffen, d.h. mit unterschiedlichen Metallen in der Lehre an Hochschulen in vielfältiger und kompetenter Form vertreten wird, bestehen beim Konstruieren mit Kunststoffen noch unverständliche Defizite, die bei den Erfolgen dieser Werkstoffgruppe auch bei hochbelasteten Bauteilen nicht verständlich sind. Die VDI-Richtlinie 2223, Abs.6, weist auf verschiedene Konstruktionsregeln hin, das herstell-, gestalt- und design-, norm-, sicherheits-, umwelt- und instandhaltungsgerechte Konstruieren. Das werkstoff- und sonderbarerweise auch das nutzungsgerechte Konstruieren wird dagegen nicht aufgeführt. Vielleicht liegt das daran, daß eine wissenschaftliche Kunststoff-Konstruktionslehre nach wie vor an den Technischen Hochschulen fehlt. Nur wenige traditionelle "Konstruktions"-Lehrstühle befassen sich systematisch mit dieser neuen und erfolgreichen Werkstoffgruppe, und nicht jeder anwendungstechnische Gedanke ist ein konstruktiv orientierter.

Die entscheidenden Impulse und wichtigsten Arbeiten zum Konstruieren mit Kunststoffen erfolgten in den 60er bis 80er Jahren in den anwendungstechnischen Abteilungen der deutschen Großchemie. Hier sind besonders Namen wie Erhard, Hachmann, Oberbach, Schmidt, Strickle, Weber und Wübken zu nennen. Daneben gibt es eine Vielzahl von begabten und intelligenten Ingenieuren in der Industrie, die vorbildliche technisch-konstruktive Lösungen gefunden haben, ohne namentlich in Erscheinung getreten zu sein. Die Zahl der qualifizierten Bücher, die sich mit dem Konstruieren mit Kunststoffen beschäftigen, ist dagegen gering und im wesentlichen nur in Mitteleuropa zu finden. Wichtige Unterlagen sind die technischen Informationsschriften besonders der deutschen Großchemie. Trotz des Straffens des anwendungstechnischen Aufwands zu Beginn der 90er Jahre dürfte in den nächsten Jahren eine erhebliche Zunahme der Kunststoffproduktion und der Impulse zu ihrer Verwendung gerade auch bei konstruktiv orientierten Anwendungen zu erwarten sein.

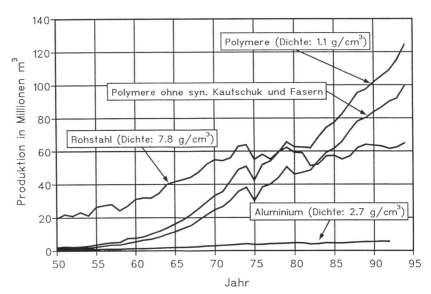

Bild 1:   Produktion von Stahl, Aluminium und Kunststoffen in der westlichen Welt (BASF, Wirtschaftsvereinigung Stahl, Gesamtverband der Deutschen Aluminiumindustrie)

Die Entwicklung der drei wichtigsten Werkstoffe für konstruktive Anwendungen, Stahl, Aluminium und Kunststoff, ist in Bild 1 dargestellt. Aufgetragen ist das Produktionsvolumen in der westlichen Welt. Da die Haupt-Kenngrößen für die Auslegung von Kunststoffbauteilen, die Spannung und der Elastizitätsmodul, geometriebezogene Größen sind, ist diese volumenbezogene Darstellung mindestens so gerechtfertigt wie eine Massenangabe. Eine Umrechnung kann leicht über die angegebenen mittleren Dichten erfolgen. Auffallend ist, daß bei Stahl seit gut 20 Jahren keine Zunahme mehr zu beobachten ist, bei Aluminium eine Steigerung von ca. 50% auf vergleichsweise niedrigen Niveau. Bei Kunststoffen hat sich das Produktionsvolumen in den letzten 20 Jahren dagegen um 100% gesteigert.

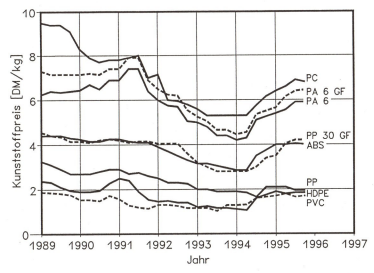

Bild 2:   Entwicklung der Preise von spezifizierten Originalkunststoffen (nach Kunststoff Information)

Für eine Zunahme von Kunststoffen als Konstruktionswerkstoffe spricht:

-   Die erheblichen Preisrückgänge für Kunststoffe gerade in den letzten Jahren werden trotz zwischenzeitlicher Erholung einen wirtschaftlichen Impuls geben, zumal bei den anderen Werkstoffe vergleichbare Preisrückgänge nicht zu erwarten sind, Bild 2.

-   Kunststoffe sind Produkte der Großchemie, der Forschungsaufwand dürfte vergleichsweise höher liegen als bei den anderen Werkstoffen. Damit ist mit einem höheren Innovationspotential bei dieser vergleichbar jungen Werkstoffgruppe zu rechnen. So sind durch neue Katalysatoren höhere Materialqualitäten zu erwarten, was preiswerteren Kunststoffen höhere Gebrauchstauglichkeiten ermöglichen wird.

-   Kunststoffe sind komplizierte Werkstoffe. Das viskoelastische Verhalten, die starke Temperaturabhängigkeit der Eigenschaften und die vielfältigen Möglichkeiten partieller Modifikationen erschweren die einfache Erfassung bzw. die Anwendung gebräuchlicher und eingeübter Berechnungsverfahren. Vermehrte Kenntnisse und zunehmendes Wissen erhöhen die Anwendungsmöglichkeiten überdurchschnittlich.

-   Kunststoffe werden für spezielle Anwendungszwecke entwickelt. Sie sind daher in vergleichsweise höherem Maße in der Lage, den speziellen Anforderungen der daraus zu entwickelnden Bauteile Rechnung zu tragen.

- Durch gezielte Modifikationen und Stabilisierung werden besonders die sog. Standard-kunststoffe (PP, PS, PE) zunehmend als Konstruktionswerkstoffe interessant. Dadurch ergibt sich ein weiterer erheblicher Preisvorteil und wirtschaftlicher Impuls.

- Der Einfluß der Verarbeitung auf die Eigenschaften von Kunststoff-Formteilen ist deutlich größer als bei Metallen. Verarbeitungseinflüsse müssen daher ebenso berücksichtigt werden wie werkstoffbedingte Konstruktionsregeln.

- Durch gezielte verarbeitungsbedingte Morphologie können die hohen Bindefestigkeiten der Polymerketten besser ausgenutzt und die Festigkeit, Steifigkeit und Verschleißbestän-digkeit erheblich gesteigert werden (Eigenverstärkung durch Schmelze- und Festphasen-Deformationen).

- Die wenig präzisen Kenntnisse der komplexen rheologischen und thermodynamischen Vorgänge bei der Verarbeitung und die damit zusammenhängende Entwicklung verfahrensbegleitender Qualitätssicherungsverfahren lassen noch einen erheblichen Wissensfortschritt erwarten.

- Die Forschungskapazitäten, besonders im öffentlichen Bereich, sind auf dem Gebiet des Konstruierens mit Kunststoffen unter Einbeziehung der kunststofftechnologischen Aspekte, deutlich geringer als bei den Metallen, was sich langsam zu ändern scheint und den Wissenszuwachs beschleunigen wird.

- Kunststoffe erfordern im stärkeren Maße eine gesamtheitliche Betrachtung bei der konstruktiven Auslegung, die über die mechanischen Aspekte hinaus thermische, optische, elektrische, akustische und andere gebrauchsorientierte Anforderungen berücksichtigen muß, aber auch gezielt nutzen kann.

- Im Gegensatz zu Metallen und Keramik sind Kunststoffe im Sinne einer Kreislaufwirtschaft Doppelfunktionswerkstoffe, da sie als konstruktive Werkstoffe und als Energieträger angesehen werden können, d.h. bei Weiter- und Wiederverwertung können sie sowohl unter werk-/rohstofflichen als auch unter energetischen Gesichtspunkten genutzt werden.

- Kunststoffe ermöglichen eine hochgradige Integration verschiedener Funktionsteile.

- Neue Technologien wie der Mehrkomponentenspritzguß und Kunststoff-Metall-Hybridverbunde oder Gitterleichtbaustrukturen ermöglichen neue, bisher unbekannte Konstruktionsperspektiven.

Neben dem Image "plastic" gelingt es Kunststoffen zunehmend, auch das Image eines Edelwerkstoffes (sympathisch, sauber, hochwertig, sicher gegen Strom und Hitze) zu gewinnen. Beispiele sind Griffe, Halterungen und Elemente aus PEEK in der Medizintechnik.

Unter Berücksichtigung dieser Gesichtspunkte kann man damit rechnen, daß die Kunststoffe in der nächsten Zeit ein außerordentliches Wachstum gerade bei hochwertigen Anwendungen aufweisen werden, aber auch bei der Verwendung billigerer Kunststoffe für qualifizierte Anwendungen.

1 Eigenschaften - Werkstoffkennwerte

Das Verhalten von Kunststoffen wird im wesentlichen dadurch bestimmt, daß die Grundelemente, die Makromoleküle, eine linienförmige Struktur haben und untereinander durch mechanische Verschlaufungen, physikalische Nebenvalenzbindungen oder zusätzlich zu diesen durch chemische Hauptvalenzbindungen untereinander verbunden sind. Die Stärke der chemischen Bindungen ist etwa 100 bis 1000 mal so groß wie die der physikalischen Bindungen. Die chemischen Bindungen sind kovalent und daher gerichtet, d.h. die Elektronen sind fest in die Bindungen zwischen den Atomen eingebunden und können nicht großräumig verschoben werden, weshalb Kunststoffe eine geringe elektrische und thermische Leitfähigkeit haben. Kovalente Bindungen, besonders die sehr häufig auftretenden C-C-Bindungen, sind fester als die metallischen Bindungen, Tab. 1.1.

Ein Vergleich der theoretisch möglichen Festigkeiten mit den in der Praxis bisher erreichten unterscheidet sinnvollerweise zwischen der Faser- und der kompakten Werkstofform. Deutlich erkennbar ist, daß die Festigkeiten realer Werkstoffe in kompakter Form weit niedriger sind als die theoretisch möglichen Festigkeiten. Hierbei liegen die klassischen Konstruktionswerkstoffe, Stahl und Aluminium, rund eine Zehnerpotenz günstiger als die Kunststoffe.

Werkstoff	E-Modul in N/mm^2			Zugfestigkeit in N/mm^2		
	theoretisch	experimentell		theoretisch	experimentell	
		Faser	Kompakt		Faser	Kompakt
Polyethylen	300.000	100.000 (33 %)	1.000 (0,33 %)	27.000	1.500 (5,5 %)	30 (0,1 %)
Polypropylen	50.000	20.000 (40 %)	1.600 (3,2 %)	16.000	1.300 (8,1 %)	38 (0,24 %)
Polyamid	160.000	5.000 (3 %)	2.000 (1,3 %)	27.000	1.700 (6,3 %)	50 (0,18 %)
Glas	80.000	80.000 (100 %)	70.000 (87,5 %)	11.000	4.000 (36 %)	55 (0,5 %)
Stahl	210.000	210.000 (100 %)	210.000 (100 %)	21.000	4.000 (19 %)	1.400 (6,67 %)
Aluminium	76.000	76.000 (100 %)	76.000 (100 %)	7.600	800 (10,5 %)	600 (7,89%)

Tabelle 1.1:　Vergleich der theoretischen und experimentell ermittelten Werte für Elastizitätsmodul und Zugfestigkeit verschiedener Werkstoffe

Bei den klassischen Werkstoffen bestehen zwischen den theoretischen und den realen Elastizitätsmoduln keine Unterschiede. Bei den Kunststoffen sind sie deutlich, vor allem bei Kunststoff in kompakter Form. Die Unterschiede bei den Elastizitätsmoduln sind nicht so ausgeprägt wie die Unterschiede bei den Festigkeiten.

Verallgemeinert kann man davon ausgehen, daß die Steifigkeit der Kunststoffe etwa 1/100, die Festigkeit aber 1/10 der Metalle beträgt. Da die Ausbildung an den Hochschulen in den meisten Fächern "stahlorientiert" ist, ist beim Konstruieren mit Kunststoffen im Vergleich zum Stahl die unterschiedliche Steifigkeit besonders zu berücksichtigen. Kunststoffgerechte Konstruktionen können aber auch Vorteile aus den besonderen Verformbarkeiten schöpfen.

Die weniger festen physikalischen Bindekräfte sind relativ leicht reversibel lösbar durch Wärme, Lösemittel und mechanische Kräfte, ohne daß der Werkstoff chemisch verändert wird. Sie können sich dementsprechend reversibel an anderer Stelle neu bilden. Hierauf beruhen die meisten Verarbeitungsverfahren, das Aufschmelzen und Spritzgießen in geschlossene Werkzeuge, das Extrudieren durch formende Düsen, das Warmumformen oder das Vergießen als lösemittelhaltige Harze oder Lacke und Dispersionen sowie die weniger gebräuchliche spanende Bearbeitung. Chemische Bindekräfte können nur durch Zerstören, z.B. Verbrennen, chemischen Angriff oder Strahleneinwirkung und dann immer irreversibel gelöst werden. Auch bei chemisch vernetzten Kunststoffen wirken zusätzlich physikalische Bindekräfte, diese können gelöst (= erweicht) werden, während die chemischen erhalten bleiben.

Unterschiede in der Struktur und beim Erreichen eines Gleichgewichtszustandes lassen sich anschaulich aus einer modellhaften Darstellung des Aufbaus der Metalle aus einzelnen Atomen, die regelmäßige Gitterplätze einnehmen, und Kunststoffen aus kettenförmigen Makromolekülen, die entweder wirr im Raum verteilt (amorph) oder teilweise kristallin geordnet (teilkristallin) sind. Zum Erreichen dieser Anordnung benötigen Metalle sehr viel weniger Zeit als teilkristalline Thermoplaste, Bild 1.1. Während Metallatome ohne größere wechselseitige Beeinflussung ihre Gitterplätze einnehmen, ziehen Makromoleküle quasi einen Schwanz hinter sich her, der zudem andere Molekülabschnitte erst zur Seite drängen muß.

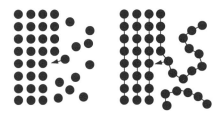

Bild 1.1:   Schematische Darstellung des Elementarschritts bei der Kristallisation eines niedermolekularen oder atomaren Stoffs (links) und eines Makromoleküls (rechts) (nach Schultz)

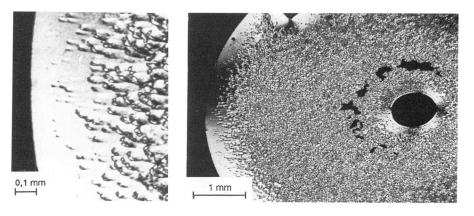

Bild 1.2.:   Schnitt durch einen Druckknopf aus POM mit amorpher Randzone und Lunker mit Ausschnittvergrößerung (links)

Der Vorgang ist zeitabhängig. Er kann durch Abkühlen im unzureichend erwärmten Werkzeug und dem damit verbundenen Reduzieren der Molekülbeweglichkeit behindert oder sogar abgebrochen werden. Dadurch entstehen unterschiedliche Strukturen im gleichen Bauteil. Bei dem Druckkopf aus POM ist die Gleitfläche wenig kristallin und damit weicher und verschleißempfindlicher, im Inneren ist das Gefüge dagegen kristalliner, fester und härter, Bild 1.2. Die Lunker ergeben sich durch die mit der Kristallisation verbundene Schwindung im Material, die durch Nachdrücken von Schmelze nicht ausgeglichen werden konnte. Je höher die Molekülbeweglichkeit, z.B. durch erhöhte Temperaturen, ist und je mehr Zeit zur Verfügung steht, umso vollständiger läuft die Kristallisation ab, die zwischen 30 und 70% im Endzustand beträgt.

In Bereichen kristalliner Anordnung der Makromoleküle wirken die physikalischen Bindekräfte optimal und können nur mit erhöhter Energie (Wärme) bei der Kristallschmelztemperatur gelöst werden, während der Zusammenhalt zufällig günstig liegender Makromoleküle im amorphen Bereich bei deutlich geringerer Temperatur, der Glasübergangstemperatur, erweicht, Bild 1.3. Die Glasübergangstemperatur, s. Kapitel 1.2.1 und Bild 1.41, ist die Temperatur größter Änderungen der Steifigkeit im nicht geschmolzenen Zustand. Solange die Kristallschmelztemperatur nicht erreicht ist, liegt trotzdem ein fester Werkstoff vor. Sind die amorphen Bereiche erweicht, verhalten sie sich duktil.

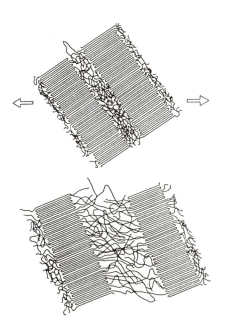

Polymer	Feuchte [%]	T_g [°C]	T_m [°C]
PE		-125	135
PP		+ 20	170
POM		- 65	178
PET		+ 80	255
PBT		+ 43	223
PA 6	tr. 0,2%	+ 78	223
	lf. 3,0%	+ 28	"
	n. 8,0%	- 8	"
PA 46	tr. 0,2%	+ 94	287
	lf. 3,5%	+ 31	"
	n. 9,7%	- 10	"
PA 66	tr. 0,2%	+ 90	264
	lf. 2,7%	+ 39	"
	n. 7,2%	- 6	"
PA 610	tr. 0,1%	+ 77	222
	lf. 1,5%	+ 48	"
	n. 3,2%	+ 19	"
Co-PA 66/6	tr. 0,2%	+ 81	243
	lf. 2,7%	+ 29	"
	n. 7,4%	- 6	"
PA (amorph)	tr. 0,3%	+152	-
	lf. 2,9%	+114	-
	n. 5,0%	+ 97	-

Bild 1.3:   Verformung eines teilkristallinen Thermoplasten unterhalb und oberhalb der Glastemperatur (T_g) (nach Ingram, Kiko, Peterlin); T_m = Kristallschmelztemperatur; Bestimmung von T_g, s. Bild 1.41 tr.= trocken = keine Feuchtigkeit; lf. = luftfeucht = Feuchtigkeitsgehalt im Klima 23 °C - 50 % rel. Feuchte; n = naß = Feuchtigkeitsaufnahme im Wasser.

Unterhalb der Erweichungs(Glasübergangs-)temperatur sind die amorphen und die kristallinen Bereiche spröde und fest. Daraus folgt, daß amorphe Thermoplaste nur unterhalb der Erweichungstemperatur konstruktiv eingesetzt werden können, bei teilkristallinen halten die kristallinen Bereiche den Werkstoff dagegen auch bei höheren Temperaturen zusammen. Unterhalb der Erweichungstemperatur bei spröden (eingefrorenen) amorphen Bereichen verhält sich ein teilkristalliner Thermoplast spröde und hart. Oberhalb der sich über einen großen Temperaturbereich erstreckenden Erweichung (viele zig °C) wird der gleiche Werkstoff zäh und duktil.

Bei räumlich vernetzten Duroplasten gilt vergleichbares, besonders bei den weitmaschig vernetzten Elastomeren. Die chemischen Bindungen halten den Werkstoff zusammen, sind die physikalischen Bindungen erweicht, ist der Werkstoff zäh.

1.1 MECHANISCHE EIGENSCHAFTEN

Bei der Verformung von Kunststoffen unter der Einwirkung einer äußeren Kraft kann man drei Verformungsanteile unterscheiden, die sich überlagern:

-   spontan, **elastische** Verformung (spontan reversibel),

-   zeitabhängig **viskoelastische oder relaxierende** Verformung (zeitabhängig reversibel),

-   zeitabhängig **viskose** Verformung (zeitabhängig irreversibel).

Die Verformungserscheinungen sind durch die im Kunststoff ablaufenden molekularen Verformungs- und Schädigungsmechanismen charakterisiert. Die **rein elastische** Verformung ist auf spontane Abstandsänderungen von Atomen und Valenzwinkelverzerrungen zurückzuführen. Besonders die festen chemischen Bindungen zeigen dieses Verhalten. Bei der **zeitabhängig viskoelastischen oder relaxierenden** Verformung benötigen die Moleküle oder Molekülgruppen eine gewisse Zeit, um durch Umlagerung in eine den einwirkenden Spannungen entsprechende Gleichgewichtslage der Verformung zu kommen. Der Kunststoff reagiert auf eine aufgeprägte Beanspruchung also mit gewisser Zeitverzögerung, gekennzeichnet durch die Relaxationszeit. Unter der **Relaxationszeit** versteht man die Zeit, bis zu der die Spannung bei konstanter Deh-

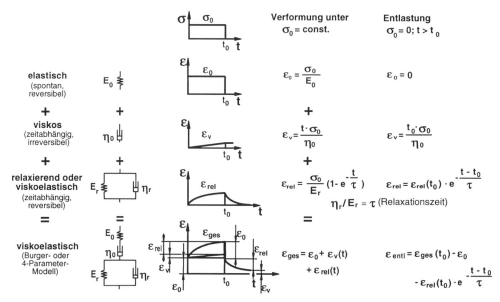

Bild 1.4: Beschreibung des Verformungsverhaltens von Kunststoffen mit dem 4-Parameter-Modell

nung auf 1/e oder 0,368 der Anfangsspannung zurückgegangen ist, Bild 1.4. Ein großer Teil dieser Verformungen geht nach Entfernen der Beanspruchung wieder zurück, er ist zeitabhängig reversibel. Den nicht zurückgehenden Anteil, bedingt durch nicht rückstellbare, irreversible Molekülumlagerungen, nennt man **viskos**. Die zeitabhängig relaxierenden und viskosen Verformungen hängen mit der mechanischen Lösbarkeit der physikalischen Bindungen zusammen.

Die Relaxation tritt sowohl bei Verformung als auch bei Belastung auf. Wird ein Körper plötzlich deformiert, baut sich in ihm zunächst eine relativ hohe Spannung auf, die aber im Laufe der Zeit immer weiter abklingt (**Spannungsrelaxation**). Auch hier bewirken die langen und verknäulten Kettenmoleküle durch Umlagerungen die verzögerte Einstellung des Gleichgewichts. Neben der Spannungsrelaxation gibt es die **Dehnungsrelaxation**. Aufgeprägte Spannungen führen zu einer zeitabhängigen Verformung, auch **Retardation** oder **Kriechen** genannt, wie z.B. beim Abplatten einer Rolle am Auflagepunkt, wobei durch die vergrößerte Auflagefläche die Spannung erniedrigt wird. Normalerweise wird bei der Spannungsrelaxation durch die abnehmende Spannung im Vergleich zur Dehnungsrelaxation mit konstanter Spannung die Belastung des Bauteils geringer.

Dieses Materialverhalten kann im Prinzip durch das sog. 4-Parameter-Modell aus hintereinander- und parallelgeschalteten Federn und Dämpfern dargestellt werden, Bild 1.4. Es besteht aus einer Feder, kennzeichnend den E-Modul E_0, und einem dazu in Serie geschalteten Dämpfungstopf mit der Viskosität η_0. Dazu kommt ein Parall-Elelement aus einer Feder E_r und einem Dämpfer η_r. Der übliche, nach Norm bestimmte E-Modul entspricht etwa dem Wert von E_0, da er bei sehr niedrigen Belastungen und relativ zügig (< 1 min) gemessen wird. Die elastische Verformung bei einer plötzlichen Belastung ist durch die Beziehung $\varepsilon_o = \sigma/E_o$ gekennzeichnet, die viskose Verformung ε_v durch die Höhe und Dauer der einwirkenden Spannung σ_0 und umgekehrt proportional durch die Viskosität η_0, $\varepsilon_v = \sigma_0 \cdot t/\eta_0$.

Beim Dämpfungskolben stellt sich die Spannung proportional der Dehnungsgeschwindigkeit $\dot{\varepsilon}$ multipliziert mit der Viskosität η_0 ein, also $\sigma = \eta_0 \cdot \dot{\varepsilon}$. Eine endliche, aber zeitlich verzögerte Verformung ergibt sich beim parallelen Feder-Dämpfer-Element. Aus diesen Beziehungen wird anschaulich, daß Kunststoffe bei einer höheren Belastungsgeschwindigkeit, aber gleicher Verformung, eine höhere Spannung und damit ein größeres Verhältnis von Spannung zu Dehnung, d.h. einen höheren E-Modul aufweisen, s.a. Bild 1.11.

Solange die Gesamtverformung rein additiv aus den Einzelverformungsanteilen (elastisch ε_{el} + relaxierend ε_{rel} + viskos ε_v) zusammengesetzt werden kann, spricht man von **linearviskoela-**

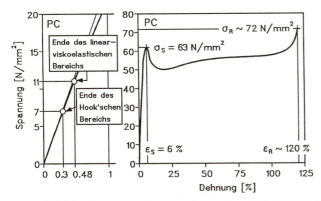

Werk-stoff	σ_0 [N/mm²]	σ_{lv} [N/mm²]	E [N/mm²]
PP	1,5	2,5	1450
PA66 lf.	3	5	1300
PBT	3	5	2600
POM	5	7	2900
ABS	5	7	2400
PC	7	11	2300
SAN	7	10	3700

Bild 1.5: *Grenze der elastischen (σ_0) und der linearviskosen (σ_{lv}) Verformung bei Polycarbonaten (PC) und anderen Thermoplasten*

stischem Verhalten, Bild 1.5. Ein linearviskoelastisches Verhalten bedeutet, daß die elastischenund nichtelastischen Verformungsanteile streng lastabhängig sind. Jegliche Schädigung oder zum Versagen führende zusätzliche nichtelastische Verformung ist nicht mehr direkt proportional zur Last, der Kunststoff verhält sich also nicht mehr linearviskoelastisch. Das durch stärkere nichtelastische und nichtreversible Verformungsanteile gekennzeichnete Verhalten oberhalb dieser Grenze heißt **nichtlinearviskoelastisch**. In diesem Belastungsbereich wird eine analytische Darstellung der Zusammenhänge von Last, Verformung und Zeit zunehmend kompliziert und ist in geschlossener Form nicht möglich. Leider werden die meisten konstruktiven Anwendungen in diesem Bereich belastet, was die Berechnung und Gestaltung von Bauteilen verglichen z.B. mit den elastischen Metallen sehr erschwert.Die Grenze der elastischen und linearviskoelastischen Verformung liegt bei den meisten Thermoplasten und Elastomeren weit unterhalb der Bemessungsgrenzwerte, Bild 1.5. Es gibt physikalisch begründete Festlegungen dieser Grenzen.

Die Grenze der elastischen Verformung ergibt sich bei Abweichung vom linearen Verlauf beim üblichen genormten σ-ε-Diagramm (Abzugsgeschwindigkeit = const.), die Grenze der linearviskoelastischen Verformung beim isochronen σ-ε-Diagramm (Zeit = const.). Eine Vorschrift für die Größe der Abweichung gibt es nicht. Normalerweise wird nach Inaugenscheinnahme bei normaler Darstellung entschieden. In Bild 1.5 gilt als Ende der elastischen und linearviskoelastischen Verformung 1 % Abweichung von der Nullpunktsteigung.

1.1.1 Festigkeits-Kennwerte

Die Kennwerte von Kunststoffen hängen in hohem Maße von den Fertigungs- und den Prüfbedingungen ab. Daher ist beim Vergleich und einer daraus abgeleiteten Werkstoffauswahl auch bei ähnlichen Kunststoffen Vorsicht geboten.

Aus der Vielzahl möglicher Meßwerte sollte eine begrenzte Anzahl aussagekräftiger Kennwerte und -funktionen gewählt werden, die nach ebenfalls definierten Prüfbedingungen ermittelt werden. Ebenso sollten die Probekörperform und die Fertigungsparameter der Proben festgeschrieben sein.

Die hierzu entwickelten Normen sind die Basis der PC-Datenbank **CAMPUS** (**C**omputer **A**ided **M**aterial **P**reselection by **U**niform **S**tandards) von verschiedenen Kunststoffherstellern. Ziel der Probekörperherstellung und -prüfung nach CAMPUS ist der Vergleich der Werkstoffeigenschaften unter einheitlichen Bedingungen für Probekörpergeometrie, Werkzeugprinzip, Fertigungs- und Prüfbedingungen auf der Basis der internationalen Normen.

Für die Dimensionierung ergeben sich folgende **Festigkeitskennwerte**, Bild 1.6:

- **Streckspannung** σ_s als diejenige Zugspannung, bei der die Steigung der Spannungs-Dehnungs-Kurve erstmals den Wert 0 annimmt,

- **Zugfestigkeit** σ_B als die Spannung bei Höchstkraft im Zugversuch,

- **x %-Dehnspannung** $\sigma_{x\,\%}$ als diejenige Zugspannung, bei der die Spannungs-Dehnungs-Kurve vom anfänglich linearen Verlauf um x % Dehnung abweicht,

- **Bruchspannung** σ_R beim Reißen, wenn keine Streckspannung oder x %-Dehnspannung besteht bzw. ermittelt werden kann.

Die x %-Dehnspannung kann als Dimensionierungskennwert verwendet werden, wenn die Spannungs-Dehnungs-Kurve eines Werkstoffs keine ausgeprägte Streckspannung aufweist und der Bruch erst bei hohen Dehnungswerten erfolgt, also bei ausgeprägt nichtlinearem Werkstoffverhalten.

Alle Kurzzeit-Bemessungskennwerte können den Spannungs-Dehnungs-Diagrammen entnommen werden, Bild 1.6. Der wichtigste Festigkeits-Kennwert ist die **Zugfestigkeit** mit einem eindeutigen, über dem Querschnitt gleichmäßigen und daher am besten überschaubaren Spannungszustand.

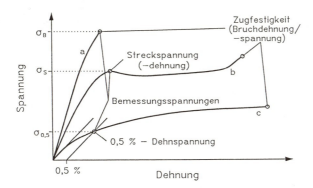

Bild 1.6: *Bemessungskennwerte aus Spannungs-Dehnungs-Kurven im Zugversuch*
   a: spröde Werkstoffe
   b: zähe Werkstoffe mit Streckgrenze
   c: zähe Werkstoffe ohne Streckgrenze

Neben den Kennwerten aus dem Zugversuch werden immer wieder auch solche aus dem Biegeversuch gewünscht mit der Begründung, daß die Biegebeanspruchung eine häufige Belastungsart in der Praxis sei. Mehrere Argumente sprechen gegen die zusätzliche Angabe der **Biegefestigkeit**. Wie aus Bild 1.7 hervorgeht, ist der Spannungs-Dehnungs-Verlauf über dem Querschnitt nur bei kleinen Dehnungen linear. Bei höheren Lasten liegt zwar eine lineare Dehnungsverteilung über die Höhe des Biegekörpers vor, die Spannungsverteilung ist jedoch

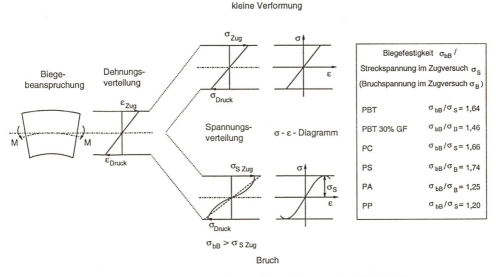

Bild 1.7: *Dehnungs- und Spannungsverteilung bei Biegebelastung (nach Oberbach)*

entsprechend den Spannungs-Dehnungs-Diagrammen für Zug und Druck leicht S-förmig. Dieser nichtlineare Spannungsverlauf wird bei der üblichen Berechnung der Randfaserspannung aus dem Biege- und Widerstands-Moment (σ = M/W) nicht berücksichtigt. Man erhält eine fiktive Biegespannung σ_{bB}, die deutlich über der im Zugversuch ermittelten Streckspannung σ_S liegt. Die nach Norm bestimmte Biegefestigkeit ist also zumindest bei Thermoplasten unrealistisch hoch. Bei der Anwendung von Biegefestigkeitswerten bei der Berechnung wird dieser Fehler wieder kompensiert, aber nur, wenn die Wanddicke in vergleichbarer Größenordnung wie die Prüfkörperdicke ist. Entsprechendes gilt auch für den E-Modul. Zudem weisen nur wenige biegebeanspruchte Bauteile auch eine reine Biegespannung auf. Bei einem Doppel-T-Träger treten z.B in den Gurtzonen nahezu konstante Zug- bzw. Druckspannungen auf, so daß hier die Zug- oder die Druckfestigkeit das Bemessungskriterium sein muß. Im Steg selbst ist besonders bei 3-Punkt-Biegebelastung oder einem eingespannten Kragträger mit zusätzlichem Schub zu rechnen. Wie sehr die an identischen Materialien gemessenen σ-ε-Diagramme bei Zug-, Druck- und Biegebelastung voneinander abweichen, zeigt Bild 1.8.

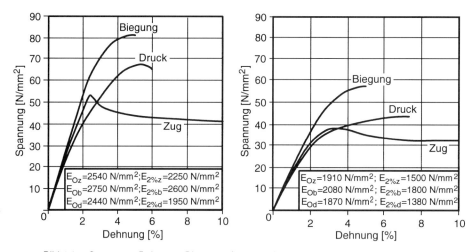

Bild 1.8:   Spannungs-Dehnungs-Diagramm für ein steifes (links) und ein hochzähes (rechts) Acrylnitril-Buta-dien-Styrol-Copolymerisat (ABS) unter (d) Druck-, (z) Zug- und (b) Biegebelastung
E_0 =   E-Modul durch Null
$E_{S2\%}$ =   Sekantenmodul zwischen 0 und 2 % Verformung

Die **Druckfestigkeit** wird wegen der Knickgefahr an kurzen Prüfkörpern gemessen. Dabei führen die mangelnde Parallelität und Ebenheit der beanspruchten Oberfläche und in die Probe-körper hineinwirkende mehrachsige Verformungsbehinderungen (Druckkegel, Auflagereibung) häufig zu Verfälschungen der Ergebnisse. Andererseits sind Kerben und kleine Risse im Gegen-satz zur Zugbelastung unerheblich, weil sie sich unter Druck schließen.

Die **Schubfestigkeit** τ_B kann definiert an zylindrischen Probekörpern unter Torsionsbean-spruchung gemessen werden. Ein Beulen ist jedoch bei normalen Thermoplasten wegen deren niedriger Steifigkeit praktisch nicht zu vermeiden. Die Schubfestigkeit τ_B wird daher besser aus der Zugfestigkeit σ_{zB} nach der Schubspannungsversagenshypothese mit $\tau_B = 0,5 \cdot \sigma_{zB}$ bestimmt. Ist der Spannungszustand genau bekannt, kann auch nach der Gestaltänderungshypothese (Huber, von Mises, Henky) mit $\tau_B = 0,58\ \sigma_{zB}$ gerechnet werden. Daher gilt generell:

> **Schubfestigkeit < Zugfestigkeit < Druckfestigkeit < Biegefestigkeit**

Ein weiterer Grund spricht gegen die Angabe mehrerer Festigkeits-Kennwerte. Unterschiedliche Geometrien und Herstellbedingungen von Probekörpern können, z.B. durch Molekül- oder Verstärkungsmittelorientierung, zu einer Festigkeitsanisotropie führen, die wesentlich größer ist als z.B. der Unterschied zwischen der Zug- oder Druckfestigkeit am gleichen Probekörper. Viel wichtiger als ein zweiter Festigkeitskennwert wären deshalb z.B. längs und quer zur Fließ-richtung der Schmelze bei der Werkzeugfüllung gemessene Kennwerte. Mit der Zugfestigkeit liegt man immer auf der sicheren Seite, da sie niedriger als die Druck- und Biegefestigkeit ist. Deshalb und wegen der überschaubareren Versuchstechnik wird sie daher bevorzugt.

1.1.2 Verformungs-Kennwerte

Den im vorherigen Abschnitt für die Dimensionierung definierten Festigkeitskennwerten können entsprechende Verformungskennwerte zugeordnet werden, Bild 1.6 und 1.9:

- **Streckdehnung** ε_S als die der Streckspannung σ_S zugeordnete Dehnung,

- **Bruchdehnung** ε_B als die der Bruchspannung σ_R zugeordnete Dehnung,

- **Elastizitätsmodul E_0** beschreibt den Zusammenhang zwischen Spannung und zugeordneter Verformung, im linearen Bereich gilt das Hookesche Gesetz $E = \sigma/\varepsilon$,

- **Sekantenmodul E_s** kennzeichnet den Widerstand gegen Verformung zwischen Null- und Belastungspunkt,

- **Tangentenmodul E_T** kennzeichnet das Steifigkeitsverhalten am Lastpunkt gegenüber zusätzlicher Belastung,

- **Kriechmodul E_C** ist für zeitabhängige Belastungen definiert als das Verhältnis zwischen Spannung und der zeitabhängig sich einstellenden Verformung, $E_C = \sigma/\varepsilon_{ges}(t)$, s.a. Bild 1.4.

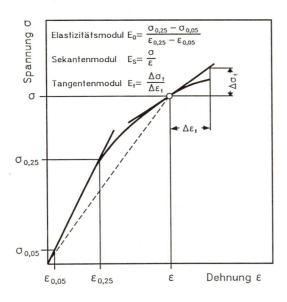

Bild 1.9: Definition verschiedener Elastizitätsmoduln zur Kennzeichnung des Verformungsverhaltens von Kunststoffen

Die Verformung von Kunststoffen ergibt sich aus der additiven Überlagerung des elastischen, relaxierenden und viskosen Anteils. Da die beiden letzteren zeit- und belastungsabhängig sind, verhält sich ein Kunststoff umso linearer bzw. elastischer, je schneller er belastet wird. Bei normaler statischer Beanspruchung ist die Grenze, bei der mit zunehmender Spannung das Spannungs-Dehnungs-Diagramm von dem linearen Verhalten abweicht, sehr niedrig. Besonders bei erhöhten Temperaturen ist selbst bei niedriger Verformung keine Linearität mehr gegeben.

Aus meßtechnischen Gründen wird der **Elastizitätsmodul** nicht als Tangente durch den Nullpunkt, sondern als Sekante zwischen 0,05 % und 0,25 % Dehnung gemessen. Eine geringe untere Belastung ist die Voraussetzung für das Funktionieren der Meßgeräte. Damit wird $E_o = (\sigma_{0,25} - \sigma_{0,05}) / (\varepsilon_{0,25} - \varepsilon_{0,05})$. Diese Festlegung ist für Kunststoffe besonders bei ausgeprägt nichtlinearem Verformungsverhalten nötig, um einen Materialvergleich zu ermöglichen. Damit ist das Elastizitätsverhalten aber nicht ausreichend gekennzeichnet. Es werden daher drei Elastizitätsmoduln definiert, Bild 1.9. Der Konstrukteur wird den normgerecht gemessenen **Elastizitäts-** oder **Nullpunktsmodul E_o** ohnedies nur zum Werkstoffvergleich bzw. zur Werkstoffauswahl verwenden. Da Konstruktionen aus Kunststoffen i.a. über $\varepsilon = 0,25$ % beansprucht werden, wird für Berechnungen solcher Bauteile der **Sekantenmodul E_S** eingeführt. Unter dem Sekantenmodul wird formal der Quotient aus der durch die Belastung erzeugten Spannung σ und der dabei auftretenden Dehnung ε verstanden, $E_S = \sigma/\varepsilon$. Er nimmt also mit zunehmender Belastung ab. Mit ihm wird versucht, auf vereinfachte Weise das nichtlineare Werkstoffverhalten bei Verformungsberechnungen zu berücksichtigen. Eine dritte Möglichkeit ergibt sich durch den sog. **Tangentenmodul**, der die Steigung des Spannungs-Dehnungs-Diagramms an einem bestimmten Punkt kennzeichnet. Er ist für die Praxis i.a. von geringerer Bedeutung und nur zur Kennzeichnung des weiteren Verformungsverhaltens von vorbelasteten Bauteilen nützlich, z.B. durch Beulung.

Für die geschilderten Vorgänge spielt selbstverständlich neben der Zeit und der Höhe der Belastung die Einsatztemperatur eine maßgebliche Rolle, insbesondere hinsichtlich ihrer relativen Lage zur Glasübergangstemperatur T_g. Bei einer Einsatztemperatur deutlich oberhalb von T_g verhalten sich die Kunststoffe duktil und zäh, deutlich unterhalb dagegen spröde. Dieses gilt insbesondere bei teilkristallinen Thermoplasten, deren amorphe Phase erweichen kann, ohne daß der durch die kristallinen Bereiche fest zusammengehaltene Werkstoff seine Gebrauchstauglichkeit verliert.

1.1.3 Einfluß von Temperatur, Belastungsgeschwindigkeit, -dauer und Feuchte

Die Auswirkungen von Temperatur, Belastungsgeschwindigkeit (Zeit) und Wasseraufnahme (besonders bei Polyamiden) auf den molekularen Zusammenhalt von Kunststoffen finden sich den Spannungs-Dehnungs-Kurven wieder. Zur betriebssicheren Auslegung von Bauteilen sind deshalb Kennwerte unter Variation dieser Randbedingungen erforderlich. Werkstoffgesetze, die das viskoelastische nichtlineare Werkstoffverhalten unter Einschluß von Zeit, Temperatur, Feuchte usw. beschreiben, liegen nicht vor und sind wegen der Komplexität in absehbarer Zeit auch nicht zu erwarten. Nur in seltenen Fällen wäre der gewaltige Ermittlungsaufwand gerechtfertigt. Normalerweise genügen Vereinfachungen.

TEMPERATUR

Je nach Temperatur kann ein- und derselbe Kunststoff unterschiedliche Spannungs-Dehnungs-Verläufe annehmen. Dieses kann bei teilkristallinen Thermoplasten sogar innerhalb eines relativ eng begrenzten Temperaturbereichs der Fall sein, Bild 1.10. Solange T_g der amorphen Phase über der Prüftemperatur liegt (amorphe Bereiche eingefroren), bildet sich eine Streckgrenze aus, im umgekehrten Fall verstreckt sich der Werkstoff gleichmäßig duktil. Dementsprechend liegt

auch eine ausgeprägte Temperaturabhängigkeit sämtlicher Festigkeits- und Dimensionierungskennwerte vor, was Berechnungen, insbesondere bei instationären Temperaturverteilungen sehr
erschwert. Diesem Einfluß kann sich z.B. beim Polyamid der Feuchtigkeitseinfluß überlagern.
Die Glasübergangstemperatur T_g der amorphen Phase schwankt je nach Feuchtigkeitsgehalt
zwischen -8 und 90 °C, während die kristalline Phase erst oberhalb 220 °C schmilzt. Dabei
ändern sich nicht nur die Festigkeits- und Steifigkeitskennwerte, sondern das gesamte
Verformungsverhalten.

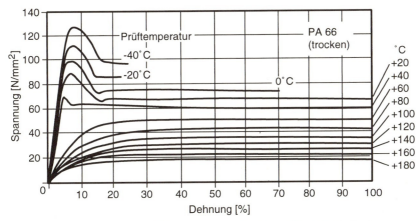

Bild 1.10: Spannungs-Dehnungs-Diagramme des teilkristallinen PA 66 (trocken)

BELASTUNGSGESCHWINDIGKEIT UND -DAUER

Aufgrund zunehmender Belastungsgeschwindigkeit vermindern sich die zeitabhängigen nichtelastischen Verformungsanteile; d.h. die Spannungs-Dehnungs-Diagramme werden steiler und
damit steigt der Elastizitätsmodul, Streckspannung bzw. Zugfestigkeit nehmen zu, andererseits
fällt die Bruchdehnung ab, Bild 1.11 links und Bild 1.12. Doch gilt grundsätzlich: der Einfluß
der Temperatur auf die Festigkeits- und E-Modul-Werte ist bedeutend größer als der der
Belastungsgeschwindigkeit.

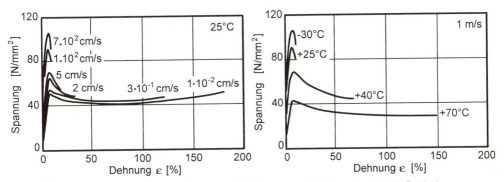

Bild 1.11: Spannungs-Dehnungs-Kurven von PVC, gemessen im Zugversuch (nach Retting)
   links: bei 25°C mit unterschiedlichen Zuggeschwindigkeiten
   rechts: bei konstanter Zuggeschwindigkeit (1 m/s) bei unterschiedlichen Temperaturen

Deutlich wird dieses bei einem Polyamid 66 luftfeucht, wenn bis 4 % Dehnung die Temperatur als Parameter mit der Belastungszeit verglichen wird.

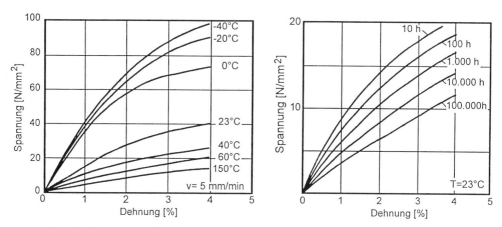

Bild 1.12: Spannungs-Dehnungs-Kurven von PA 66 luftfeucht für verschiedene Temperaturen und Zeiten (BASF)

WASSERAUFNAHME

Die Wasseraufnahme ist besonders bei Polyamiden zu berücksichtigen. Wassermoleküle diffundieren in Polyamide ein und lagern sich überwiegend in den weniger dicht gepackten amorphen Bereichen an. Die genaue Anlagerungsform ist nicht endgültig geklärt. Es sind die 3 Konditionierungszustände trocken, luftfeucht und naß definiert. Ein trockenes Teil mit 2 mm Wanddicke nimmt in normaler Umgebung in Monaten deren Feuchte an. Bei erhöhten Temperaturen wird der Vorgang erheblich beschleunigt. Kurzfristige, auch Tage dauernde Schwankungen der Feuchtigkeit in der Umgebung führen nur zu geringen Änderungen im Wassergehalt und damit der mechanischen Eigenschaften von Polyamid-Formteilen.

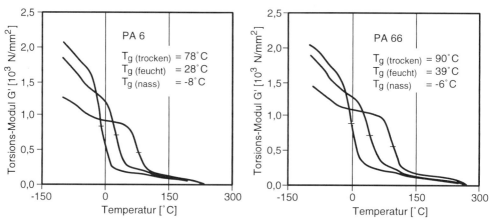

Bild 1.13: Dynamischer Torsionsmodul (geringe Belastung) von PA 6 und PA 66 mit Angabe der Glasübergangstemperatur im trockenen, luftfeuchten und nassen Zustand

Deutlich erkennbar tritt durch die Aufnahme von Wasser eine Verschiebung der Glasübergangs-temperatur zu tieferen Temperaturwerten ein. Während die Glasübergangstemperatur für trockenes PA 6 bei +78 °C festgestellt wird, beträgt sie nach einer Wasseraufnahme von 3 % bereits +28 °C und von 8 % nur noch -8 °C, Bild 1.13.

T_g wechselt also mit der Wasseraufnahme gerade im Bereich der normalen Umgebungs-temperatur, was sich auch in unterschiedlichen Formen der Spannungs-Dehnungs-Kurven und damit der Steifigkeit und Festigkeit für diese Feuchtezustände ausdrückt, Bild 1.14 und Bild 1.15. Im Gegensatz zur Festigkeit und Steifigkeit nimmt die Zähigkeit mit dem Wassergehalt zu. Kennwerte von Polyamiden müssen immer einen Hinweis auf den Feuchtigkeitsgehalt enthalten.

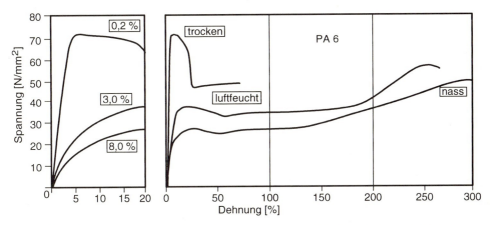

Bild 1.14: Spannungs-Dehnungs-Diagramme von trockenem, luftfeuchtem und nassem PA 6

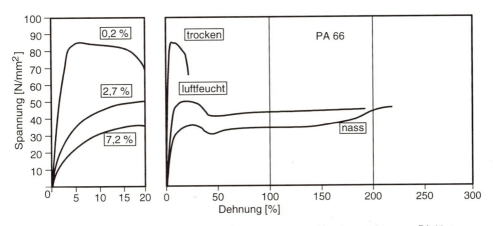

Bild 1.15: Spannungs-Dehnungs-Diagramme von trockenem, luftfeuchten und nassem PA 66

1.1.4. Zähigkeit

Die Zähigkeit eines Werkstoffes wird aussagekräftig durch die Fläche unterhalb der Spannungs-Dehnungs-Kurve im Zugversuch gekennzeichnet, die das mechanische Arbeitsaufnahme-vermögen (Zähigkeit) des betreffenden Kunststoffs bei relativ langsamer Belastungs-geschwindigkeit beschreibt. Eine große Fläche ist gleichbedeutend mit einem hohen mechanischen Arbeitsaufnahmevermögen. Aus einem fiktiven Dreieck aus der Anfangssteigung bis zur der Maximalspannung und der dazugehörigen Dehnung ergibt sich das rein elastische Arbeitsaufnahmevermögen des Werkstoffs.

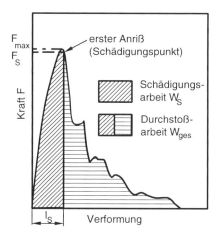

Bild 1.16: Aufteilung der Kraftverformungskurve beim Durchstoßversuch nach DIN 53443

Die Aussagekraft normaler Schlag- und Stoßversuche kann bei Aufnahme eines Kraft-Verformungs-Diagramms durch eine Unterteilung der integral vom Probekörper bis zum Bruch aufgenommenen Schlag- bzw. Durchstoßarbeit in die Anteile Schädigungsarbeit und Restverformungsarbeit erhöht werden, Bild 1.16. Als Schädigungsarbeit wird diejenige Arbeit bezeichnet, die der Werkstoff bis zum Erreichen der Maximalkraft F_{max} und des ersten Anrisses aufgenommen hat. Dieses ist etwas mehr als die rein elastische Arbeit, da die Verformung bis zum erstem Anriß l_s auch einen nichtelastischen Verformungsanteil enthält. Der Energieanteil nach Erreichen der Maximalkraft wird als Restverformungsarbeit bezeichnet. Die Streckdeh-nung, und damit auch die Verformung bis zur beginnenden Materialschädigung nimmt z.B. bei PC wie bei anderen Kunststoffen in Abhängigkeit von der Temperatur deutlich ab. Eine größere temperaturbedingte Erweichung bedeutet also nicht unbedingt eine größere Arbeitsaufnahme, Bild 1.17.

Die weitverbreitete Schlag- und Kerbschlagzähigkeit, nach Norm geprüft, kann dagegen lediglich einen qualitativen Hinweis darauf geben, ob beim Versagen von Bauteilen unter Stoßbean-spruchung mit einem mehr oder wenigen spröden oder duktilen Verhalten zu rechnen ist. Ein Vergleich verschiedener Kunststoffe untereinander wird dadurch erschwert, daß es mehr als 30 verschiedene Methoden mit unterschiedlichen Geometrie- und Prüfparametern gibt. Nicht jede Probenform führt bei jedem Kunststoff zum Bruch.

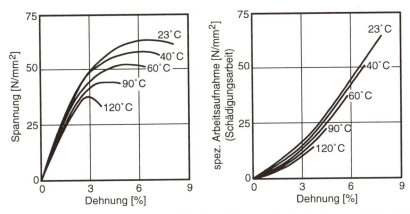

Bild 1.17: Isotherme Spannungs-Dehnungs-Diagramme und spez. Arbeitsaufnahmen von PC (nach Oberbach)
Die spezifische Arbeitsaufnahme beim Stoß ergibt sich aus dem Integral der Kraft F über dem
Verformungsweg l zu $W = \int_0^{Fmax} F\, dl$, s.a. Bild 1.16

Bei der Zähigkeitsprüfung von Formmassen stellt man bei vielen Kunststoffen, insbesondere
bei den Polymer-Blends, einen deutlichen Sprung im Arbeitsaufnahmevermögen als Funktion
der Temperatur fest, Bild 1.18.

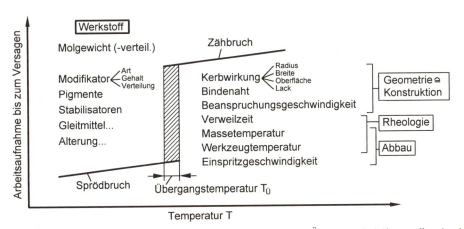

Bild 1.18: Einflußfaktoren auf die Temperaturlage des Zäh-Spröd-Übergangs bei Kunststoffen (nach
Oberbach)

Die Temperaturlage dieses **Zäh-Spröd-Übergangs** ist jedoch keine reine **Werkstoff**-, sondern
eher eine **Formteileigenschaft**, da sie außer durch Modifikationen am Kunststoff durch
Geometrie- und Verfahrensparameter bei der Herstellung von Formteilen stark beeinflußt
werden kann. Die Übertragung einer "Werkstoff-Versprödungstemperatur", die an einem Probekörper ermittelt wurde, auf ein reales Formteil z.B. einen Stoßfänger ist aus diesen Gründen
nicht möglich, da zumindest die Geometriefaktoren variieren können. Stoßfänger aus identischen Kunststoffen können einen Zäh-Spröd-Übergang bei durchaus unterschiedlichen Temperaturen haben, wenn stoßgerecht konstruiert wurde (keine Spannungskonzentrationen, großflächige Verformungen). Zähigkeitsuntersuchungen an Formteilen müssen deshalb bei der von
der Praxis vorgeschriebenen Temperatur und außerdem im Maßstab 1 : 1 durchgeführt werden.

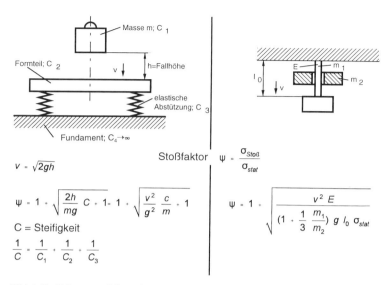

$$v = \sqrt{2gh}$$

$$\text{Stoßfaktor} \quad \psi = \frac{\sigma_{Stoß}}{\sigma_{stat}}$$

$$\psi = 1 + \sqrt{\frac{2h}{mg}C + 1} = 1 + \sqrt{\frac{v^2}{g^2}\frac{c}{m} + 1}$$

$$\psi = 1 + \sqrt{\frac{v^2 E}{(1 + \frac{1}{3}\frac{m_1}{m_2}) g \, l_0 \, \sigma_{stat}}}$$

C = Steifigkeit

$$\frac{1}{C} = \frac{1}{C_1} + \frac{1}{C_2} + \frac{1}{C_3}$$

Bild 1.19: Schema und Formeln zur Ermittlung der Stoßfaktoren (nach Oberbach)

Bei stoßartiger Belastung treten im Formteil kurzzeitig Spannungsspitzen auf, die ein Vielfaches derjenigen bei ruhenden Last kurzzeitig betragen können. Das Verhältnis von unter stoßartiger zu unter statischer Belastung auftretender Spannung wird mit dem Stoßfaktor ψ bezeichnet. Er läßt sich nach den Formeln in Bild 1.19 bestimmen.

In diese Formeln gehen wesentlich die Steifigkeiten der fallenden Masse C_1, des Formteils C_2 und der elastischen Abstützung C_3 ein. Je nach dem Verhältnis $C_1 : C_2 : C_3$ muß das Formteil an mehr oder weniger von der anfallenden Stoßenergie aufnehmen. Die Steifigkeit des Formteils ist sowohl vom Elastizitätsmodul als auch von der Gestaltung abhängig, die berechnet oder experimentell bestimmt werden muß. Mittels des Stoßfaktors wird festgestellt, ob die auftretende Belastung mit der erforderlichen Sicherheit unter der Streckspannung oder dem Bemessungswert des Werkstoffs liegt.

Bei dieser Vorgehensweise wird der stoßartige Belastungsfall auf einen statischen zurückgeführt. Dabei setzt man, wegen der hohen Geschwindigkeit, voraus, daß die Belastung im linearen Verformungsbereich erfolgt.

Bei vielen Anwendungen soll die Energie eines frei fallenden Körpers im wesentlichen durch die elastische Verformung des Formteils ohne Schaden aufgenommen werden. Ein Stahl-Gewichtstück von 75 kg hat einen Stoßfaktor $\Psi = 7,5$, ein springender Mensch von $\psi = 2$ bis 3,5. Die "Steifigkeit" des Menschen wurde beim Sprung mit einem Fuß mit $C_M = 2,5 \div 12$ kN/m, beim Sprung mit beiden Füßen mit $C_M = 12 \div 90$ kN/m und beim Fall in Sitzposition mit $35 \div 80$ kN/m gemessen.

1.1.5 Querkontraktionszahl

Die Querkontraktionszahl gehört zu den Werkstoffkennwerten, die das Verformungsverhalten kennzeichnen, wie die verschiedenen E-Moduln und Nachgiebigkeiten, und zwar als

- Bindeglied zwischen ein- und mehrachsiger Beanspruchung oder

- als Proportionalitätsfaktor zwischen verschiedenen Moduln.

Bei vollkommen elastischen und isotropen Werkstoffen sind die Querkontraktionszahlen konstant. Bei den sich selten vollkommen elastisch verhaltenden Kunststoffen hängen sie, umgekehrt wie die E-Moduln, von der Belastungshöhe und deren Dauer (viskoser Verformungs-anteil) und der Temperatur (Relaxationsvermögen) ab. Ihre Bestimmung im Experiment ist wegen der erforderlichen hohen Meßgenauigkeit und dem Verhältnis ähnlich großer Werte schwierig und häufig ungenau. Der Einfluß dieser Ungenauigkeit wirkt sich auf die Auslegung einer Konstruktion meistens jedoch nicht sehr aus.

Werkstoff		ν_o	
Metalle	Gußeisen	0,25 - 0,27	
	Stahl	0,25 - 0,30	
	Aluminium	0,31 - 0,34	
	Kupfer	0,34 - 0,35	
	Blei	0,43 - 0,44	
	Quecksilber	0,5	
Anorganischer Werkstoff	Quarz	0,07	
	Quarzglas	0,14	
	Beton	0,17 - 0,23	
	Glas	0,23	
Kunststoff	PS	0,33	
	PMMA	0,33	
	PA 66, PA 6 (trocken)	23 °C ≈ 0,33; 100 °C ≈ 0,45	
	PC	0,42	
	PP	0,4	
	PELD	0,45	
	PEHD	0,38	
	PTFE	0,4	
	PBI	0,34	
	EP	0,4	
	UP	0,38	
	Elastomere	0,50	
	Hartgummi	0,39	
	Gummi	0,49	
Wiskers	Aluminium	0,00017	
		$\nu_{\perp\parallel}$	$\nu_{\parallel\perp}$
Faserverbundkunststoff (60 Gew.-%, unidirektional)	GFK	0,28	0,075
	CFK	0,25	0,02
	AFK	0,34	0,025

Tabelle 1.2:   Querkontraktionszahlen verschiedener Werkstoffe bei RT
$\nu_{\perp\parallel}$ = Kontraktion senkrecht bei Belastung in Faserrichtung
$\nu_{\parallel\perp}$ = Kontraktion in Faserrichtung Belastung senkrecht dazu
$\nu_{\perp\parallel} = \nu_{\parallel\perp} \cdot E_\parallel / E_\perp$

Die Querkontraktionszahl ν wird meistens im Zugversuch ermittelt aus dem Verhältnis von Querdehnung ε_q (bzw. $-\varepsilon_q$ = Querkontraktion) und Längsdehnung ε_l:

$$\nu = \frac{-\varepsilon_q}{\varepsilon_l}$$

Sie dient zur Bestimmung des Schubmoduls G aus dem Zug-E-Modul, der sonst nur versuchstechnisch aufwendig (z.B. im Torsionsversuch an zylindrischen Prüfkörper) ermittelt werden kann:

$$G = \frac{E}{2 \cdot (1 + \nu)}$$

oder zur Beschreibung des Verformungsverhaltens bei mehrachsiger Beanspruchung in der Hauptbelastungsrichtung bei zusätzlichen Kräften in y- und z-Richtung:

$$\varepsilon_x = \frac{\sigma_x}{E} - \nu \cdot \frac{\sigma_y}{E} = \nu \cdot \frac{\sigma_z}{E}$$

Bei anisotropen Werkstoffen muß mit unterschiedlichen E-Moduln und Querkontraktionszahlen in den verschiedenen Richtungen gerechnet werden. Die Werte für die Querkontraktionszahlen können dann sogar größer als 0,5 werden.

Längs- und Querdehnung bzw. Stauchung ergeben eine Volumenänderung des Körpers. Findet diese nicht statt, wird $\nu = 0,5$. Dieses ist bei Flüssigkeiten und hochelastischen Kunststoffen (Gummi) weitgehend der Fall. Bei den meisten technischen Werkstoffen liegen die Werte für ν zwischen 0,2 und 0,5. Tab. 1.2 gibt einige Beispiele für kleine Verformungen ($\varepsilon < 2$ %).

Die Abhängigkeit der Querkontraktionszahl von Zeit (t), Temperatur (T) und Belastung (σ) läßt sich grob nach folgender Gln. abschätzen:

$$\nu \ (t,\ T,\ \sigma) = \nu_0 + (0,5 - \nu_0) \left(1 - \frac{E \ (t,\ T,\ \sigma)}{E_o} \right)$$

d.h. die Querkontraktionszahl nähert sich mit zunehmender Belastungszeit und -höhe sowie zunehmender Temperatur dem Wert von 0,5, wobei $\varepsilon \ (T_0, t_0, \sigma_0)$ der elastische Kurzzeit-Verformungsanteil bei Raumtemperatur ist, für die ν_0 nach Tab 1.2 gilt. Die Werte für E_0 und E können aus isochronen Spannungs-Dehnungs-Diagrammen für verschiedene Temperaturen entnommen werden, die Zeitabhängigkeit der Querkontraktionszahl ist in Bild 1.20 dargestellt.

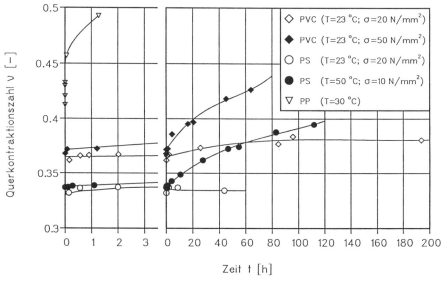

Bild 1.20: Einfluß der Belastungszeit auf die Querkontraktionszahl (nach Frank)

Ebenso deutlich ist die Temperaturabhängigkeit auf Bild 1.21 und die Verformungsabhängigkeit auf Bild 1.22.

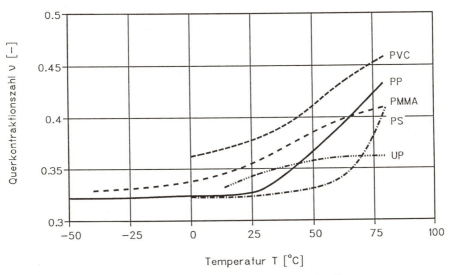

Bild 1.21: Einfluß der Temperatur auf die Querkontraktionszahl (nach Frank)

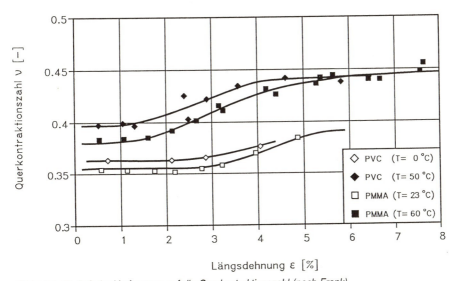

Bild 1.22: Einfluß der Verformung auf die Querkontraktionszahl (nach Frank)

Damit ergibt sich, daß die Querkontraktionszahl mit zunehmender Weichheit, Zeit, Temperatur und Belastungshöhe zunimmt und sich dem Wert von 0,5 nähert. Bei harten Kunststoffen ist bei niedrigen Lasten und Temperaturen und kurzzeitiger Beanspruchung ein Wert $\nu = 0,33$, bei duktilen Werkstoffen, erhöhter Temperatur und Last sowie langzeitiger Beanspruchung $\nu = 0,45$ näherungsweise angebracht.

1.1.6 Statisches Langzeitverhalten

ZEITSTANDFESTIGKEIT

Bei langzeitiger Belastung treten bei Kunststoffen bleibende Verformungen, Schäden und später Versagen auf, bevor die im Kurzzeitversuch ermittelten Festigkeiten erreicht sind. Dabei ist es nicht einfach, das Versagen genau zu definieren, da z.B. Brüchen bei teilkristallinen Thermoplasten erhebliche Verstreckungen vorausgehen können und die Bauteile sich vor dem Bruch bereits so stark verformt haben, daß sie ihrem Einsatzzweck nicht mehr genügen können. Es ist zudem nicht ganz unproblematisch, an Werkstoffproben derartige Kennwerte zu ermitteln, da Werkstoffprüfer eher nach physikalischen Vorgängen als nach Bemessungsgrenzen ihre Versuchsreihen ausrichten. Ein zweites Problem ist, daß die Herstellbedingungen und die Ausgangskennwerte von Langzeit-Proben praktisch nie angegeben sind, so daß ein Bezug fehlt. Bei der üblichen halblogarithmischen Auftragung ist die lineare Extrapolation über eine Dekade üblich. Zeitstandkurven für verschiedene Kunststoffe sind auf Bild 1.23 dargestellt. Häufig vorkommende und relativ viel und genau geprüfte Bauteile sind mit Innendruck beanspruchte Rohre, bei denen die Umfangsspannung doppelt so hoch ist wie die Axialspannung, ein zweiachsiger Zugspannungszustand.

In doppeltlogarithmischer Auftragung, Umfangsspannung über der Standzeit, ergeben sich typisch abgeknickte Kurven mit einem flachen Ast, gekennzeichnet durch duktile Verformungsbrüche, und einen steilen Ast mit spröden Ermüdungsbrüchen. Zur Voraussage der Standzeit werden die Rohre bei verschiedenen erhöhten Temperaturen zeitraffend geprüft, Bild 1.24. Die in überschaubarer Zeit ermittelten Bruchkurven werden parallel in Richtung des Knicks verschoben und auf 50 und 100 Jahre extrapoliert.

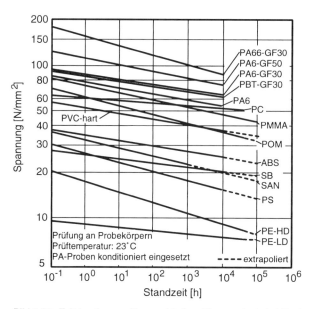

Bild 1.23: Zeitstandkurven für verschiedene Thermoplaste bei Zugbeanspruchung

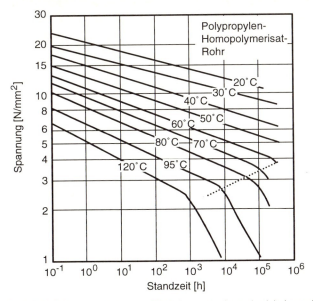

Bild 1.24: Zeitstandfestigkeit von PP-Rohren unter Innendruck bei verschiedenen Temperaturen (nach DIN EN 1778, April 1995)

Den Einfluß der Temperatur auf die Zeitstandfestigeit von Rohren berücksichtigen Werkstoffabminderungsfaktoren (s. Kap. 2, Dimensionierung) für 1-10 Jahre Gebrauchsdauer, Tab. 1.3.

Temp. [°C]	Rohrwerkstoff											
	PE-LD		PE-HD		PP-Homop.		PP-Cop.		PVC-U		PVDF	
	A_1	A_2	A_1	A_2	A_1	A_2	A_1	A_2	A_1	A_2	A_1	A_2
20	1,3	1,4	1,5	1,6	2,0	2,2	1,8	1,9	1,7	1,9	1,6	1,8
30			1,5	1,6	2,1	2,4	1,8	2,0	1,9	2,1	1,6	1,8
40	1,3	1,4	1,3	1,9	2,3	2,7	1,9	2,2	2,0	2,3	1,6	1,8
50			1,6	2,5	2,2	2,6	2,0	2,4	2,3	2,7	1,6	1,8
60	1,2	2,0	2,1		2,7	3,2	2,1	2,7	2,8	3,4	1,6	1,8
70	1,8	2,4	2,65		2,9	3,7	2,3	3,3			1,6	1,8
80	3				3,3	5,3	2,5	4,3			1,6	1,8
90											1,6	1,8
95					4,2	10,4	3,4	6,2				
100											1,6	1,8
120					8,3		4,3				1,6	1,8

Tabelle 1.3: Werkstoffabminderungsfaktoren für die Zeitstandfestigkeit von Rohren bei verschiedenen Temperaturen (DVS 2205/1)

A_1 = Abminderungsfaktor für 1 Jahr
A_2 = Abminderungsfaktor für 10 Jahre

Für weitere Kunststoffe bei 20 °C gelten als Abminderungsfaktoren, Tab. 1.4:

Prüftemperatur: 20 °C	Abminderungsfaktoren	
Material	A_1	A_2
PMMA	1,9	2,1
PS	2,2	2,5
PE-HD	1,5	1,6
PE-LD	1,3	1,4
POM	2,2	2,5
SAN	2,4	2,8
PC	1,2	1,3
ABS	1,7	1,8
PVC-hart	1,6	1,7
PA 6	1,7	1,8
PA 6-GF 30	1,7	1,8
PA 6-GF 50	1,7	1,8
PA 66-GF 30	2,3	2,5
PBT-GF 30	1,6	1,7

Tabelle 1.4:   Werkstoff-Abminderungsfaktoren für zweiachsig auf Zug beanspruchte Rohre (Innendruck) bei 20 °C; $A_1 \sim$ 1 Jahr; $A_2 \sim$ 10 Jahre (DVS 2205/1)

Zur Berücksichtigung des Chemikalieneinflusses sind an einachsig belasteten Prüfkörpern und innendruckbeanspruchten Rohren sog. Resistenzfaktoren f_{CR} überwiegend an PE, PVC und PP ermittelt worden, Bild 1.25 und Tab 1.5. Sie kennzeichnen das Verhältnis der Zeitstand-

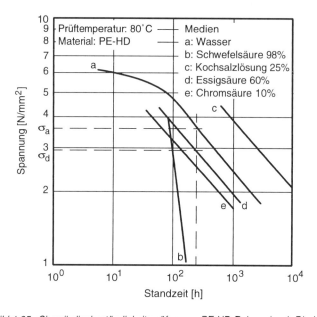

Bild 1.25: Chemikalienbeständigkeitsprüfung an PE-HD-Rohren (nach Diedrich, Kempe, Graf)

festigkeit bei Medienbeaufschlagung im Vergleich zu Werten bei Wasserlagerung. Der f_{CR}-Wert entspricht dem umgekehrten Werkstoffabminderungsfaktor A:

$$f_{CR} = \frac{\sigma_{medium}}{\sigma_{Wasser}} = \frac{1}{A} = A'$$

Resistenzfaktoren f_{CR} für Rohrprüfung
Faktoren bezogen auf Prüfung mit Medium Wasser (Referenzprobe)

Medium	Konzentration [%]	Prüfspannung [N/mm²]	PP				PE-HD				PVC-U		
			80	60	40	20	80	60	40	20	60	40	20
Wasser	100		1	1	1	1	1	1	1	1	1	1	1
Kochsalzlösung	25	4...2					1	1	1	1	1	1	1
Essigsäure CH₃COOH	60	4...2		0,1			0,8	0,7	0,61	0,54	1	1	1
Essigsäure CH₃COOH	98	4 / 3 / 2					0,6 / 0,6 / 0,6	0,29 / 0,2 / 0,13	0,21 / 0,18 / 0,12	0,18 / 0,15 / 0,12			
Benzin C₅H₁₂ bis C₁₂H₂₆	100	4 / 3 / 2					0,68 / 0,78 / 0,94	0,62 / 0,75 / 0,92	0,58 / 0,71 / 0,92	0,54 / 0,69 / 0,91			
Chromsäure H₂Cr₂O₄	20	5 / 4 / 3 / 2					0,58 / 0,5 / 0,38	0,42 / 0,35 / 0,28	0,35 / 0,31 / 0,25 / 0,2	0,21 / 0,18 / 0,15 / 0,11			1
Citronensäure	≤ 10						1	1	1	1	1	1	1
Salpetersäure HNO₃	50	3...1,5	0,32										
Salzsäure HCl	30 / 53	3...1,5	0,57				0,3					1	
Schwefelsäure H₂SO₄	85	3 / 2	0,6 / 0,6				1 / 0,3						
Natronlauge NaOH	30 / 50	3...1,5 / 4...2	0,7				1					1	1

Tabelle 1.5: Resistenzfaktoren f_{CR} von PP, PE-HD und PVC-U im Vergleich mit Wasser bei Rohren (BASF, Hoechst); (Weitere Werte in DIN EN 1778, April 1995)

KRIECHEN UNTER EINACHSIGER BEANSPRUCHUNG

Im Kap. 1.1 und besonders in Bild 1.4 wird gezeigt, daß die Verformung von Kunststoffen neben der Temperatur vor allem von der Höhe der Belastung und deren Dauer abhängt. Es gibt kein Werkstoffmodell, um dieses Kriechverhalten für alle Belastungsarten genau vorauszusagen, zumal die einzelnen Verformungsanteile bei Be- und Entlastung unterschiedlich auf obige Parameter reagieren. Zu unterscheiden sind 3 Verformungsarten:

- elastisch   - spontan reversibel, zeitunabhängig, direkt proportional zur Lasthöhe,

- viskos   - irreversibel, proportional zur Zeit, überproportional lastabhängig,

- relaxierend   - zeitabhängig reversibel, lastabhängig, zeitabhängig nach e-Funktion (zunächst stark - später praktisch unabhängig).

Die drei Hauptparameter - Spannung, Dehnung, Zeit - lassen sich für den praktischen Gebrauch mit dem Findley-Ansatz beschreiben, der die Verformung in einem elastischen (ε_0) und einem nichtelastischen ($\varepsilon_c(t)$) Anteil unterteilt:

$$\varepsilon(t) = \varepsilon_0 + \varepsilon_c(t) = \varepsilon_0 + A \left(\frac{\sigma}{\sigma_0}\right)^m \cdot \left(\frac{t}{t_0}\right)^n$$

mit: σ_0 = *Vergleichsspannung (= 1 N/mm²)*
       t_0 = *Vergleichszeit (= 1 h)*

Die Materialkonstanten n und m lassen sich aus der log ε_c - log t - Auftragung (n) bzw. der isochronen log ε_c - log σ - Auftragung (m) der nicht elastischen Anteile einachsiger Kriechkurven bei konstanten Spannungen/Zeiten mittels linearer Regression und dem Findley-Ansatz ($\varepsilon_c(t)$ = A $\sigma^m \cdot t^n$) ohne Berücksichtigung der elastischen Verformung ermitteln. Es gilt:

$$n = \frac{\Delta \log \varepsilon_c(t)}{\Delta \log t} \quad , \quad m = \frac{\Delta \log \varepsilon_c}{\Delta \log \sigma} \quad , \quad A = \frac{\varepsilon_c(t)}{\sigma^m \cdot t^n}$$

Für Anpassungen einzelner Kriechkurven ohne Berücksichtigung der Spannungsabhängigkeit genügt jedoch $\varepsilon_c(t)$ als konstanten Wert m' anzunehmen, Bild 1.26 und Bild 1.28:

$$\varepsilon(t) = \varepsilon_0 + m' \cdot t^n$$

Während die Gesamtverformung $\varepsilon(t)$ recht genau gemessen werden kann, ist das bei der zeitunabhängigen, elastischen Dehnung ε_0 nur beschränkt möglich, weil sich zu Prüfbeginn nichtelastische Verformungsanteile (Setzerscheinungen, partielle Molekülumlagerungen oder Nachkristalisation) mit Meßungenauigkeiten wie das Setzen oder Rutschen der Probe in der Einspannung überlagern. ε_0 wird daher vorzugsweise aus dem Anfangs-Kurzzeit-E-Modul E_0 rechnerisch bestimmt: $\varepsilon_0 = \sigma/E_0$. Bild 1.26 zeigt Kriechkurven bei langer Belastungsdauer. Deutlich erkennbar ist die Problematik solcher unzureichender Anpassungen im vorderen Bereich bis zu einigen Stunden, besonders bei Kurzzeitspreizender halblogarithmischer Auftragung.

Bei langen Zeiten zeigt die halblogarithmische Aufragung einen scheinbar nichtlinearen, ansteigenden Kurvenverlauf, was jedoch wegen der Stauchung der Zeitachse nur eine mathematische Täuschung ist und kein verändertes Werkstoffverhalten charakterisiert. Die lineare Auftragung weist dagegen einen degressiven Dehnungsverlauf auf.

Als sehr nützlich hat sich die isochrone Darstellung erwiesen, bei der die Kurven bei konstanter Belastungszeit aufgetragen werden, vergleichbar dem Spannungs-Dehnungs-Diagramm, mit der an der Prüfmaschine direkt einstellbaren Belastungsgeschwindigkeit, Bild 1.27.

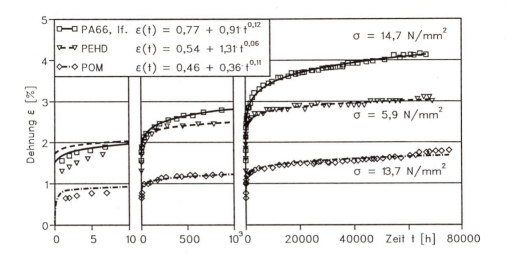

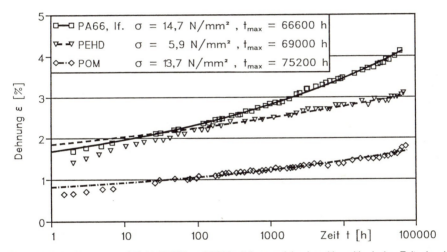

Bild 1.26: *Kriechkurven von PA 66, PEHD und POM mit linearer (oben) und logarithmischer Zeitachse bei 25 % der Streckspannung*
Die Anpassung nach Findley-Ansatz $\varepsilon(t) = \varepsilon_0 + m' \cdot t^n$

Der Vorteil der isochronen Darstellung liegt darin, daß:

- die Meßungenauigkeit bei niedrigen Lasten dadurch umgangen wird, daß der Nullpunkt als Fixpunkt festliegt, durch den die Diagramme verlaufen müssen (bei $\sigma = 0$ ist $\varepsilon = 0$),

- solange die Diagramme linear gerade verlaufen, verhält sich der Werkstoff linearviskoelastisch (bei geschwindigkeitskonstanter Darstellung verhält sich der Werkstoff bei linearem Verlauf elastisch, was bei duktilen Thermoplasten kaum auftritt, Bild 1.9),

- die Darstellungen übersichtlich sind und sich leichter für kurze und lange Zeiten gleichzeitig darstellen und extrapolieren lassen.

Für ein luftfeuchtes PA 66 sind isochrone und normale geschwindigkeitskonstante Spannungs-
Dehnungs-Diagramme in Bild 1.27 dargestellt.

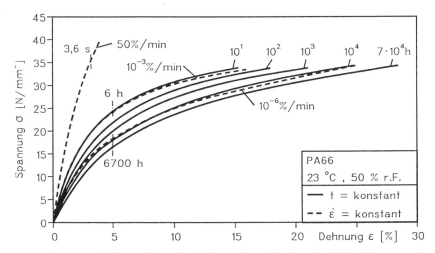

Bild 1.27: *Spannungs-Dehnungs-Kurven in isochroner (t=const) und geschwindigkeitskonstanter (v=const)*
Darstellung

Der Kriechvorgang stabilisiert sich nach 100 Stunden Belastungsdauer. Eine Extrapolation auf
sehr lange Belastungszeiten ist daher sicher möglich, wenn die Kriechkurven zwischen 100 und
1000 h Meßzeit präzise gemessen wurden. Bild 1.28 zeigt einige Beispiele, bei denen Meßwerte
zwischen 100 und 1000 h nach Findley ausgewertet, auf 8,6 Jahre extrapoliert und mit
gemessenen Langzeitmeßwerten verglichen wurden. Unterschiede zu einer Anpassung über
die gesamte Versuchszeit, wie in Bild 1.26 dargestellt, sind kaum feststellbar. Kriechkurven
liegen fast ausschließlich bei Zugbeanspruchung vor. Bei Biegung und Druck ist die
Kriechneigung eher geringer. Zweiachsige Kriechversuche sind sehr selten.

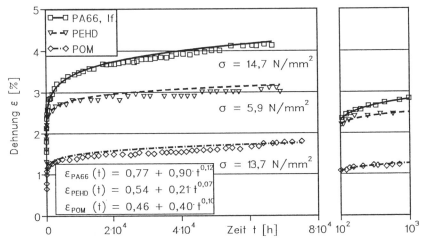

Bild 1.28: *Anpassung von Meßwerten zwischen 100 und 1000 h (nach Findley) und Extrapolation auf lange*
und kurze Zeiten sowie Vergleich mit Meßwerten 100 > t > 1000 h

Zum Vergleich der Kriechneigung verschiedener Kunststoffe ist das Verhältnis der zeitabhängigen Gesamtverformung nach 1000 h zum Wert bei 100 h ins Verhältnis gesetzt. Damit läßt sich die Kriechgeschwindigkeit abschätzen, ε_{ges} (1000 h) / ε_{ges} (100 h). Die Kriechneigung der Kunststoffe selbst ergibt sich aus dem Verhältnis der nichtelastischen Verformung nach 100 h, $(\varepsilon_v + \varepsilon_{rel})_{100\,h}$, zur reinelastischen Verformung ε_0 in Tab 1.6.

In der praktischen Berechnung erfolgt die Kennzeichnung des Kriechens mit dem zeitabhängigen Kriechmodul $E_c(t)$:

$$E_c(t) = \frac{\sigma}{\varepsilon_0 + \varepsilon_{rel}(t) + \varepsilon_v(t)}$$

Obwohl ein E-Modul eine werkstoffinhärente Konstante sein sollte, wird hier dem praktischen Nutzen folgend ein leicht handhabbarer Wert geschaffen. Die Rohstoffhersteller stellen PC-Programme zur Verfügung, in denen die Werte leicht ermittelt werden können. Während der Kriechmodul bei konstanter Spannung und zunehmender Verformung gemessen wird, wird der Relaxationsmodul bei konstanter Verformung und abnehmender Spannung bestimmt, er ist daher immer höher als der Kriechmodul, weil bei höherer Beanspruchung die nichtelastischen, zeitabhängigen Anteile größer sind.

Werkstoff		σ_{ZS} o. σ_{ZB} [N/mm²]	σ_0 [N/mm²]	ε_0 [%]	ε_{ges}(100h) [%]	ε_{ges}(1000h) [%]	ε_{ges}(1000h)/ ε_{ges}(100h)	ε_c(100h)/ ε_0
GF-PA66	A3WG3	80	19,6	0,45	0,83	0,89	1,07	0,84
	A3WG7	160	39,2	0,49	0,60	0,64	1,07	0,23
GF-UP	A410-30	120	27,7	0,27	0,42	0,48	1,15	0,53
HDPE	4261A	24	5,9	0,59	3,45	3,81	1,11	4,84
LDPE	1810H	9	2,25	0,54	2,72	3,16	1,16	4,07
PA6	B3S	60	14,7	0,74	2,28	2,65	1,17	2,10
PA66	A3K	60	14,7	0,92	2,65	3,27	1,24	1,88
PBT	B4500	60	14,7	0,67	1,06	1,36	1,28	0,59
POM	N2200	68	19,6	0,66	1,63	1,92	1,17	1,48
PAEK	KR 4177	104	24	0,60	0,70	0,71	1,01	0,17
PESU	1010	90	20	0,71	0,76	0,79	1,04	0,07
PP	1120HX	20	6,0	0,50	0,94	1,15	1,23	0,87
PC	2800	63	15,0	0,63	0,79	0,85	1,08	0,25
PS	158K	55	14,7	0,42	0,52	0,66	1,26	0,24
SAN	378P	82	19,6	0,50	0,70	0,88	1,25	0,39
SB	456M	40	9,8	0,41	0,60	0,70	1,17	0,47
ABS	877T	45	12,3	0,51	0,79	0.96	1,22	0,55

Tabelle 1.6: *Kriechgeschwindigkeit und Kriechneigung verschiedener Kunststoffe bis 25 % der Streckspannung / Zugfestigkeit*

σ_{ZS} =	Streckspannung		ε_0 =	elastische Verformung
σ_{ZB} =	Zugfestigkeit		ε_{ges} =	Gesamtverformung
σ_0 =	Spannung bei Kriechversuch		ε_c =	$\varepsilon_{ges} - \varepsilon_0$

KRIECHEN UNTER MEHRACHSIGER BEANSPRUCHUNG

Zur Bestimmung des Kriechanteils der Verformung bei mehrachsiger Beanspruchung schlägt Kabelka folgende Beziehung vor:

$$\varepsilon_{cij}(t) = \frac{3}{2} \cdot A \cdot \frac{1}{\sigma_e} \cdot \left(\frac{\sigma_e}{\sigma_m}\right)^m \cdot S_{ij} \cdot t^n$$

mit:

S_{ij}	=	Spannungsdeviator	σ_m	=	Bezugsspannung (= 1 N/mm²)
σ_e	=	oktaedrische Spannung	t	=	Belastungszeit
A, n, m		Materialkonstanten			

Die Materialkonstanten n, m und A lassen sich aus im einachsigen Kriechversuch gemessenen Kurven entsprechend dem vorherigen Absatz, S. 24, ermitteln. Mit Hilfe dieser Werte kann der Kriechverlauf für verschiedene mehrachsige Belastungsarten berechnet werden.

Die Oktaederspannung σ_e lautet:

$$\sigma_e = \frac{\sqrt{2}}{2} \cdot \sqrt{(\sigma_{11}-\sigma_{22})^2 + (\sigma_{22}-\sigma_{33})^2 + (\sigma_{33}-\sigma_{11})^2 + 6 \cdot (\sigma_{12}^2+\sigma_{13}^2+\sigma_{23}^2)}$$

und der Spannungsdeviator S_{ij}:

$$S_{ij} = \begin{vmatrix} \frac{1}{3}(2\sigma_{11}-\sigma_{22}-\sigma_{33}) & \sigma_{12} & \sigma_{13} \\ \sigma_{12} & \frac{1}{3}(2\sigma_{22}-\sigma_{11}-\sigma_{33}) & \sigma_{23} \\ \sigma_{13} & \sigma_{23} & \frac{1}{3}(2\sigma_{33}-\sigma_{22}-\sigma_{33}) \end{vmatrix}$$

TORSION

Im Fall reiner Schubspannungsbeanspruchung wirkt nur die Spannungskomponente σ_{12}, alle anderen Komponenten sind gleich Null. Damit ergibt sich $S_{12} = \sigma_{12}$, $\sigma_e = \sqrt{3}\,\sigma_{12}$ und daraus die Kriechverschiebung γ_{c12}:

$$\gamma_{c12} = 2 \cdot \varepsilon_{c12} = 3^{\frac{m+1}{2}} \cdot A \cdot \sigma_{12}^m \cdot t^n$$

Im Vergleich zum einachsigen Zugkriechen ist die Schubverformung demnach um den Faktor $3^{(m+1)/2}$ größer. Den elastischen Anteil $\gamma_{012} = \sigma_{12}/G$ zur Bestimmung der Gesamtverschiebung $\gamma_{12} = \gamma_{012} + \gamma_{c12}$ erhält man mittels $G = E_0/2(1+\nu)$.

INNENDRUCK

Bei einem dünnwandigen Rohr wird bei Innendruck p der Einfluß der radialen Komponente vernachlässigt und nur die Axialspannung σ_{11} und die Umfangsspannung σ_{22} berücksichtigt:

$$\sigma_{11} = \frac{p \cdot D}{4 \cdot s}; \qquad \sigma_{22} = \frac{p \cdot D}{2 \cdot s}$$

mit:

D	=	mittlerer Rohrdurchmesser
s	=	Wanddicke

Die übrigen Spannungskomponenten sind gleich Null. Da $S_{11} = 0$ wird, tritt keine axiale Kriechverformung auf:

$$S_{11} = \frac{1}{3} \cdot (2 \cdot \sigma_{11} - \sigma_{22}) = 0$$

Das Rohr verlängert sich nur elastisch:

$$\varepsilon_{011} = \frac{1}{E} \cdot (\sigma_{11} - v \cdot \sigma_{22}) = \frac{\sigma_{11}}{E} \cdot (1 - 2 \cdot v)$$

in Umfangrichtung wird:

$$S_{22} = \frac{1}{2} \cdot \sigma_{22} \; ; \quad \sigma_{\theta} = \frac{\sqrt{3}}{2} \cdot \sigma_{22}$$

Das ergibt für die Umfangskriechdehnung:

$$\varepsilon_{c22}(t) = \frac{3}{4} \cdot \left(\frac{\sqrt{3}}{2} \right)^{m-1} \cdot A \cdot \sigma_{22}^m \cdot t^n$$

und für den elastischen Anteil in Umfangrichtung aufgrund des Hook'schen Gesetzes:

$$\varepsilon_{022} = \frac{\sigma_{22}}{2 \cdot E} (2 - v)$$

KOMBINIERTE ZUG-/TORSIONSBELASTUNG

Bei unterschiedlicher Kombinationen von Zug- und Schubbeanspruchung (σ_{11}, $\sigma_{12} \neq 0$) ergibt sich:

$$S_{11} = \frac{2}{3} \cdot \sigma_{11} \; ; \quad S_{12} = \sigma_{12} \; ; \quad \sigma_{\theta} = \sqrt{\sigma_{11}^2 + 3\sigma_{12}^2}$$

und damit:

$$\varepsilon_{c11} = A \cdot \sigma_{11} \cdot (\sigma_{11} + 3 \cdot \sigma_{12})^{\frac{m-1}{2}} \cdot t^n$$

und:

$$\gamma_{c12} = 2 \cdot \varepsilon_{12} = 3 \cdot A \cdot \sigma_{12} \cdot (\sigma_{11}^2 + 3 \cdot \sigma_{12}^2)^{\frac{m-1}{2}} \cdot t^n$$

Hieraus ergibt sich, daß die Kriechdehnung durch eine zusätzliche Schubbeanspruchung beeinflußt wird und umgekehrt. Dies steht im Gegensatz zum elastischen Werkstoffverhalten, bei dem die Schub- und Normalverformungen voneinander unabhängig sind. Eine Gegenüberstellung der gemessenen und berechneten Kriechkurven bei kombinierter Zug-/Torsionsbelastung zeigt Bild 1.29.

Damit zeigt sich, daß für einen isotropen Kunststoff, dessen Kriechverhalten sich durch den Findley-Ansatz beschreiben läßt, die Kriechverformung bei einem beliebigen mehrachsigen Spannungszustand aus den bei einachsiger Belastung gemessenen Kriechkurven berechnet werden kann.

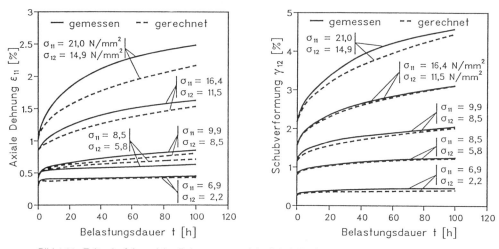

Bild 1.29: *Zeitverlauf der axialen Dehnung ε_{11} und der Schub-Verformung γ_{12} für den Fall kombinierter Zug-Torsions-Beanspruchung; Vergleich zwischen gemessenen und berechneten Werten*

1.1.7 Dynamisches Verhalten

WÖHLERKURVEN

Die Beurteilung des dynamischen Verhaltens von Kunststoffen ist durchaus schwierig. Probleme liegen in der Vielfalt der Belastungsmöglichkeiten, bei der Festlegung sinnvoller Beanspruchungsgrenzen und dem starken Einfluß der thermischen Verhältnisse durch die hohe Eigendämpfung und schlechte Wärmeleitfähigkeit der Kunststoffe. Die wichtigsten Belastungsfälle für Kunststoffe sind in Bild 1.30 dargestellt.

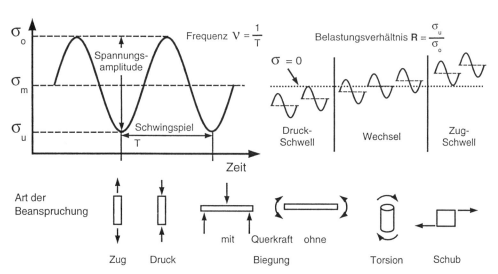

Bild 1.30: *Wichtigste Belastungsfälle für dynamische Beanspruchungen von Kunststoffen*
σ_o = Oberspannung; σ_m = Mittelspannung; σ_u = Unterspannung

Zur Festlegung von Einsatzgrenzen bei dynamischer Beanspruchung werden häufig Spannungs-Wöhlerkurven ermittelt. Dazu werden hinreichend viele Probestäbe bei konstanter Mittelspannung mit verschieden großen Spannungsamplituden σ_a bis zum Bruch schwingend beansprucht. Die durch die Wertepaare von σ_a und der Bruchlastspielzahl N_B legbare Ausgleichskurve wird Spannungs-Wöhlerkurve genannt. Sie werden zu niedrigeren Belastungs-grenzen durch Kerben, Bindenähte, erhöhte Frequenz, größeren Querschnitt und Chemikalien-belastung verschoben, Bild 1.31. Eine erhöhte Belastbarkeit ist bei zunehmender Faser- und Molekülorientierung, günstiger Wärmeableitung und Belastungspausen zu erwarten.

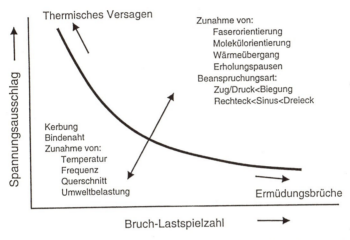

Bild 1.31: Verschiedene Einflüsse auf Belastungsgrenzen bei dynamischer Beanspruchung (nach Oberbach)

Eine Besonderheit bei Kunststoffen ist die hohe Eigendämpfung und die geringe Wärmeleitfähig-keit, so daß tendenziell bei hohen Belastungen und geringeren Bruchlastspielzahlen ($< 10^6$) thermisches Versagen durch die Erweichung des Kunststoffs, bei niedrigen Lasten und hohen Lastspielzahlen dagegen mechanische Materialschädigungen, z.B. Risse.

Bei Biegebeanspruchung entsteht die Wärme am Ort größter Spannungen, der Oberfläche, bei gleichzeitig leichterer Wärmeableitung. Zudem relaxieren die Spannungen dort schneller, so daß insgesamt höhere dynamische Belastungen möglich sind.

Außerdem ist zu berücksichtigen, daß Biegeversuche meistens weggeregelt, Zugschwell-versuche aber kraftgeregelt durchgeführt werden. Bei weggeregelten Biegeversuchen ist die Durchbiegung konstant. Werden an den Oberflächen Spannungen abgebaut oder treten sogar Risse auf, wird der Querschnitt und damit das Widerstandsmoment bzw. die Spannungen mit der 2. Potenz abnehmen. Durch die Erniedrigung der Spannung wird der Biegewechselversuch auf deutlich niedrigerem Biegespannungsniveau weitergeführt. Biegewechselversuche ergeben daher häufig höhere, fiktive Festigkeiten bei höheren Lastspielzahlen als Zugwechselversuche, da bei lastgesteuerten Versuchen die Höhe der Last konstant bleibt, Bild 1.32.

Wegen der vielen Schwierigkeiten gibt es bisher keine umfassende Darstellung des dynamischen Verhaltens von Thermoplasten, während für Hochleistungsverbundwerkstoffe umfangreiche Literaturauswertungen vorliegen. Bei Berücksichtigung der in Tab. 1.7 und 2.2 angegebenen Werkstoffabminderungsfaktoren A, gilt bei vereinfachter Bauteilauslegung:

A (Torsionswechsel) > A (Zugschwell) ≈ A (Biegewechsel) > A (Biegeschwell)

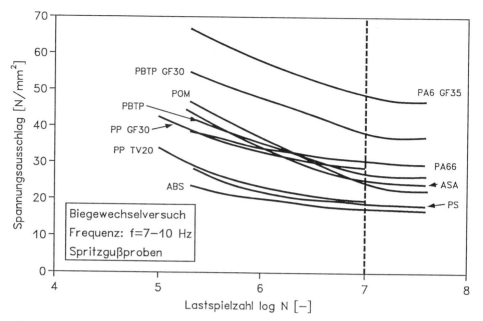

Bild 1.32: Wöhlerkurven aus Biegewechselversuchen

Beim Wechselversuch tritt die maximale Belastung zweimal während eines Lastspiels auf, beim Schwellversuch dagegen nur einmal.

Untersuchungen verschiedener Kunststoffe zeigen außerdem folgende Tendenz:

$$A \ (amorph) > A \ (teilkristallin)$$

Bei amorphen Thermoplasten führt eine Zugabe von Glasfasern zu einer stärkeren Verbesserung der dynamischen Festigkeit als bei teilkristallinen. Beim Vergleich mit statischen Zeitstandskurven scheint bei kürzeren Belastungszeiten die dynamische Beanspruchung kritischer als die statische zu sein, bei Langzeitbeanspruchungen über Monate und Jahre jedoch die Zeitstandbelastung.

Für eine überschlägige Auslegung bei Lastspielzahlen $N<10^7$ kann aus der statischen Festigkeit und dem Abminderungsfaktor die dynamische Festigkeit abgeschätzt werden:

$$\sigma_{dyn} \ (N) \ = \ \sigma_{stat} \ \cdot \ (1 \ - \ (1 \ - \ A') \ \cdot \ \frac{\log \ (N)}{7})$$

mit: $1<N<10^7$ und $A'=1/A$ (Tab. 1.7; 2.1 und 2.2)

Als Anhaltswerte für den Konstrukteur eignen sich die Abminderungsfaktoren, die zumindest näherungsweise Berechnungen unter Berücksichtigung von Kerben und Bindenähten zulassen. Als Lastspielzahl wird normalerweise $N=10^7$ für dynamische Auslegungen herangezogen, Tab. 1.7.

Die häufig zitierten Smith-Diagramme, die neben der Belastungshöhe auch das Belastungsverhältnis ($R = \sigma_n/\sigma_0$) berücksichtigen, liegen leider so gut wie nicht vor.

Werkstoffbezeichnung	Statische Festigkeit σ_s [N/mm²]	Dynamische Festigkeit Zugschwell (R=0, $s_{zo}=2s_{za}$, N=10^7) s_o [N/mm²]	A (A')	A (A') Kerbe(3mm)	A (A') Bindenaht	Dynamische Festigkeit Biegeschwell (R=0, $s_{Bo}=2s_{Ba}$, N=10^7) s_o [N/mm²]	A (A')	Dynamische Festigkeit Biegewechsel (R=-1, $s_{Bo}=s_{Ba}$, N=10^7) s_o [N/mm²]	A (A')	Dynamische Festigkeit Torsionswechsel (R=-1, $t_{ro}=t_{ra}$, N=10^7) t_o [N/mm²]	A (A')
SB	30-40							15-20	2 (0,5)		
PS	60							20	3 (0,33)		
ABS	40-50	12-16	3 (0,33)	4,4 (0,23)	3,4 (0,3)			15-20	2,6 (0,38)		
ASA	50-75							15-25	3 (0,33)		
PC	65	20	3,2 (0,31)	8,3 (0,12)	6,7 (0,15)						
PC GF30	115	45	2,6 (0,38)	5,5 (0,18)	4,0 (0,25)						
PC+ABS	45-60	15-20	3 (0,33)								
PA6 *	50	20	2,5 (0,4)	2,8 (0,36)	2,5 (0,4)	42	1,2 (0,85)	27	1,8 (0,54)	15	3,3 (0,3)
PA66 *	60	25	2,4 (0,42)			45	1,3 (0,75)	30	2 (0,5)	16	3,5 (0,29)
PA6 GF30 *	120	45	2,7 (0,38)	5,2 (0,19)	4,7 (0,21)			50	2,4 (0,42)		
PA66 GF30 *	140	50	2,8 (0,36)								
* luftfeucht konditioniert											
PP	32	17	2 (0,5)			30	1,1 (0,93)	20	1,6 (0,63)		
PP TV20 **	32							20	1,6 (0,63)		
PP GF30	80					35	2,3 (0,43)	28	2,9 (0,35)		
** talkumverstärkt											
PBTP	60	33	1,7 (0,59)	2,0 (0,5)	2,7 (0,37)	40	1,5 (0,66)	27	2,2 (0,45)	22	2,7 (0,37)
PBTP GF30	130	50	2,6 (0,38)	4,6 (0,22)	4,0 (0,25)	58	2,3 (0,43)	40	3,3 (0,3)		
POM	67	30	2,2 (0,45)			44	1,5 (0,66)	27	2,5 (0,4)	22	3 (0,33)
POM GF30	140					65	2,2 (0,45)	50	2,8 (0,36)		
PE-HD	27							16	1,7 (0,6)		
unverstärkt amorph			3-3,2	4,4-8,3	3,4-6,7				2-3		
unverstärkt teilkristallin			1,7-2,5	2,0-2,8	2,5-2,7		1,1-1,5		1,6-2,5		2,7-3,5
verstärkt			2,6-2,8	4,6-5,5	4,0-5,0		2,2-2,3		2,4-3,3		

Tabelle 1.7: Dynamische Beanspruchungsgrenzen mit Angabe von Abminderungsfaktoren bei N=10^7 (Bayer, BASF, Hoechst)

HYSTERESISMESSVERFAHREN

Ein elegantes Verfahren zur Bestimmung von Grenzwerten bei dynamischer Belastung ist das
Hysteresis-Meßverfahren, bei dem Änderungen der mechanischen Dämpfung oder Steifigkeits-
abfälle im Last- oder Dehnungssteigerungsversuch spannungs- und dehnungsbezogene
Belastungsgrenzen ergeben. Der Vorteil dieses Verfahrens ist, daß es eine schnelle und
differenzierte Abschätzung der Dauerfestigkeitsgrenze zuläßt.

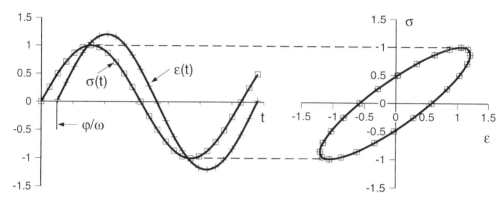

Bild 1.33: Spannungs- und Dehnungssignal (links) und Hysteresisschleife (rechts)

Aufgrund des viskoelastischen Materialverhaltens und der Schädigung kommt es bei schwin-
gender Beanspruchung der Kunststoffe zu einer Phasenverschiebung zwischen Spannung und
Dehnung, Bild 1.33. Werden die beiden Kennwerte in ein Spannungs-Dehnungs-Diagramm
eingetragen, ergibt sich eine Hysteresisschleife, die den Zustand des Werkstoffs, wie z.B. das
Auftreten von Rissen, plastische Verformungen charakterisiert. Dadurch wird der Ermüdungsver-
lauf während eines Dauerschwingversuches kontinuierlich erfaßt.

Die Schleifenveränderung läßt sich mittels mehrerer Kennwertgruppen beschreiben:
Spannungen, Dehnungen, Steifigkeiten und mechanische Arbeiten meistens als Dämpfung,
wobei der dynamische E-Modul und die Dämpfung besonders empfindlich auf Änderungen des
Werkstoffzustandes reagieren. Eine Reihe von Untersuchungen haben die Anwendbarkeit dieser
Methode zur Beschreibung des Ermüdungsverhaltens bei verstärkten Kunststoffen mit
thermoplastischer und duroplastischer Matrix, Thermoplasten und Elastomeren, aber auch von
ganzen Bauteilen, gezeigt.

Ausgehend von einer niedrigen, schwingenden, noch nicht schädigenden Belastung wird die
Last jeweils um einen bestimmten Betrag erhöht und für eine bestimmte Anzahl von Schwing-
spielen beibehalten, Bild 1.34. So lassen sich die Kennwerte sowohl in Abhängigkeit von der
Belastungsdauer als auch von der Belastungshöhe erfassen. Dieser Versuch dient zur schnellen
Ermittlung von dynamischen Belastungsgrenzen, während beim Dauerschwing-(Wöhler)versuch
bei konstanter Beanspruchung die Kennwertänderungen (Schädigungsfortschritt) in Abhängigkeit
von der Beanspruchungsdauer bis zum Bruch (Wöhlerkurve) erfaßt werden.

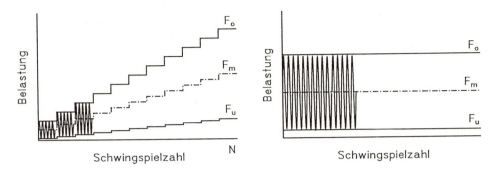

Bild 1.34: Belastungsverlauf im Laststeigerungs- (links) und Einstufen-(Wöhler)versuch (rechts)

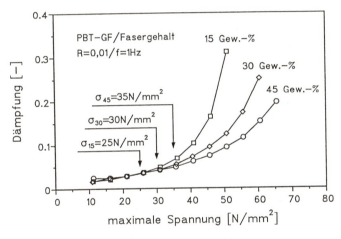

Bild 1.35: Ermittlung der Belastungsgrenzen bei PBT-GF in Abhängigkeit vom Glasfasergehalt

Die Ergebnisse der in wenigen Stunden durchzuführenden Laststeigerungsversuche zeigen durch die Abweichung der Dämpfung vom mit zunehmender Spannung linearen Dämpfungs- anstieg Belastungsgrenzen, Bild 1.35. Wird der Werkstoff unterhalb dieser Beanspruchung belastet, ist mit einer sehr hohen Lebensdauer zu rechnen. Tab. 1.8 zeigt dynamische Belastungsgrenzen im Vergleich zu Kurzzeitfestigkeiten für einige verstärkte und unverstärkte Kunststoffe. Durch das Verhältnis beider Werte lassen sich die Abminderungsfaktoren bei dynamischer Beanspruchung abschätzen. Eine weitere Anwendung des Hysteresis-Meßver- fahrens stellt die Ermittlung der Dämpfungs-Temperatur-Diagramme bei anwendungsrelevanten Zugbelastungen dar, Bild 1.36. Die Dämpfung nimmt mit der Belastung zu. Ein Vergleich mit den besonders in der Polymerphysik üblichen Niedriglast-DMTA-Kurve bei Torsionsbelastung zeigt, daß neben der Belastungshöhe auch die Belastungsart die Dämpfung beeinflußt.

Werkstoff	Kurzzeitfestigkeit [N/mm²]	Dynamische Belastungsgrenze im Zug/Schwellbereich (R=0,01) [N/mm²]
PBT-GF15	66	25
PBT-GF30	91	30
PBT-GF45	112	35
SAN-GF15	79	25
SAN-GF30	82	30
SAN-GF45	88	30
PP-GF30 (Kurzfaser)	72	20
PP-GF30 (Langfaser)	90	30
PP-GF40 (Langfaser)	105	40
PP-GF40 (Langfaser)*	117	50
PP-GF40 (Langfaser, GMT)*	125	40
SMC (GF30)	91	35
TPU	40	15
PP/EPDM25	17	9
PP/EPDM60	9	3
TPE-S	12	2,5

Tabelle 1.8: Vergleich von Kurzzeitfestigkeiten und dynamischen Belastungsgrenzen aus Laststeigerungs-
versuchen (Proben im Spritzguß hergestellt, Probenentnahme in Fließrichtung, SMC und GMT
*verpreßt)

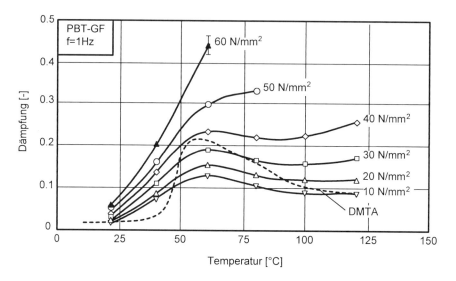

Bild 1.36: Mechanische Werkstoffdämpfung bei anwendungsrelevanten Lasten im Vergleich zu geringlastigen
Kurven aus dem DMTA-Versuch (1 N/mm²)

1.2 THERMISCHE EIGENSCHAFTEN

1.2.1 Temperatur-Steifigkeits-Verhalten

Die thermische Einsatzgrenze üblicher metallischer Konstruktionswerkstoffe liegt wegen der hohen Schmelztemperaturen in der Regel weit oberhalb des normalen Anwendungs-temperaturbereichs. Eine Temperaturabhängigkeit der Werkstoffkennwerte braucht deshalb in der Regel nicht berücksichtigt zu werden im Gegensatz zu Kunststoffen, die ihre Eigenschaften je nach Typ im Bereich der Raumtemperatur mehr oder weniger stark ändern.

Im Mittel beträgt der E-Modul unverstärkter Kunststoffe 1/100 üblicher metallischer Konstruktionswerkstoffe. Die Dimensionierung gegen eine zulässige Verformung ist daher besonders wichtig. Im Spannungs-Dehnungs-Diagramm lassen sich E-Modul-Werte wegen der mit Dauer und Höhe der Belastung und der Temperatur zunehmenden viskosen Verformung jedoch nur in einem begrenzten Temperaturbereich ermitteln. Zur Beurteilung der Temperatur-abhängigkeit werden daher gerne bei niedriger, dynamischer Beanspruchung ermittelte E-Moduln als Funktion der Temperatur bestimmt, auch wenn das realitätsfremd ist, da bei derartig niedrigen Belastungen Bauteile nicht berechnet zu werden brauchen.

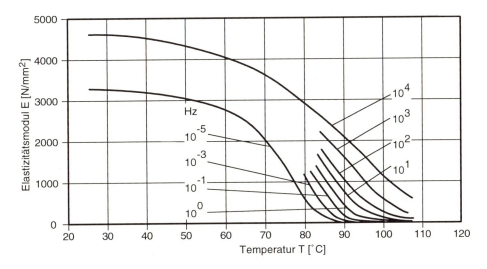

Bild 1.37: Temperatur- und Frequenzabhängigkeit des dyn. E-Moduls von PVC (nach Oberbach)

Bild 1.37 zeigt den E-Modul von PVC bei niedriger Belastung im Temperaturbereich bis gut 100 °C, also weit oberhalb der normalen Einsatzgrenze von ca. 70 °C, wobei die Prüffrequenz von 10^{-5} bis 10^4 Hz variiert wurde. Man erkennt eine deutliche Abhängigkeit des E-Moduls von der Frequenz bzw. Belastungsdauer besonders im Erweichungsgebiet. Das bedeutet, daß die Erweichungstemperatur umso niedriger ist, je länger die Belastung dauert.

In Bild 1.38 ist der Torsions-Schubmodul als Funktion der Temperatur für die beiden Polymergemische PC + PBT und PC + ABS dargestellt, an Probekörpern mit 1 und 4 mm Dicke ermittelt. Beim teilkristallinen PC + PBT ist im Erweichungsgebiet ein deutlicher Einfluß der Probendicke auf das Erweichungsverhalten festzustellen. Die Ursache ist die bessere Kristalli-sation des 4 mm dicken Probekörpers als Folge der langsameren Abkühlgeschwindigkeit beim Erstarren im Werkzeug. Beim amorphen PC + ABS ist kaum ein Einfluß der Dicke feststellbar.

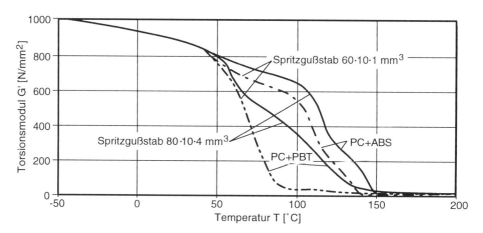

Bild 1.38: *Einfluß der Probekörpergeometrie (Morphologie) auf den Torsionsmodul-Temperatur-Verlauf (nach Oberbach)*

Diese beiden Beispiele zeigen, daß der Anwender von Kunststoffen nur mit großer Erfahrung aus solchen E-Modul-Temperatur-Funktionen Informationen über das Verhalten von Kunststoffen bei höheren Temperaturen oder gar Temperatureinsatzgrenzen ableiten kann.

Ein amorph erstarrender Kunststoff ist nicht im thermodynamischen Gleichgewicht. Er enthält mehr oder weniger zwischenmolekulare Leerstellen, die beim Abkühlprozeß und in kaltem Zustand nicht mehr oder nur sehr langsam aufgehoben werden können. Wird dieses mit Leerstellen angereicherte Material einer höheren Temperatur ausgesetzt, die aber noch deutlich unterhalb der Erweichungstemperatur ist, wird sich das Material aufgrund der zunächst erhöhten molekularen Beweglichkeit schneller dem Gleichgewichtszustand nähern, wobei die Leerstellen und nun auch die molekulare Beweglichkeit abnimmt. Der Werkstoff wird spröder. Wie stark dieser Effekt sein kann, zeigt Bild 1.39 für PVC, das unterschiedlich lange (bis zu 100 h) bei

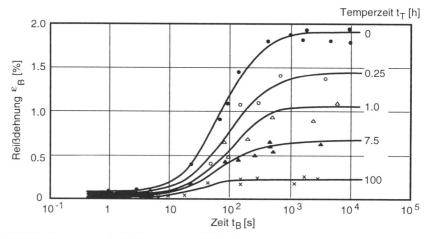

Bild 1.39: *Abnahme der Reißdehnung einer PVC-hart-Folie nach Temperung bei 65 °C (nach Retting)*
t_B = Zeit vom Beginn des Zugversuchs bis zum Bruch des Probekörpers

65 °C getempert wurde. Ein schnell abgekühltes PVC zeigt bei schneller oder stoßartiger Beanspruchung ein sprödes Verhalten und kaum einen Einfluß der Verarbeitungsbedingungen. Bei Belastungen länger als 10 s verhält sich der nicht getemperte Werkstoff zäh, zeigt aber einen starken Einfluß der Temperzeit, die sich bei folgenden Verarbeitungsschritten wie Warmumformen ergeben kann.

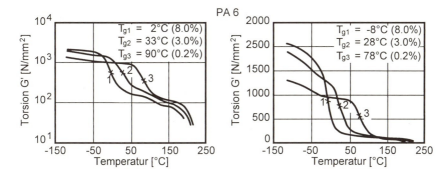

Bild 1.40: G'-Modul von PA6 mit Glasübergangstemperatur T_g mit logarithmierter und linearer Ordinate (T_g nach der Tangentenmethode aus der jeweiligen Auftragung)

Ein besonderes Problem ist die Bestimmung der beginnenden Erweichung. Die übliche Auftragung mit logarithmierter G-Modul-Ordinate täuscht ein relativ temperaturunabhängiges Verhalten im energieelastischen Bereich vor. Erst bei linearer Auftragung wird das reale Verhalten deutlicher, Bild 1.40. Ebenso unzureichend für die Verwendung als Konstruktionshilfswert ist die übliche Bestimmung der Glasübergangstemperatur als Punkt größter Änderung der Steifigkeit im Diagramm mit logarithmierter G-Modul-Ordinate. Noch weniger geeignet ist das Dämpfungsmaximum, das viel zu hohe Werte liefert, Bild 1.41.

Dabei ist zu berücksichtigen, daß sich nach den unterschiedlichen Verfahren verschiedener Auftragformen unterschiedliche Werte für die Glasübergangstemperatur T_g ergeben, Bild 1.43. An den dem Erweichungsbereich nahen Diagrammbereichen im energie- und entropieelastischen Bereich werden Tangenten angelegt, eine weitere Tangente an den Steilabfall im Bereich größter Eigenschaftsänderungen. Der Abschnitt dieser Tangente zwischen den beiden anderen Tangenten wird halbiert und ergibt die Glasübergangstemperatur T_g. Abweichungen im Diagrammverlauf können zu Ungenauigkeiten beim T_g-Wert führen.

Die Problematik der Bestimmung thermischer Einsatzgrenzen wird deutlich bei den genormten Einpunkt-Schnellbestimmungsmethoden, der sog. Formbeständigkeit in der Wärme z.B. nach Vicat oder ISO 75. Diesen Methoden ist gemeinsam, daß Probekörper unter definierter Belastung mit einer bestimmten Aufheizgeschwindigkeit erwärmt werden und dabei die Zunahme der Deformation gemessen wird. Als Formbeständigkeitstemperatur wird die Temperatur definiert, bei der die Deformation einen bestimmten Wert erreicht hat.

In Bild 1.42 sind der Torsionsmodul und die nach drei genormten Methoden zur Bestimmung der Formbeständigkeit in der Wärme ermittelten Werte für PC und luftfeucht konditioniertes PA 6 dargestellt. Es gibt keinen erkennbaren systematischen Zusammenhang zwischen diesen Meßgrößen. Für konditioniertes PA liegen die sog. Wärmeformbeständigkeiten zwischen 53 und 205°C, beim PC zwischen 116 und 158°C. Dies ist u.a. auch darauf zurückzuführen, daß die Spannungen wie auch die Grenzwerte der Verformung je nach Methode unterschiedlich sind.

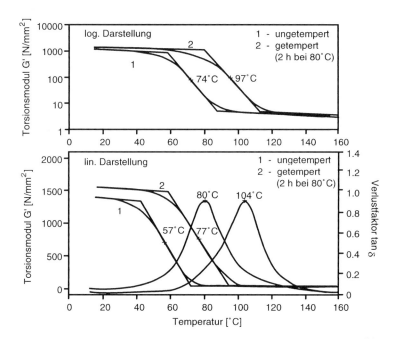

Bild 1.41: *Bestimmung der Glasübergangstemperatur T_g von UP-Reinharzprobe aus dem Diagramm der dynamisch-mechanischen Analyse (UP + 0,1% Co + 1% MEKP)*

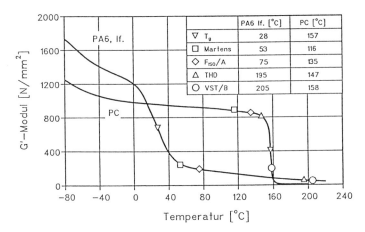

Bild 1.42: *Torsionsmodul G' über der Temperatur und Formbeständigkeit in der Wärme (nach Oberbach):*

T_g:	*Glasübergangstemperatur, definiert durch die halbe Höhe zwischen den Schnittpunkten der Tangenten ober- und unterhalb des Erweichungsbereichs mit der Tangente an den Steilabfall, s. Bild 1.41*
Martens:	*DIN 53 462: Temperatur, bei der sich unter 4-Punkt-Biegebeanspruchung (σ_B=5 N/mm²) ein Belastungshebel (240 mm) um 6 mm gesenkt hat*
VST/B:	*Vicat, Methode B; DIN 53 460: Temperatur, bei der ein runder Eindringkörper (1 mm²) bei senkrechter Belastung (F=50N) 1 mm eingedrungen ist*
F_{ISO}/A:	*ISO 75, Methode A: Temperatur, bei der sich eine Biegeprobe in einem Wärmebad bei mittig auf- gebrachter Belastung (σ_B=1,85 N/mm²) je nach Probendicke um einen bestimmten Betrag durchbiegt*
THD:	*Tensile Heat Distortion, ASTM D 1637: Temperatur, bei der sich eine Probe unter Zugbelastung (σ=0,345 N/mm²) in einem Wärmebad um 2 % verformt*

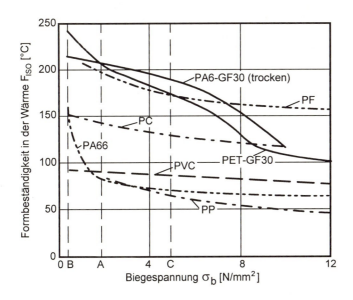

Bild 1.43: Spannungsabhängigkeit der Formbeständigkeit in der Wärme nach ISO 75 (nach Oberbach)

Bild 1.43 zeigt die Spannungsabhängigkeit der Formbeständigkeit in der Wärme nach ISO 75. Ein Probekörper (Länge > 110 mm, Breite 3,0 ÷ 4,2 mm, Höhe 9,8 ÷ 15 mm) wird hochkant auf Dreipunktbiegung bei einem Auflagerabstand von 100 mm belastet. Die Prüfung erfolgt im Ölbad bei 2 °C/min Erwärmung. Als Kennwert gilt die Temperatur, bei der bei vorgeschriebener Biegespannung von 0,46 (B) und 1,85 (A) N/mm^2 nach ISO 75 oder zusätzlich nach DIN 53 461 bei 5 N/mm^2 die Randfaserdehnung 0,2 % beträgt. Man erkennt, daß die ermittelten Formbeständigkeitstemperaturen besonders bei den teilkristallinen Werkstoffen stark von der Höhe der Biegespannung abhängen. Diese wenigen Beispiele zeigen, daß die zur Charakterisierung des Temperatur-Steifigkeits-Verhaltens von Kunststoffen herangezogenen genormten Methoden alleine nicht in der Lage sind, dem Konstrukteur zuverlässige Werte zu liefern. Deswegen wird gerne auf empirische Werte zurückgegriffen, Tab. 1.9.

1.2.2 Temperatur-Zeit-Grenzen

Die Einsatzgrenzen von Kunststoffen werden nicht nur durch das temperaturbedingte Erweichen (**Formbeständigkeit in der Wärme**) sondern auch durch thermischen Abbau (**Temperaturbeständigkeit**) bestimmt. Es werden daher neben den rein mechanischen Grenzen sog. Temperatur-Zeit-Grenzen ermittelt, bei denen die überwiegend chemische Änderung (Kettenbruch, Oxidation) Aufschluß darüber geben, ab welcher Temperatur und Einwirkungszeit sich die für die Anwendung maßgeblichen Werkstoffeigenschaften ändern. Die Änderung erfolgt nicht immer stetig. Nach einer Zeit gleichbleibenden Niveaus tritt ein Abfall ein, z.B. wenn der Wärmestabilisator verbraucht ist. Grenzwerte werden nach Lagerung bei unterschiedlicher Temperatur bei Raumtemperaturen im Kurzzeitversuch ermittelt. Als Zeit wird der Abfall der Eigenschaften z.B. auf 50 % des Ausgangswertes ermittelt. Im logarithmischen Maßstab, Temperatur über der Zeit, ergeben sich mit einer gewissen Streuung i.a. Geraden.

Die so ermittelten Temperatur-Zeit-Grenzwerte hängen außer vom Werkstoff stark von dem jeweiligen Eigenschaftskennwert ab. Eine 50 % Abnahme der Schlagzähigkeit kann z.B. 10 mal schneller eintreten als bei der Zugfestigkeit, während sich die Kriechstromfestigkeit noch nicht meßbar verändert hat.

Kunststoff	Zul. Gebrauchstemperaturen in der Wärme °C							
	Oberbach		Erhard		Ehrenstein		UL (3,2 mm)	
	kurzzeitig	dauernd	kurzzeitig	dauernd	kurzzeitig	dauernd	dauernd	
							Ohne Schlag	Mit Schlag
PS	90	80	90	60	90	80	50	50
SB	80	70	80	70	85	70	50	50
SAN	95	85	95	85	95	85	50	50
ABS	95	80	95	85	95	85	60 ÷ 90	60 ÷ 80
PVC hart	70	60	-	-	70	60	50	50
PVC weich	70 ... 100	60 ... 70	90	-	70	60	-	-
PC	135	100	135	100	135	100	125	115
PC-GF	145	< 120	-	-	-	-	-	-
PMMA	-	-	90	65	96	85	50	50
PSU	-	-	-	-	185	150	155	130
PSU-G	-	-	-	-	-	-	160	140
PEI	-	-	-	-	-	170	180	170
PESU	-	-	-	-	-	180	190	190
PE LD	100	80	100	80	100	80	50	50
PE HD	125	100	110	90	100	90	-	-
PTFE	-	260	-	260	-	200	180	180
PCTFE	-	150	-	-	-	-	-	-
PP	140	100	140	90	140	100	105	105
PA 6	150	80 ... 120	180	80	160	100	115	75
PA 6-GF	200	< 120	-	-	-	-	130	95
PA 66	170	80 ... 120	200	90	160	100	90 ... 110	80 ...
PA 66-GF	220	< 120	-	-	-	-	130	105
PA 46	-	-	-	-	160	110	125	115
PA 46-GF	-	-	-	-	230	120	135	-
POM	140	80 ... 120	150	100	140	80	105	-
PBT	-	-	170	120	160	100	140	90
PBT-GF	-	-	-	-	-	-	140	120
PPS	-	-	-	-	300	200	-	130
PI	-	-	-	-	400	280	-	-
UP	180	100	-	-	180	100	-	-
Typ 31	180	100	-	-	-	-	-	-
Typ 801	180	100	-	-	-	-	-	-

Tabelle 1.9: Thermische Belastungsgrenzen

Da das Beanspruchungsspektrum vielfältig ist, können oft nur mit mehr oder weniger jahrelanger Erfahrung ermittelten Grenzen bei nicht genau definierten Einsatzbedingungen das Verhalten richtig voraussagen. Ein typisches, von Praktikern erstelltes Diagramm zeigt Bild 1.44 für verschiedene Polyamide, die bei unterschiedlichen Wärmestabilisatoren und Verstärkungsfasern eine zunehmende thermische Beständigkeit zeigen.

Derartig aufwendige Diagramme liegen jedoch nur für wenige Kunststoffe vor. Man bedient sich daher meistens zulässiger Gebrauchstemperaturen, die von erfahrenen Ingenieuren zusammengetragen wurden, Tab. 1.9. Unter "kurzzeitig" versteht man thermische Belastungen von einigen Stunden, unter "dauernd" einem mehrjährigen Einsatz, beide jedoch verbunden mit einer Eigenschaftsminderung.

Eine weitere Möglichkeit für ungefähre Temperaturgrenzen für den Langzeitgebrauch ist der Relative Temperatur Index (RTI) nach UL (Underwriter Laboratories)[1]. Dabei wird zwischen einem Wert bei mechanischer Belastung ohne Schlag z.B. Zugfestigkeit oder mit Schlag unterschieden. Prüfmaterialwanddicken sind 0,8; 1,6; 3,2 und 6,35 mm. Die Angaben in Tab. 1.9 beziehen sich auf 3,2 mm Wanddicke.

Die Unterschiede in den Werten können auf die unterschiedliche Qualität der Wärmestabilisierung zurückzuführen sein. Bei zusätzlicher mechanischer und elektrischer Beanspruchung muß das Zeitstandverhalten der Kunststoffe ebenfalls berücksichtigt werden. Weitere Alterungsursachen können Quellungsvorgänge und damit verbundene Extraktion von Stabilisatoren bzw. Hydrolyse der Kunststoff-Matrix sein.

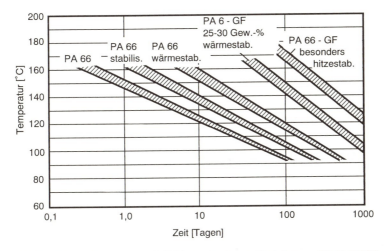

Bild 1.44: Zeit-Temperatur-Grenzen als Erfahrungswerte von Bauteilen aus PA 66 (BASF)

ALLGEMEINE THERMISCHE EIGENSCHAFTEN

Die Bestimmung der allgemeinen thermischen Eigenschaften muß eine Reihe von Einflüssen berücksichtigen. Neben den z.T. relativ großen Ungenauigkeiten der Meßverfahren selbst ist vor allem die Temperaturabhängigkeit und der Einfluß der Orientierung zu berücksichtigen. Die Wärmeleitfähigkeit nimmt in Richtung der Molekülorientierung und mit zunehmendem Füllstoffgehalt zu, während die Wärmeausdehnung abnimmt. Da Orientierungen kaum vollständig zu vermeiden sind, ist mit Verzug durch unterschiedliche Schwindung besonders bei großflächigen Bauteilen zu rechnen. Bei den meisten thermischen Kennwerten kann nur

---

[1] Die Prüfung von Erzeugnissen der Elektrotechnik und Elektronik besonders hinsichtlich thermischer Langzeiteinsatzgrenzen und Brennbarkeit erfolgt nach Normen der IEC (Internationale Elektrotechnische Kommission), in US und Kanada häufig nach UL. Die wichtigsten Eigenschaften müssen bei der angegebenen Temperatur über eine extrapolierte Zeit von 10 Jahren zu mehr als 50 % erhalten bleiben. Die Einstufung kann nach aufweniger Untersuchung oder ein durch Vergleich erfolgen (Generetic Temperature Index, einer Art Mindestwert, der auf alle Fälle erreicht wird).

ein Bereich angegeben werden, da die verschiedenen strukturell begründeten Eigenschafts-änderungen nicht mit einem einzigen Wert hinreichend beschrieben werden können. Die Abhängigkeit der Kennwerte von der Temperatur sind in Bild 1.45 für amorphe und teilkristalline Thermoplaste exemplarisch dargestellt. Als besonders markante Punkte sind die Glasüber-gangstemperatur T_g und die Kristallitschmelztemperatur KT angegeben.

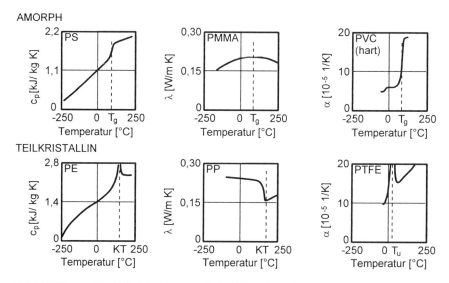

Bild 1.45: *Temperaturabhängigkeit der spezifischen Wärmekapazität c_p, der Wärmeleitfähigkeit λ und des linearen Wärmeausdehnungskoeffizienten α (nach Menges)*

T_g = Glasübergangstemperatur
T_u = kristalline Umwandlung
KT = Kristallitschmelztemperatur

1.3 KURZCHARAKTERISIERUNG

Für das Auslegen von Bauteilen aus Kunststoffen bei konstruktivem Einsatz genügen feste Kennwerte für die Festigkeit und den E-Modul nicht, deshalb sind in den folgenden Bildern Spannungs-Dehnungs-Diagramme angegeben, die den Grad der Viskoelastizität (spröde, duktil) kennzeichnen, ebenso der Verlauf des E-Moduls über die Temperatur für mechanisch-thermisches Verhalten. Die lineare Auftragung des E-Moduls verdeutlicht die Abhängigkeit im Vergleich zur üblichen, irritierenden halblogarithmischen Darstellung, s.a. Bild 1.40. Die angegebenen Temperaturgrenzen, die sich nicht aus den Kurven ableiten lassen, sind Erfahrungswerte aus der praktischen Anwendung von Bauteilen. Die Erkennungsmerkmale dienen im wesentlichen der einfachen Identifizierung, ebenso können die besonderen Eigenschaften nur sehr grob verallgemeinert angegeben werden. Für den Anfänger mögen sie hilfreich für eine erste Orientierung sein.

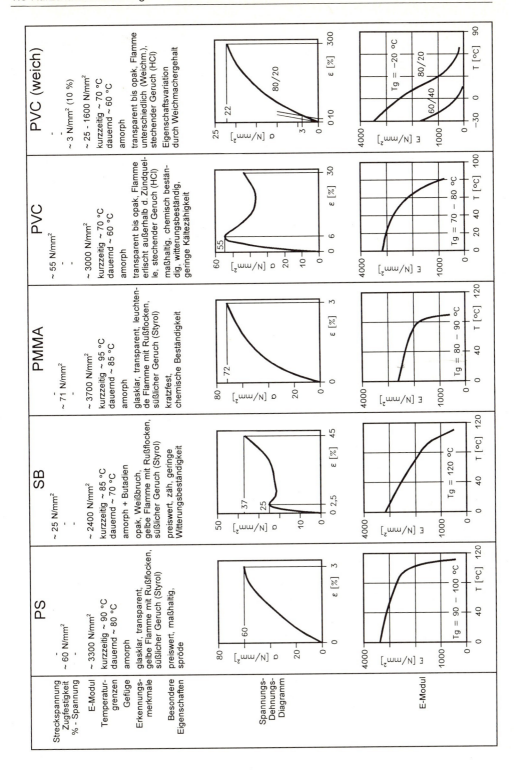

	PS	SB	PMMA	PVC	PVC (weich)
Streckspannung Zugfestigkeit	~ 60 N/mm²	~ 25 N/mm²	~ 71 N/mm²	~ 55 N/mm²	–
% - Spannung	–	–	–	–	~ 3 N/mm² (10 %)
E-Modul	~ 3300 N/mm²	~ 2400 N/mm²	~ 3700 N/mm²	~ 3000 N/mm²	~ 25 - 1600 N/mm²
Temperatur-grenzen	kurzzeitig ~ 90 °C dauernd ~ 80 °C	kurzzeitig ~ 85 °C dauernd ~ 70 °C	kurzzeitig ~ 95 °C dauernd ~ 85 °C	kurzzeitig ~ 70 °C dauernd ~ 60 °C	kurzzeitig ~ 70 °C dauernd ~ 60 °C
Gefüge	amorph	amorph + Butadien	amorph	amorph	amorph
Erkennungs-merkmale	glasklar, transparent, gelbe Flamme mit Rußflocken, süßlicher Geruch (Styrol)	opak, Weißbruch, gelbe Flamme mit Rußflocken, süßlicher Geruch (Styrol)	glasklar, transparent, leuchtende Flamme mit Rußflocken, süßlicher Geruch (Styrol)	transparent bis opak, Flamme erlischt außerhalb d. Zündquelle, stechender Geruch (HCl)	transparent bis opak, Flamme unterschiedlich (Weichm.), stechender Geruch (HCl)
Besondere Eigenschaften	preiswert, maßhaltig, spröde	preiswert, zäh, geringe Witterungsbeständigkeit	kratzfest, chemische Beständigkeit	maßhaltig, chemisch beständig, witterungsbeständig, geringe Kältezähigkeit	Eigenschaftsvariation durch Weichmachergehalt

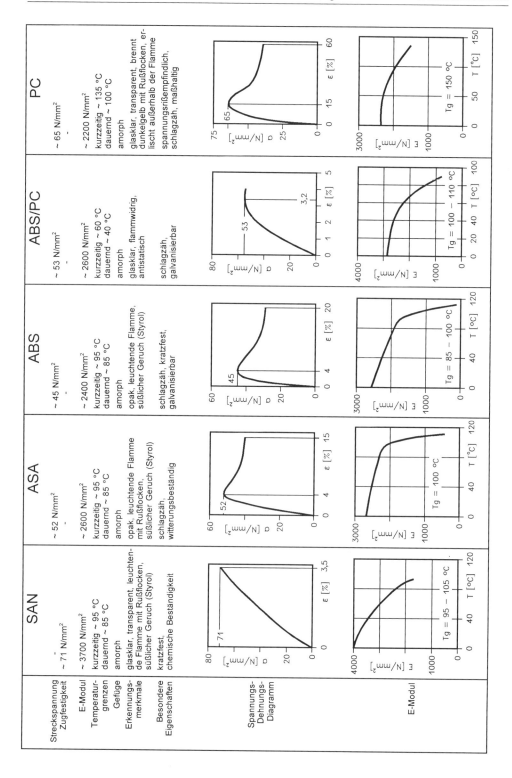

	SAN	ASA	ABS	ABS/PC	PC
Streckspannung Zugfestigkeit	~ 71 N/mm²	~ 52 N/mm²	~ 45 N/mm²	~ 53 N/mm²	~ 65 N/mm²
E-Modul	~ 3700 N/mm²	~ 2600 N/mm²	~ 2400 N/mm²	~ 2600 N/mm²	~ 2200 N/mm²
Temperaturgrenzen	kurzzeitig ~ 95 °C dauernd ~ 85 °C	kurzzeitig ~ 95 °C dauernd ~ 85 °C	kurzzeitig ~ 95 °C dauernd ~ 85 °C	kurzzeitig ~ 60 °C dauernd ~ 40 °C	kurzzeitig ~ 135 °C dauernd ~ 100 °C
Gefüge	amorph	amorph	amorph	amorph	amorph
Erkennungsmerkmale	glasklar, transparent, leuchtende Flamme mit Rußflocken, süßlicher Geruch (Styrol)	opak, leuchtende Flamme mit Rußflocken, süßlicher Geruch (Styrol)	opak, leuchtende Flamme, süßlicher Geruch (Styrol)	glasklar, flammwidrig, antistatisch	glasklar, transparent, brennt dunkelgelb mit Rußflocken, erlischt außerhalb der Flamme
Besondere Eigenschaften	kratzfest, chemische Beständigkeit	schlagzäh, witterungsbeständig	schlagzäh, kratzfest, galvanisierbar	schlagzäh, galvanisierbar	spannungsrißempfindlich, schlagzäh, maßhaltig
Spannungs-Dehnungs-Diagramm	σ [N/mm²] 80 / 71 / 20 / 0 — ε [%] 3,5	σ [N/mm²] 60 / 52 / 20 / 0 — ε [%] 4 ... 15	σ [N/mm²] 60 / 45 / 20 / 0 — ε [%] 4 ... 20	σ [N/mm²] 80 / 53 / 20 / 0 — ε [%] 1 2 3,2 5	σ [N/mm²] 75 / 65 / 25 / 0 — ε [%] 15 ... 60
E-Modul	E [N/mm²] 4000 / 1000 / 0 — T [°C] 40 ... 120, Tg = 95 – 105 °C	E [N/mm²] 3000 / 1000 / 0 — T [°C] 40 ... 120, Tg = 100 °C	E [N/mm²] 3000 / 1000 / 0 — T [°C] 40 ... 120, Tg = 85 – 100 °C	E [N/mm²] 4000 / 1000 / 0 — T [°C] 20 40 ... 100, Tg = 100 – 110 °C	E [N/mm²] 3000 / 1000 / 0 — T [°C] 50 ... 150, Tg = 150 °C

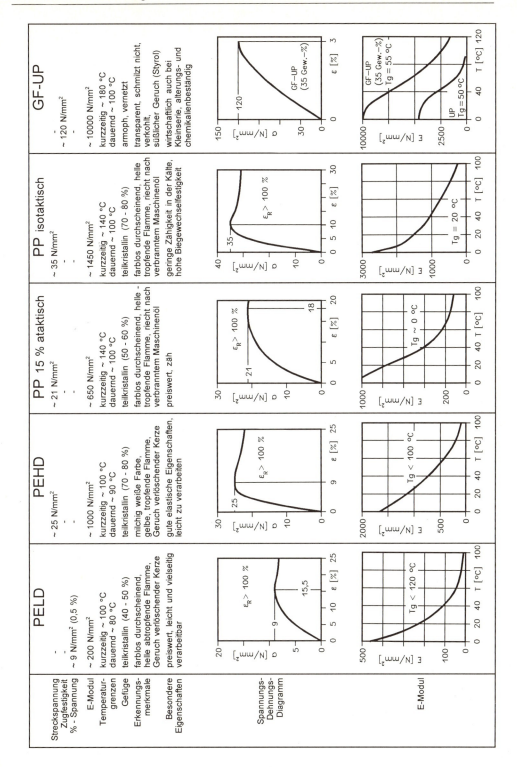

	PELD	PEHD	PP 15 % ataktisch	PP isotaktisch	GF-UP
Streckspannung	–	–	–	~ 35 N/mm²	–
Zugfestigkeit	~ 9 N/mm² (0,5 %)	~ 25 N/mm²	~ 21 N/mm²	–	~ 120 N/mm²
% - Spannung					
E-Modul	~ 200 N/mm²	~ 1000 N/mm²	~ 650 N/mm²	~ 1450 N/mm²	~ 10000 N/mm²
Temperatur- grenzen	kurzzeitig ~ 100 °C dauernd ~ 80 °C	kurzzeitig ~ 100 °C dauernd ~ 90 °C	kurzzeitig ~ 140 °C dauernd ~ 100 °C	kurzzeitig ~ 140 °C dauernd ~ 100 °C	kurzzeitig ~ 180 °C dauernd ~ 100 °C
Gefüge	teilkristallin (40 - 50 %)	teilkristallin (70 - 80 %)	teilkristallin (50 - 60 %)	teilkristallin (70 - 80 %)	amorph, vernetzt
Erkennungs- merkmale	farblos durchscheinend, helle abtropfende Flamme, Geruch verlöschender Kerze	milchig weiße Farbe, gelbe, tropfende Flamme, Geruch verlöschender Kerze	farblos durchscheinend, helle - tropfende Flamme, riecht nach verbranntem Maschinenöl	farblos durchscheinend, helle tropfende Flamme, riecht nach verbranntem Maschinenöl	transparent, schmilzt nicht, verkohlt, süßlicher Geruch (Styrol)
Besondere Eigenschaften	preiswert, leicht und vielseitig verarbeitbar	gute elastische Eigenschaften, leicht zu verarbeiten	preiswert, zäh	geringe Zähigkeit in der Kälte, hohe Biegewechselfestigkeit	wirtschaftlich auch bei Kleinserie, alterungs- und chemikalienbeständig
Spannungs- Dehnungs- Diagramm					
E-Modul					

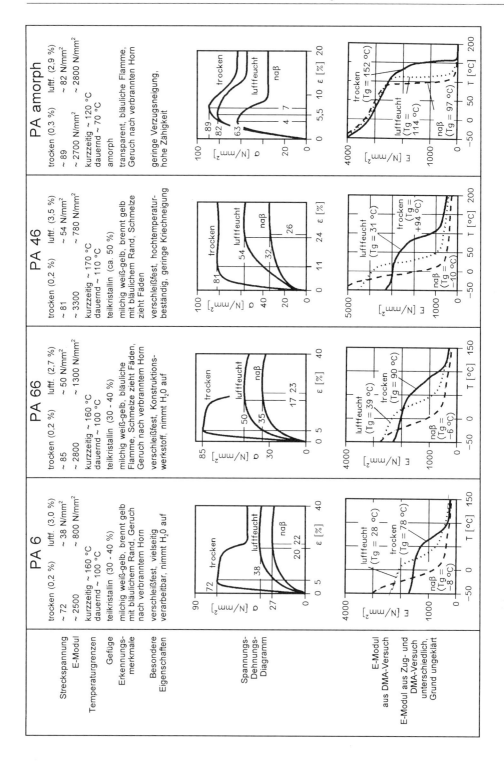

	PA 6	PA 66	PA 46	PA amorph
Streckspannung	trocken (0,2 %) lufft. (3,0 %)	trocken (0,2 %) lufft. (2,7 %)	trocken (0,2 %) lufft. (3,5 %)	trocken (0,3 %) lufft. (2,9 %)
	~ 72 ~ 38 N/mm²	~ 85 ~ 50 N/mm²	~ 81 ~ 54 N/mm²	~ 89 ~ 82 N/mm²
E-Modul	~ 2500 ~ 800 N/mm²	~ 2800 ~ 1300 N/mm²	~ 3300 ~ 780 N/mm²	~ 2700 N/mm² ~ 2800 N/mm²
Temperaturgrenzen	kurzzeitig ~ 160 °C	kurzzeitig ~ 160 °C	kurzzeitig ~ 170 °C	kurzzeitig ~ 120 °C
	dauernd ~ 100 °C	dauernd ~ 100 °C	dauernd ~ 110 °C	dauernd ~ 70 °C
Gefüge	teilkristallin (30 - 40 %)	teilkristallin (30 - 40 %)	teilkristallin (ca. 50 %)	amorph
Erkennungs-merkmale	milchig weiß-gelb, brennt gelb mit bläulichem Rand, Geruch nach verbranntem Horn	milchig weiß-gelb, bläuliche Flamme, Schmelze zieht Fäden, Geruch nach verbranntem Horn	milchig weiß-gelb, brennt gelb mit bläulichem Rand, Schmelze zieht Fäden	transparent, bläuliche Flamme, Geruch nach verbrannten Horn
Besondere Eigenschaften	verschleißfest, vielseitig verarbeitbar, nimmt H₂O auf	verschleißfest, Konstruktions-werkstoff, nimmt H₂O auf	verschleißfest, hochtemperatur-beständig, geringe Kriechneigung	geringe Verzugsneigung, hohe Zähigkeit
Spannungs-Dehnungs-Diagramm				
E-Modul aus DMA-Versuch				
E-Modul aus Zug- und DMA-Versuch unterschiedlich, Grund ungeklärt				

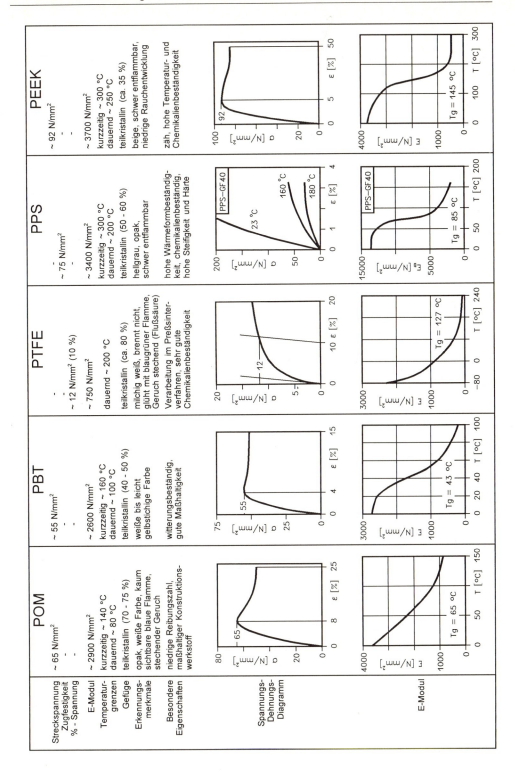

	POM	PBT	PTFE	PPS	PEEK
Streckspannung	~ 65 N/mm²	~ 55 N/mm²	-	~ 75 N/mm²	~ 92 N/mm²
Zugfestigkeit	-	-	~ 12 N/mm² (10 %)	-	-
% - Spannung	-	-	-	-	-
E-Modul	~ 2900 N/mm²	~ 2600 N/mm²	~ 750 N/mm²	~ 3400 N/mm²	~ 3700 N/mm²
Temperaturgrenzen	kurzzeitig ~ 140 °C, dauernd ~ 80 °C	kurzzeitig ~ 160 °C, dauernd ~ 100 °C	dauernd ~ 200 °C	kurzzeitig ~ 300 °C, dauernd ~ 200 °C	kurzzeitig ~ 300 °C, dauernd ~ 250 °C
Gefüge	teilkristallin (70 - 75 %)	teilkristallin (40 - 50 %)	teilkristallin (ca. 80 %)	teilkristallin (50 - 60 %)	teilkristallin (ca. 35 %)
Erkennungsmerkmale	opak, weiße Farbe, kaum sichtbare blaue Flamme, stechender Geruch	weiße bis leicht gelbstichige Farbe	milchig weiß, brennt nicht, glüht mit blaugrüner Flamme, Geruch stechend (Flußsäure)	hellgrau, opak, schwer entflammbar	beige, schwer entflammbar, niedrige Rauchentwicklung
Besondere Eigenschaften	niedrige Reibungszahl, maßhaltiger Konstruktionswerkstoff	witterungsbeständig, gute Maßhaltigkeit	Verarbeitung im Preßsinterverfahren, sehr gute Chemikalienbeständigkeit	hohe Wärmeformbeständigkeit, chemikalienbeständig, hohe Steifigkeit und Härte	zäh, hohe Temperatur- und Chemikalienbeständigkeit
Spannungs-Dehnungs-Diagramm					
E-Modul					

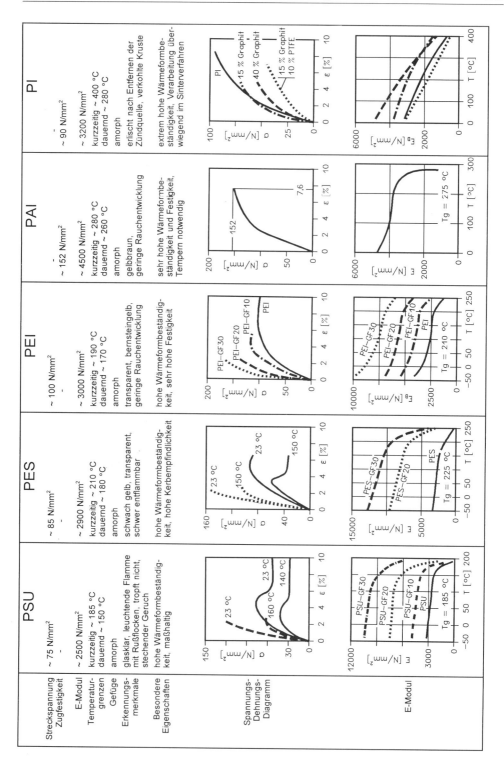

	PSU	PES	PEI	PAI	PI
Streckspannung Zugfestigkeit	~ 75 N/mm² -	~ 85 N/mm² -	~ 100 N/mm² -	~ 152 N/mm² -	~ 90 N/mm² -
E-Modul	~ 2500 N/mm²	~ 2900 N/mm²	~ 3000 N/mm²	~ 4500 N/mm²	~ 3200 N/mm²
Temperatur-grenzen	kurzzeitig ~ 185 °C dauernd ~ 150 °C	kurzzeitig ~ 210 °C dauernd ~ 180 °C	kurzzeitig ~ 190 °C dauernd ~ 170 °C	kurzzeitig ~ 280 °C dauernd ~ 260 °C	kurzzeitig ~ 400 °C dauernd ~ 280 °C
Gefüge	amorph	amorph	amorph	amorph	amorph
Erkennungs-merkmale	glasklar, leuchtende Flamme mit Rußflocken, tropft nicht, stechender Geruch	schwach gelb, transparent, schwer entflammbar	transparent, bernsteingelb, geringe Rauchentwicklung	gelbbraun, geringe Rauchentwicklung	erlischt nach Entfernen der Zündquelle, verkohlte Kruste
Besondere Eigenschaften	hohe Wärmeformbeständig-keit, maßhaltig	hohe Wärmeformbeständig-keit, hohe Kerbempfindlichkeit	hohe Wärmeformbeständig-keit, sehr hohe Festigkeit	sehr hohe Wärmeformbe-ständigkeit und Festigkeit, Tempern notwendig	extrem hohe Wärmeformbe-ständigkeit, Verarbeitung über-wiegend im Sinterverfahren

Literatur zu Kapitel 1:

Altstädt, V.	Hysteresismessungen zur Charakterisierung der mechanisch-dynamischen Eigenschaften von R-SMC Dissertation, Universität Kassel (Gh), 1987
Balsam, M.	persönliche Mitteilung zur Kunststoffproduktion
DIN EN 1778	Charakteristische Kennwerte für geschweißte Thermoplastkonstruktionen, April 1995
DVS 2205/1	Berechnung von Behältern und Apparaten aus Thermoplasten, DVS-Verlag, Düsseldorf, Juni 1987
Diedrich, G., Kempe, B. und Graf, K.	Zeitstandfestigkeit von Rohren aus Polyethylen (HDPE) und Polypropylen (PP) unter Chemikalieneinwirkung Kunststoffe 69 (1979) 8, S. 470-476
Ehrenstein, G. W.	Polymerwerkstoffe Carl Hanser Verlag, München 1978
Ehrenstein, G. W. (Hg.)	Hysteresis-Meßverfahren nach R. Renz Lehrstuhl für Kunststofftechnik, Universität Erlangen-Nürnberg, 1993, ISBN 3-9802740-4-7
Erhard, G.	Konstruieren mit Kunststoffen Carl Hanser Verlag, München, 1993
Erhard, G. und Strickle, E.	Maschinenelemente aus thermoplastischen Kunststoffen VDI-Verlag, Düsseldorf, 1985
Frank, V.	Die Querkontraktionszahl von Kunststoffen am Beispiel amorpher Thermoplaste Diss. Universität, Stuttgart, 1984
Ingram, P.; Kiko, H. und Peterlin, A.	The Morphology from Deformed Polymer Crystals J. of Polymer Science, Part C 16, 1967, S. 1857 f
Kabelka, J.; Ehrenstein, G. W. und Stampfer, S.	Kriechen von Polymerwerkstoffen unter mehrachsiger Belastung eingereicht bei Z. Kautschuk, Gummi, Kunststoffe
McCammond, D. und Turner, S.	Poisson's Ratio and Deflection of a Viscoelastic Plate Polym. Eng. Sci. 13 (1973) 3, S 187-193
Menges, G.	Werkstoffkunde Kunststoffe Carl Hanser Verlag, München, 1989
N. N.	persönliche Mitteilung aus der BASF AG, Ludwigshafen, und Bayer AG, Leverkusen
N. N.	World Crude Steel Production, Wirtschaftsvereinigung Stahl Düsseldorf, 1995
N. N.	Gesamtverband der Deutschen Aluminiumindustrie e.V. Düsseldorf, 1995
N. N.	Kunststoff-Information Bad Homburg, 1995

Oberbach, K.   Kunststoff-Kennwerte für Konstrukteure
                                Carl Hanser Verlag, München, 1980

Oberbach, K.   Prüfen von Fertigteilen
                                aus Becker/Braun Kunststoffhandbuch, Bd. 1, Die Kunststoffe
                                Carl Hanser Verlag, München, 1990

Oberbach, K.   Die wichtigsten physikalischen und technologischen Kennwerte
                                der Kunststoffe
                                VDI-Bildungswerk 3887, Düsseldorf, Lehrgang: Konstruieren
                                mit Kunststoffen, 1985

Oberbach, K.   Schwingfestigkeit von Thermoplasten ein Bemessungskenn-
                                wert
                                Kunststoffe 77 (1987) 4, S. 409-414

Oberbach, K.   Zur Problematik der Kunststoffbeurteilung
                                Vortrag Süddeutsches Kunststoff-Zentrum, Würzburg, 1989

Oberbach, K.   Grundwertetabelle und Datenbank (Campus) - eine Herausfor-
                                derung und Chance
                                Kunststoffe 79 (1989) 8, S. 713-720

Retting, W.   Mechanik der Kunststoffe
                                Carl Hanser Verlag, München, 1991

Sarabi, B.   Das Anstrengungsverhalten von Polymerwerkstoffen infolge
                                ein- und zweiachsigen Kriechens
                                Kassel, Universität (Gh), Diss., 1984

Sarabi, B.   Kunststoffkennwerte im Spiegel von Konstruktionspraxis und
                                Werkstoffprüfung
                                Kunststoffe 81 (1991) 5, S. 440-445

Schultz, J.   Polymer Materials Science
                                Prentice-Hall, Inc., Englewood Cliffs, New Jersey, 1974

Warfield, R. W.; Cuevas, J. W. Elastic Constants of Bulk Polymers
und Barnet, T.R.   Angew. Makromol. Chem. 44 (1975), S. 181-184

Weber, A.   Anwendungschancen der Kunststoffe
                                Vortrag VDI-Fachgruppe Kunststofftechnik, Nürnberg, 1994

2 Dimensionierung

2.1 DIMENSIONIERUNGSKENNWERTE

Das Berechnen von Bauteilen aus Kunststoffen ist viel schwieriger als aus klassischen Konstruktionswerkstoffen, wie Stahl und Holz. Dieses liegt vor allem an:

- dem viskoelastischen Verformungsverhalten,

- dem starken Einfluß von Zeit, Temperatur und Höhe der Belastung auf die Kennwerte,

- dem Fehlen von Kennwerten bei komplexerer Beanspruchung,

- dem starken Einfluß der Verarbeitung auf die Eigenschaften.

Erschwerend kommt hinzu, daß es nur wenig qualifizierte Ausbildungsstätten gibt. Da es häufig nicht möglich ist, Bauteile aus Kunststoffen genau zu berechnen, sind Näherungsverfahren und überschlägige Berechnungen geboten.

SPANNUNGSBEZOGENE BEMESSUNG

Die Grundgleichung für die konventionelle Dimensionierung lautet:

$$\sigma_{zul} = \frac{K}{S \cdot A} \geq \sigma_{max} \quad \text{bzw.} \quad \sigma_{vmax}$$

mit:
σ_{max} = bei einaxialer Beanspruchung auftretender Maximalspannungswert,

σ_{vmax} = bei mehraxialer Beanspruchung unter Zugrundelegung einer geeigneten Versagenshypothese berechnete maximaler Vergleichsspannungswert,

K = Kurzzeit-Festigkeitskennwert, gegen den dimensioniert werden soll,

S = Sicherheitsfaktor und

A = Werkstoffabminderungsfaktor, der festlegt, um wieviel der jeweilige Festigkeitskennwert erniedrigt werden muß, um besondere, im voraus übersehbare Belastungsbedingungen und Einflüsse durch Temperatur, Langzeitbeanspruchung, dynamische Belastung, Fertigung, chemischen Angriff, Alterung usw. zu berücksichtigen. Er soll den Konstrukteur zudem veranlassen, über mögliche festigkeitsmindernde Einflüsse nachzudenken. Dazu wird der Faktor A in Einzelfaktoren aufgeteilt, die multiplikativ zusammengefügt werden.

Eine Festlegung der zulässigen Spannung hat dann folgendes Aussehen:

$$\sigma_{zul} = \frac{K}{S \cdot A_T \cdot A_{st} \cdot A_{dyn} \cdot A_A \cdot A_W \cdot A_{Ke} \cdot A_{BN} \cdot A_F \cdot A_{ex}}$$

Diese Faktoren berücksichtigen im einzelnen:

A_T = Festigkeitsabfall durch Temperatureinfluß gegenüber 20°C. Unter 20°C wird keine Festigkeitsänderung berücksichtigt. Falls:

$$A_T = \frac{1}{1 - k \cdot (T - 20)}$$

j   mit: T = Temperatur [°C]

k für					
PA 6 =	0,0125	PA-GF =	0,0071	PC =	0,0095
PA 66 =	0,0112	POM =	0,0082	PP =	0,0116
PBT =	0,0095	ABS/PVC =	0,0117	PEHD =	0,0113

A_{St} = Festigkeitsabfall durch Zeitstandbelastung (Richtwerte: wenige Std. = 1,4; Wochen = 1,7; Monate = 1,8; Jahre = 2),

A_{dyn} = Festigkeitsabfall aufgrund dynamischer Belastung (1,3 bis 1,7),

A_A = Alterungseinfluß (abhängig von Alterungsbedingungen und -dauer),

A_W = Wassereinfluß, z.B. bei PA mit erheblichen Änderungen der Eigenschaften,

A_K = Kerbeinfluß, bei dynamischer Beanspruchung höher als bei statischer, s. Tab. 2.1,

A_{BN} = Bindenaht, s. Tab. 2.1 und 3.3,

A_F = Fertigungseinfluß, bei normaler Fertigung 1,05 bis 1,25.

A_{ex} = Unsicherheit bei der Ermittlung der Kennwerte, z.B. bei Extrapolation oder ungenauer Kenntnis der Belastung (Richtwert: 1,1).

Die Zahl der Abminderungsfaktoren kann beliebig, entsprechend der Beanspruchungsanalyse, erweitert werden.

Werkstoff	A_{dyn}	$A_{stat/Ke}$	$A_{dyn/Ke}$	$A_{stat/BN}$	$A_{dyn/BN}$
ABS	$\parallel \sim 2,6;\ \perp \sim 4,3^{1)}$	-	4,4	-	3,4
PC	2,8	1,0	8,3	1,05	6,7
PC-GF30 tr.	2,6	1,1	5,5	1	4,0
PA 6	1,8	1,0	3,0	1,0	1,8
PA 6-GF30 tr.	2,5	1,4	5,4	1,75	4,5
PBT	1,7	1,0	2,0	1,0	1,8
PBT-GF30	2,1	1,3	4,6	1,3	4,0
Probekörper	10	Bohrung (Bo) 3		Bindenaht (BN)	

Tabelle 2.1: Abminderungsfaktor für statische und dynamische Belastung mit zusätzlicher Kerbe und Bindenaht (nach Oberbach)
$^{1)}$ bei Zug- bzw. Zug-Schwellbelastung bezogen auf die Spritzorientierung

Thermoplaste	statisch			dynamisch	
	kurzzeitig		langzeitig	$n \leq 10^7$	
	einmalig	mehrmalig		teilkristallin	amorph
teilkristallin (duktil)	1 ÷ 1,25 (1 ÷ 0,8)	1,25 ÷ 1,7 (0,8 ÷ 0,6)	1,7 ÷ 2 (0,6 ÷ 0,5)	3,3 ÷ 5 (0,3 ÷ 0,2)	-
amorph (spröde)	1,25 ÷ 1,5 (0,8 ÷ 0,65)	1,5 ÷ 2 (0,65 ÷ 0,5)	2 ÷ 2,5 (0,5 ÷ 0,4)	-	5 ÷ 6,2 (0,2 ÷ 0,16)
glasfaserver- stärkt	1,4 ÷ 1,8 (0,7 ÷ 0,55)	1,8 ÷ 2,2 (0,55 ÷ 0,45)	2,2 ÷ 2,9 (0,45 ÷ 0,35)	4 (0,25)	6 (0,17)

Tabelle 2.2: Abschätzung von A-Faktoren für verschiedene Thermoplasttypen (nach Oberbach) (in Klammern A'-Faktoren; A = 1/A')

Zur überschlägigen Abschätzung von Abminderungsfaktoren für teilkristalline, amorphe und glasfaserverstärkte Thermoplaste eignen sich die in Tab. 2.2 angegebenen A-Faktoren. Weitere Angaben in Tab. 1.3, 1.4, 1.5 und 1.7. Die Angabe von Bereichen kennzeichnet die Ungenauigkeit der Erfassung der Beanspruchung.

Wird die Dimensionierungsbetrachtung konsequent systematisch durchgeführt, kommen als Bemessungskennwerte (K-Werte) nur die in Kurzzeitversuchen ermittelten Kennwerte in Frage, nämlich die Streckgrenze σ_S, die Bruchfestigkeit σ_B bei sprödem Werkstoffverhalten und die Grenze bei Überschreiten einer bestimmten nichtelastischen Verformung, z.B. $\sigma_{0,5}$, Bild 2.1.

Alle sonst noch zu berücksichtigenden werkstoff- und beanspruchungsbedingten Einflüsse werden durch entsprechende A-Werte abgedeckt. Es ist allerdings auch möglich, die beanspruchungsbedingten Einflüsse bereits im Werkstoffkennwert K zu berücksichtigen. So wird man bei Schwingungsbeanspruchung beispielsweise von einer Schwingfestigkeit oder bei langzeitiger statischer Beanspruchung von einem entsprechenden Zeit- bzw. Zeitstandfestigkeitswert ausgehen, Bild 2.2, insbesondere dann, wenn auf eine bestimmte Lebensdauer dimensioniert

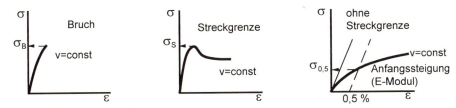

Bild 2.1: Übliche Dimensionierungskennwerte für Kurzzeitbeanspruchungen

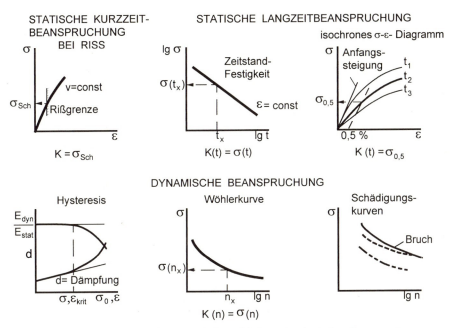

Bild 2.2: Dimensionierungskennwerte bei verschiedenen mechanischen Beanspruchungen
   σ_{sch} = Schädigungsspannung

wird. Bei dieser Vorgehensweise darf allerdings die Übersichtlichkeit nicht leiden, insbesondere dann, wenn noch andere Einflußgrößen vorliegen und berücksichtigt werden müssen.

Ein vereinfachter Vorschlag zur Festlegung zulässiger Werkstoffbeanspruchung mittels Abminderungsfaktoren wird von Oberbach aufgrund langjähriger Erfahrungen bei der Auslegung von Formteilen, besonders aus Thermoplasten gemacht, nämlich die Beanspruchung entsprechend Tab. 2.2 in kurzzeitige, langzeitige und dynamische Beanspruchung zu unterteilen, wobei die kurzzeitige Beanspruchung in eine einmalige und mehrmalige Beanspruchung unterteilt wird. Zusätzlich wird zwischen den stärker duktilen teilkristallinen Thermoplasten, den weniger duktilen amorphen Thermoplasten und den glasfaserverstärkten Thermoplasten unterschieden.

Nach einem weiteren Vorschlag von Oberbach lassen sich die Temperatur- und Zeitabhängigkeit der A'-Faktoren aus isochronen oder isothermen Spannungs-Dehnungs-Diagramm bestimmen, die für die meisten Kunststoffarten vorliegen. Aus dem Spannungs-Dehnungs-Diagrammen bei RT bzw. dem Kurzzeitversuch wird der Kurzzeitkennwert K bestimmt, bei spröden Kunststoffen die Zugfestigkeit, bei duktilen die Streckgrenze oder die 0,5 %-Bemessungsspannung. Diesem Wert wird der A'-Wert 1 zugeordnet, dem Nullpunkt der Diagramme der Wert A' = 0. Aus Tab. 2.2 wird ein der Belastung entsprechender A'-Faktor entnommen, mit dem an der Raumtemperaturkurve durch Multiplikation A'$\cdot \sigma_B$ die dazugehörige Spannung und die zulässige Dehnung bestimmt wird. Der Einfluß der Temperatur bzw. Zeit wird als Schnittpunkt im entsprechenden isochronen oder isothermen Spannungs-Dehnungs-Diagramm bei gleichbleibenden ε_{zul} bestimmt. Je nach äußerer Beanspruchung wird dieser Wert um weitere Faktoren, z.B. Wasser, UV, Fertigung, dynamische Belastung, Bindenaht, abgemindert.

An einem Beispiel, Bild 2.3, sei das Vorgehen erläutert: Ein Haltegriff aus PBT-GF30 ist wenige Stunden im Einsatz, die Belastung ist einigermaßen bekannt, die Fertigung qualifiziert. Als Ab-

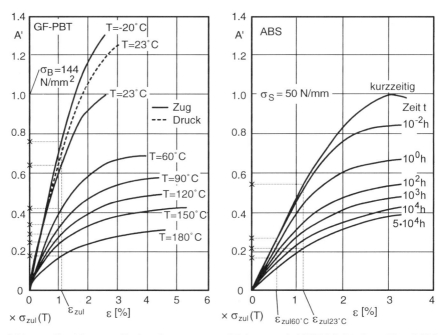

Bild 2.3: Abschätzung zulässiger Spannungen und Dehnungen bei PBT-GF (30 Gew.-%) und ABS
A'-Faktor hier umgekehrt proportional dem Werkstoffabminderungsfaktor A (nach Oberbach)

minderungswerte werden vorgeschlagen: A_{stat} = 1,4; A_A = 1,03; A_F = 1,05; A_{ex} = 1,05. Mit A = $A_{stat} \cdot A_A \cdot A_F \cdot A_{ex}$ = 1,4 · 1,03 · 1,05 · 1,05 = 1,59 bzw. A'= 0,63. Durch den Schnittpunkt mit der Kurve T = 23 °C ergibt sich ε_{zul} = 1,1. Für eine Temperatur von 90 °C ergibt sich somit A'= 0,34. Bei einer Kurzzeitfestigkeit K = 144 N/mm^2 ergibt sich für obige Einsatzbedingungen ohne Berücksichtigung eines Sicherheitsfaktors S ein σ_{zul} = 49 N/mm^2 bzw. bei S = 1,2 ein σ_{zul} = 41 N/mm^2.

Ein weiteres Beispiel sei ein Gewindeeinsatz in einer Wasserpumpe aus ABS 5 Jahre im Einsatz, davon 1000 Stunden bei 60 °C, teilweise dynamisch belastet, geringer UV-Einfluß, eventuell Kontakt mit Schmierfett, qualifizierte Fertigung. Es werden vorgeschlagen: $A_{60°}$= 1,9; A_{dyn} = 1,3; A_{uv} = 1,1; A_{fett} = 1,2; A_{Fert} = 1,1. Damit wird für 60 °C A = 3,6 bzw. A'= 0,28 als Schnittpunkt mit dem Kurzzeit-Spannungs-Dehnungs-Diagramm und $\varepsilon_{zul\ 60\ °C}$ = 0,55 %. Für 1000 Stunden wird A'= 0,17 bzw. A = 5,9. Bei der Auslegung für die restlichen 45000 Stunden bei 23 °C entfällt $A_{60°}$ = 1,9, somit wird A = 1,9 bzw. A'= 0,53 für kurzzeitige Belastung bzw. A'= 0,22 und A = 4,5 für 45000 Stunden. Damit wird $\sigma_{zul\ 60\ °C}$ = 8,5 N/mm^2 und $\sigma_{zul\ 23\ °C}$ = 11,1 N/mm^2.

Für die Festlegung der **Sicherheitsfaktoren** S gibt es eine Reihe von Gesichtspunkten, die nur wenig werkstoffbedingt sind:

a) Für technisch wichtige Fälle in Bemessungsvorschriften, Richtlinien, DIN-Blättern oder Werksunterlagen werden Sicherheitsfaktoren durch den Konsens anerkannter Fachleute aufgrund vorliegender Erfahrungen und Untersuchungsergebnisse festgelegt.

b) Trotz gleicher Beanspruchungszustände kann die Sicherheitsfestlegung in verschiedenen Ländern unterschiedlich sein.

c) Aspekte der Überdimensionierung berücksichtigen den Grad der Gefährdung von Lebewesen und Dingen bei Versagen.

d) Je genauer die Gebrauchsbeanspruchung vorhersehbar ist, desto niedriger sind die Sicherheitsfaktoren.

e) Je sicherer und genauer die Berechnungsmethoden sind und je zuverlässiger das Werkstoffverhalten bewertet werden kann, um so niedriger wird der Sicherheitswert festgelegt.

f) Versagensbetrachtungen wegen Instabilität müssen mit größeren Sicherheitsbeiwerten ausgeführt werden, weil geringe Abweichungen von der Soll-Geometrie und der beabsichtigten Krafteinleitung bereits zu einer Belastungsüberhöhung führen können.

g) Bei inhomogenen Beanspruchungszuständen muß bei Verwendung von Werkstoffkennwerten, die unter homogener Spannungsverteilung ermittelt wurden, ein modifizierter, meist erhöhter Sicherheitsbeiwert verwendet werden.

h) Bauteile aus Kunststoffen mit starker Kriechneigung und erhöhter Beeinflußbarkeit durch Umweltfaktoren müssen neben den werkstoffbedingten Abminderungsfaktoren auch erhöhte Sicherheitsfaktoren aufweisen.

i) Teilkristalline Thermoplaste können wegen ihres duktilen Werkstoffverhaltens mit einem niedrigeren Sicherheitsfaktor belegt werden als amorphe Thermoplaste, Duroplaste oder faserverstärkte Kunststoffe.

k) Die Sicherheitsfaktoren sind dem technischen Fortschritt, der Fertigungstechnik, der Materialqualität, den Berechnungsmöglichkeiten, den Erfahrungen, den Kenntnissen, der Beanspruchungszuständen usw. anzupassen.

VERSAGENSKRITERIEN

Die meisten technischen Bauteile werden aufgrund der an ihnen angreifenden äußeren Lasten durch einen mehrachsigen Spannungszustand beansprucht. Ob dieser Spannungszustand zu einem Versagen führt, wird mit Hilfe eines geeigneten Versagenskriteriums – auch Bruchkriterium oder -hypothese genannt – beurteilt. Mit diesen mathematischen Formulierungen aller möglichen zum Versagen führenden Spannungszustände wird ein mehrachsiger Spannungszustand auf eine Vergleichsspannung σ_v reduziert, von der angenommen wird, daß sie den Werkstoff in vergleichbarer Weise beansprucht.

So läßt sich die schwer meßbare Schubfestigkeit, wie verschiedene Scherversuche gezeigt haben, offensichtlich recht genau durch das mathematisch einfache **Schubspannungskriterium** erfassen:

$$\sigma_V = \sigma_1 - \sigma_3$$

Daraus folgt für die **Schubfestigkeit** τ_B:

$$\tau_B = 0{,}5 \cdot \sigma_B$$

Für Kunststoffe mit unterschiedlicher Zug- (σ_{zB}) und Druckfestigkeit (σ_{dB}) beträgt

$$\tau_B = \frac{m}{m+1} \cdot \sigma_{zB} \quad \text{mit} \quad m = \frac{\sigma_{dB}}{\sigma_{zB}}$$

Ferner zeigt die Erfahrung, daß auch das **HMH-Kriterium** (Kriterium der größten Gestalts-änderungsarbeit nach Huber, von Mises und Henky) zu meist hinreichend genauen Ergebnissen führt. Für die Vergleichsspannung gilt danach:

$$\sigma_{V\,HMH} = \frac{1}{\sqrt{2}} \cdot \sqrt{(\sigma_1 - \sigma_2)^2 + (\sigma_3 - \sigma_1)^2 + (\sigma_2 - \sigma_3)^2}$$

Für die **Schubfestigkeit** folgt daraus:

$$\tau_B = 0{,}58 \cdot \sigma_B$$

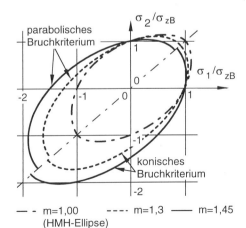

duktil			spröde		
Werk-stoff	σ_{zB} [N/mm²]	m	Werk-stoff	σ_{zB} [N/mm²]	m
PS	73	1,33	PMMA	59	1,40
PVC	54	1,30	CAB	34	0,91
PC	59	1,22	CA	41	1,23
PE	11	1,34	PVCA	66	1,29
PP	32	1,32	EP	81	1,45
PA	66	0,92			
ABS	44,5	0,95			

— · m=1,00   - - - - m=1,3   —— m=1,45
(HMH-Ellipse)

Bild 2.4:   Vergleich experimenteller und nach dem konischen und parabolischen Bruchkriterium berechneter Bruchkurven im ebenen Hauptspannungsdiagramm (m = σ_{dB} / σ_{zB}, m = 1 → Isotropie)(nach Bardenheier)

Besonders die spröden und spannungsrißempfindlichen Kunststoffe werden nach dieser Hypothese im Zug-Zug-Bereich überschätzt, wogegen man im Druckbereich im allgemeinen konservative Werte erhält. Kunststoffe, deren Druckfestigkeit σ_{dB} höher als ihre Zugfestigkeit σ_{zB} ist, werden deshalb besser mit dem konischen oder parabolischen Bruchkriterium erfaßt, Bild 2.4, bzw. wird die Schubfestigkeit aus der Zugfestigkeit berechnet. Bei diesen Kriterien erfolgt das Versagen unter dreiachsigem Spannungszustand, wenn der im Raum angeordnete Kegel oder Paraboloid von innen durchstoßen wird, Bild 2.5. Beide sind symmetrisch zur Raumdiagonale $\sigma_1 = \sigma_2 = \sigma_3$ und dadurch gekennzeichnet, daß bei mehrachsiger Zugbeanspruchung Versagen, bei allseitiger Druckbeanspruchung aber eine unendliche Festigkeit gegeben ist. Schneidet man den Kegel oder Paraboloid, erhält man Elipsen, die den zweiachsigen Belastungszustand kennzeichnen, Bild 2.4.

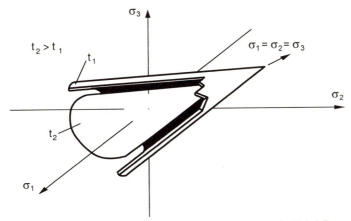

Bild 2.5: *Ineinander gestufte Versagenskörper zur Berücksichtigung des Zeiteinflusses auf die Festigkeit von Kunststoffen. Belastungsdauer bis zum Versagenseintritt $t_1 < t_2$ (nach Bardenheier)*

Konisches Bruchkriterium:

$$\sigma_{v\,kon} = \frac{m-1}{2 \cdot m}(\sigma_1 + \sigma_2 + \sigma_3)$$

$$\pm \frac{1+m}{2 \cdot \sqrt{2}} \cdot \sqrt{(\sigma_1 - \sigma_2)^2 + (\sigma_3 - \sigma_1)^2 + (\sigma_2 - \sigma_3)^2}$$

Parabolisches Bruchkriterium:

$$\sigma_{v\,par} = \frac{m-1}{2 \cdot m}(\sigma_1 + \sigma_2 + \sigma_3)$$

$$\pm \frac{(m-1)^2}{4 \cdot m^2} \sqrt{(\sigma_1 + \sigma_2 + \sigma_3)^2 + \frac{1}{2 \cdot m}[(\sigma_1 - \sigma_2)^2 + (\sigma_3 - \sigma_1)^2 + (\sigma_2 - \sigma_3)^2]}$$

Darin ist $m = \sigma_{dB}/\sigma_{zB}$, der Quotient aus Druckfestigkeit zu Zugfestigkeit. Für $m = 1$ gehen die beiden Kriterien in das HMH-Kriterium über.

Bei anisotropen Werkstoffen wie z.B. Faserverbund-Kunststoffen oder durch die Verarbeitungs-orientierungen sehr stark anisotrop gewordenen Kunststoffen genügen diese Kriterien häufig nicht, da die Eigenschaften parallel und senkrecht zur Orientierung ebenso wie unter Druck und Zug stark variieren.

Das zeitabhängige Versagensverhalten kann durch ineinander gestufte Versagenskörper anschaulich dargestellt werden, Bild 2.5, wobei der äußere Körper wegen der kurzen Belastungszeit eine höhere Zeitstandfestigkeit aufweist. Meßergebnisse liegen kaum vor.

DEHNUNGSBEZOGENE BEMESSUNG

Die konventionelle Versagensbetrachtung hat die dehnungsbezogene Dimensionierung von Bauteilen offensichtlich deswegen vernachlässigt, weil bei den meisten Bauteilen und besonders den Maschinenelementen aus Metallen ein Versagen aufgrund zu großer Deformationen sehr selten ist. Bei den Kunststoffen liegt jedoch wegen der Struktur der Makromoleküle und der zwischenmolekularen, physikalischen Bindekräfte eine vergleichsweise geringere Steifigkeit vor, die oft weniger als 1/100 der Werte von Stahl beträgt, die Festigkeit dagegen nur 1/10.

Beim Spannungs-Dehnungs-Verhalten von Kunststoffen fällt auf, daß sich bei variabler Belastungsgeschwindigkeit bzw. -zeit oder Temperatur die Spannung bei der Streckgrenze sehr viel stärker ändert als die dazugehörige Streckdehnung, die sich bei vielen Kunststoffen wenig abhängig von Zeit und Temperatur im Bereich um 5 % bewegt, während bei den Spannungen Änderungen bis zu einer Zehnerpotenz auftreten können. Das bedeutet, daß bei Bauteilen aus Kunststoffen die Verformungsbetrachtung und die Überprüfung durch Verformungsmessungen eine sehr viel größere Rolle spielen als bei Metallen.

Es darf nicht vergessen werden, daß Spannungen in Bauteilen meistens mit Dehnmeßstreifen gemessen werden, aus denen dann erst Belastungen berechnet werden. Trotzdem werden dehnungsbezogene Versagenskriterien nur gelegentlich bei sehr spröden Kunststoffen angewandt.

2.2 ZUVERLÄSSIGKEIT

Bei der Auslegung von Bauteilen wird von definierten Belastungs- und Festigkeitswerten ausgegangen, obwohl beide deutlich von einem angenommenen Mittelwert abweichen können. Dieses gilt sowohl für die Beanspruchung F_1 (Lasteinwirkung) als auch für die Festigkeit F_2 (Widerstand), Bild 2.6. Solange die Festigkeit größer als die Beanspruchung ist, hält das Bauteil vermeintlich. Um dem Zufälligkeitscharakter von Beanspruchungen einerseits und Kennwerten andererseits Rechnung zu tragen, ist es notwendig, die aus der statistischen Berechnung gewonnenen Abweichungen von beiden zu berücksichtigen.

Es besteht die Möglichkeit, daß sich die Streubereiche von Beanspruchung und Kennwert überlappen. Dann stellt der Grad der Überlappungen im schraffierten Bereich ein Maß für eine bestimmte Versagenswahrscheinlichkeit dar. Dieser Fall kann durch Bestimmung eines statistisch ermittelten oberen Grenzwertes der Beanspruchung und eines unteren Grenzwertes der Kenngröße vermieden werden, die die Abweichungen von den mittleren Werten berücksichtigen. Wird $F_1{}^*$ als Widerstandsfraktile und $F_2{}^*$ als Einwirkungsfraktile betrachtet, läßt sich ein Nennsicherheitsfaktor als Quotient aus Widerstands- und Einwirkungsfraktile bilden. Durch Aufspaltung dieses Nennsicherheitsfaktors S^* in Teilsicherheitsfaktoren S_1 für den Bereich der Beanspruchung und S_2 für den Bereich der Werkstoffkenngröße läßt sich eine Dimensionierungsvorschrift wie folgt formulieren:

$$F^*_1 \cdot S_1 < F^*_2 / S_2$$

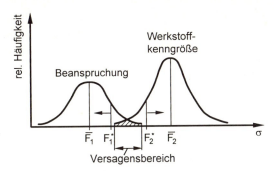

Bild 2.6: Überlappung der Verteilungsfunktionen (schematisch)

Bei der Berechnung wird üblicherweise der Mittelwert einer kleinen Meßreihe als Kennwert benutzt. Die Streuung wird dabei außer acht gelassen. Statt dessen wird der ermittelte Kennwert mit abgeschätzten Abminderungsfaktoren beaufschlagt, die alle material- und versuchsbedingten Unsicherheiten berücksichtigen sollen. Das verführt dazu, mit stark vereinfachten Lastannahmen und überhöhten Sicherheitsfaktoren zu rechnen, ist jedoch im Hinblick auf eine rationelle Werkstoffausnutzung nicht optimal. In Wirklichkeit liegt jedoch meistens eine begrenzte Zahl von Meßwerten (z.B. Beanspruchung, Festigkeit) vor. Bild 2.7 zeigt ein seltenes Beispiel sehr vieler Meßwerte eines GF-EP-Gewebelaminates mit berechneter Normalverteilung, Mittelwert $\bar{x}$ und 5%-Fraktile.

Aus zeitlichen und technischen Gründen ist es meistens nicht möglich, eine große Anzahl oder sogar alle Werte der betrachteten Meßgröße, also die sog. Grundgesamtheit, zu erfassen. In der Regel liegt auch als Meßergebnis nur eine Stichprobe aller möglichen Werte vor. Aus ihr wird ein ε %-Fraktilwert ermittelt, der denjenigen Grenzwert (z.B. Werkstoff-Festigkeits-Kennwert) angibt, oberhalb dessen mindestens $(100-\varepsilon)$ % aller Werte mit einer vorgegebenen

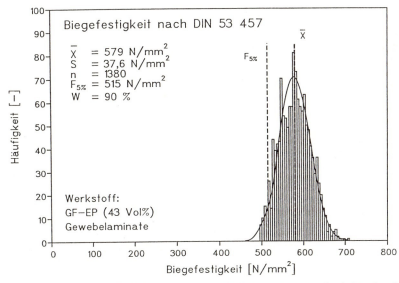

Bild 2.7: Verteilung von Festigkeitswerten von GF-EP-Gewebelaminaten (nach Interglas GmbH)

Aussagewahrscheinlichkeit liegen. In gleicher Weise wird eine Aussage über die Belastung gemacht. In diesem Fall liegen mindestens (100-ε) % alle Belastungen unterhalb eines so festgelegten Grenzwertes.

Die Fraktilwerte ergeben sich aus dem Mittelwert $\overline{x}$ und der Standardabweichung s multipliziert mit dem k-Wert:

$$F_{\varepsilon\%} = \overline{x} \pm k \cdot s$$

Der k-Wert ist abhängig vom Prozentwert ε, der Aussagesicherheit W und der Anzahl der vorhandenen Meßwerte n:

$$k = f(\varepsilon,\ W,\ n)$$

Der Prozentwert und die Aussagesicherheit sind normalerweise nach vergleichbaren Kriterien wie beim Sicherheitsbeiwert vorgegeben, so daß der Abstand vom Mittelwert (Streubreite) nur von der Anzahl der Meßwerte abhängt. Damit wird

$$F_{\varepsilon\%} = \overline{x} \pm k(n) \cdot s$$

Das bedeutet, daß $F_1{}^*$ und $F_2{}^*$ von der Streubreite der Verteilung abhängen. Da k wiederum nur von der Anzahl n abhängt, kann es deshalb zur Absicherung einer Auslegung günstiger sein, die Streubreite bei der Kenngrößenermittlung durch einfache Erhöhung der Anzahl der Messungen zu verringern, als den Mittelwert durch erhöhten Materialeinsatz anzuheben, um die Versagenswahrscheinlichkeit so klein wie möglich zu halten, Bild 2.8.

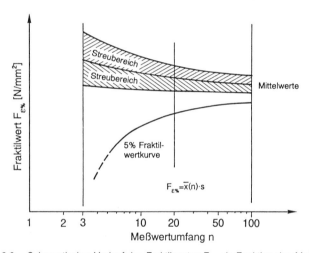

Bild 2.8:   Schematischer Verlauf des Fraktilwertes $F_{5\%}$ als Funktion des Meßwertumfangs n

2.3 ÄHNLICHKEITSBETRACHTUNGEN

Um den Aufwand bei der Lösung technischer Probleme zu reduzieren, schlägt Wübken vor, diese einzukreisen oder durch Ähnlichkeitsbetrachtungen so zu reduzieren, daß sie mit vergleichsweise niedrigem Aufwand abgeschätzt oder beurteilt werden können.

Eine dreiseitig gelagerte Platte, z.B. ein Einschubboden eines Kühlschranks, wird belastet. Die Durchbiegung und maximale Beanspruchung soll eingegrenzt werden. Für die dreiachsige Lagerung existiert keine geschlossene Lösung. Es besteht nun die Möglichkeit, den Fall auf die zweiseitig und vierseitig gelagerte Platte zu reduzieren bzw. zu erweitern, für deren Berechnung ausreichende Formeln vorliegen, Bild 2.9. Der Fall der dreiseitigen Lagerung ist zwischen beiden zu sehen. Sie wird sich weniger durchbiegen als bei zweiseitiger Lagerung, dagegen mehr als vierseitig gelagert. Soll die Platte im Spritzguß durch Rippen oder Hohlkammern profiliert werden, kann die Durchbiegung mit guter Näherung zunächst für eine ebene, kompakte Platte mit gleichem Trägheitsmoment pro Einheit der Breite abgeschätzt werden, Bild 2.10. Die Wirkung der Rippen ist gemäß Kap. 5 abschätzbar.

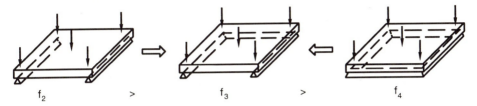

Bild 2.9: Abschätzen der Verformung einer dreiseitig aufliegenden Platte (nach Wübken)

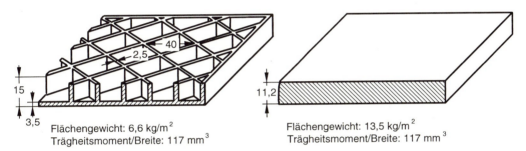

Flächengewicht: 6,6 kg/m^2
Trägheitsmoment/Breite: 117 mm^3

Flächengewicht: 13,5 kg/m^2
Trägheitsmoment/Breite: 117 mm^3

Bild 2.10: Abschätzung der Verformung einer verrippten Platte durch Reduktion auf eine einfache Geometrie mit gleichen Trägheitsmoment (nach Wübken)
    links: diagonal verrippte Platte
    rechts: etwa gleich steife kompakte Platte

Ein Beispiel aus dem Werkzeugbau betrifft die Verformung eines geschlossenen Gehäuses, Bild 2.11. Teilt man das Problem in die Biegebeanspruchung einer einseitig fest eingespannten Platte und die Verformung dieser Platte mit festen seitlichen Auflagern ein, ergibt sich aus den Kehrwerten der Verformung näherungsweise die maximale Verformung des geschlossenen Kastens entsprechend $1/f = 1/f_1 + 1/f_2$.

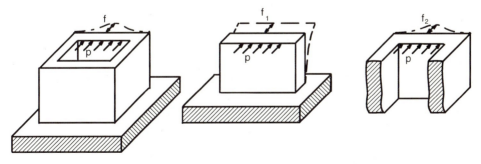

Bild 2.11: Verformung eines Kastens durch Superposition von Einzelnachgiebigkeiten, $1/f = 1/f_1 + 1/f_2$ (nach Wübken)

Bei einem Großwerkzeug für einen Stoßfänger ist abzuschätzen, ob es möglich ist, das Werkzeug mit einem Formnesteinsatz zu bauen, der zu einer erheblichen Kostenreduzierung des etwa 1 Mio. DM teuren Werkzeugs führt, Bild 2.12. Bei den hohen Drücken von etwa 600 bar ist mit Werkzeugaufweitungen zu rechnen. Bei einer einfachen zweidimensionalen Betrachtung mit Hilfe einer FEM-Berechnung wurde festgestellt, daß bei der Verwendung eines Einsatzes eine Werkzeugkammerverformung in Wanddickenrichtung von etwa 0,43 gegenüber 0,21 beim massiven Werkzeug auftritt. Dieses wäre mit einer Materialverschwendung durch unnötig große Wanddicke des Kunststoffertigteils verbunden.

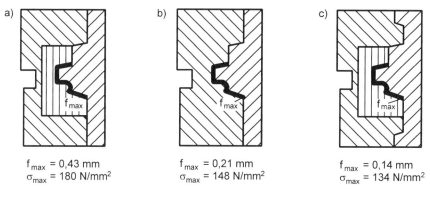

Bild 2.12: *Verbesserung der Steifigkeit eines Stoßfängerwerkzeugs, p = 600 bar (nach Wübken)*
a: Mit Einsatz
b: Ohne Einsatz
c: Mit Einsatz und umlaufender Zentrierung

Die Analyse der Verformung und der Aufweitung ergab den Vorschlag eines Werkzeugs mit Formnesteinsatz mit zusätzlich umlaufender Zentrierung, wodurch die Aufweitung des Formnestes noch einmal reduziert werden konnte bei gleichzeitiger Absenkung der maximal autretenden Spannungen im Werkzeugmaterial. Durch die Vereinfachung der Reduzierung des Problems auf eine Ähnlichkeitsbetrachtung und die dadurch erforderliche Rechtfertigung dieser Vereinfachung ergab sich die zusätzliche Lösung der umlaufenden Zentrierung. Eine aufwendige 3D-FEM-Analyse hätte vermutlich nicht in gleichem Maße zu weiteren Überlegungen angeregt.

Ein weiteres Beispiel für vereinfachende Betrachtungen ist die Auslegung eines Schnappelementes, Bild 2.13. Die Schnapparme werden dabei in kleine Balkenelemente aufgeteilt. Mit angenommenen Kräften werden für jedes einzelne Element die Biegemomente bestimmt. Die Verformung wird schrittweise von Element zu Element berechnet und zur Gesamtverformung addiert. Da bei größeren Verformungen die Verschiebung der Kraftangriffspunkte einen nennenswerten Einfluß haben kann, wird die Berechnung zunächst mit einer Belastung unterhalb der tatsächlichen durchgeführt. Entsprechend dem Ergebnis wird die äußerlich angreifende Kraft verschoben und in einigen nachfolgenden Schritten zunächst zur vollen Größe gesteigert. Danach werden die Lastangriffe der jeweiligen Verformung nachgeführt. Auf diese Weise erhält man die endgültige Lage der Verformung mit großer Genauigkeit. Hervorzuheben ist vor allem die gleichmäßige Spannungsverteilung bei geometrischer Anpassung der einzelnen Elemente.

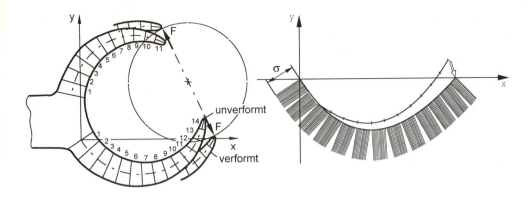

Bild 2.13: Rechnerisch optimiertes Schnappgelenk aufgeteilt in 14 Elemente (nach Wübken)

links: Elemente-Einteilung

rechts: Bildschirmdarstellung der Spannungsverteilung (unterer Schnapparm)

2.4 PROTOTYPEN

Werkzeuge für die Spritzgußfertigung von Formteilen sind teuer (bis einige Millionen DM) und nur mit großem Aufwand in geringem Rahmen änderbar. Die richtige Werkzeugauslegung muß nach rheologischen und gebrauchstauglichen Gesichtspunkten vorab erfolgen. Es werden deshalb sog. Prototypen gefertigt, die eine endgültige Festlegung der Formteilabmessungen ermöglichen. Es bieten sich verschiedene Verfahren an, Bild 2.14.

Prototypen sind vor dem Serienbau gefertigte Einzelkonstruktionen, Muster oder Modelle. Sie müssen bewertet werden, z.B. durch FEM-Berechnungen, Fehler-, Möglichkeits- und Einfluß-Analysen, Werkzeug- und Formfüllanalysen und Prüfungen am konkreten Modell.

Die Ziele des schnellen Prototypenbaus sind: hohe Geometriegenauigkeit, niedrige Fertigungskosten, breites Eigenschaftsspektrum der Prototypenmaterialien. Bei der Bewertung und Übertragung auf das Serienprodukt betreffen die wichtigsten Anforderungen das Material, die Maße, die Optik, Fertigungsrestriktionen, Fertigungszeiten, Wirtschaftlichkeit, Stückzahlen, Weiter- bzw. Wiederverwertung.

Der Aufwand für die Werkzeuge ist stark abhängig von Art und Größe des Bauteils. Richtwerte verschiedener Modell-Prototypen-Werkzeuge ergibt etwa die in Bild 2.15 angegebene Relation. Die einzelnen Verfahren zur Prototypenherstellung unterscheiden sich technologisch z.T. sehr.

Die manuelle Fertigung entspricht dem Apparatebau von Einzelanlagen. Aus Halbzeugen (Platten, Rohren, Profilen) werden durch Schweißen oder Kleben meist geometrisch vereinfachte Prototypen hergestellt. Der apparative Aufwand ist vergleichsweise gering.

Als **Modellwerkstoff** eignen sich Gießharze und Faserverstärkungen. Durch Abmischen von weichen und harten Harzen lassen sich praktisch alle E-Moduln von spritzbaren Thermoplasten nachstellen. Um die Rissempfindlichkeit dieser Systeme herabzusetzen, werden weiche Thermoplastfasermatten oder steifere Glasfasermatten eingelegt. Die Verarbeitung erfolgt in einseitigen, besser doppelten, leicht zu erstellenden Formen. Ein Vorteil ist, daß die Eigenschaften nur wenig von dem Anpreßdruck abhängen, Bild 2.16. Die Prototypen aus verstärkten Gießharzen können leicht spanend modifiziert bzw. durch Auflaminieren verstärkt werden.

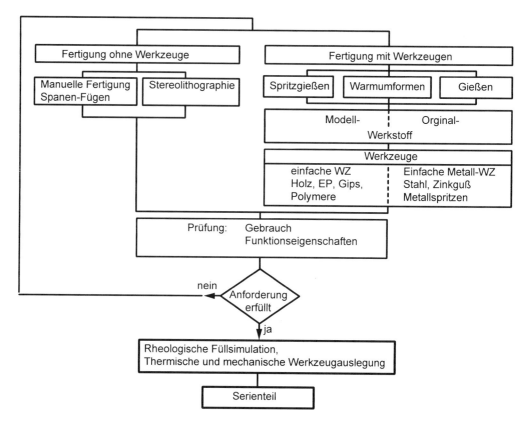

Bild 2.14: Verfahren zur Herstellung von Prototypen bei der Entwicklung von Serienteilen

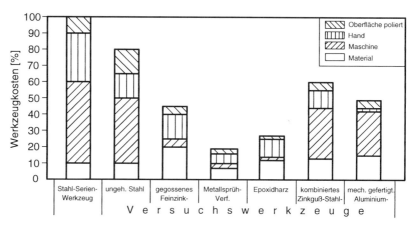

Bild 2.15: Aufwand verschiedener Prototyp-Werkzeugverfahren verglichen mit Stahl-Serienwerkzeug (Bayer AG)

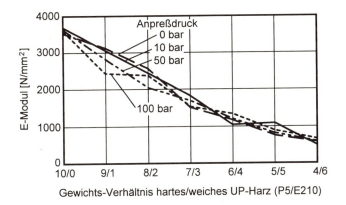

Bild 2.16: E-Modul von UP-Modell-Werkstoffen unterschiedlicher Zusammensetzung aus Hart- und Weichharzen mit PET-Fasermattenverstärkung bei verschiedenen Anpreßdrücken

Modellwerkstoffe können auch mit Füllstoffen modifiziert werden, so daß z.B. menschliche Knochen in altersbedingter unterschiedlicher Steifigkeit simuliert werden können, Bild 2.17. Formteile mit weitgehend konstanter Wanddicke lassen sich aus Halbzeugen im Warmformverfahren herstellen, z.B. Lichtelemente.

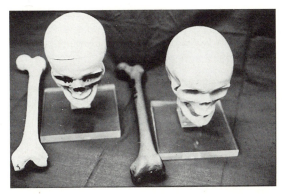

Bild 2.17: Natürliche (links) und aus gefüllten UP-Harzen als Modellwerkstoff hergestellte Knochen (BASF)

Häufig sind die Formgebungen jedoch sehr kompliziert. Um die Freizügigkeit der Formgebung im Spritzguß auszunutzen, versucht man Prototypen im vereinfachten Spritzgußwerkzeug möglichst mit dem Serienwerkstoff herzustellen. Für wenige Teile eignen sich Werkzeuge aus Zinkguß oder nicht gehärtete, korrigierbare Stahlwerkzeuge. Metallspritzschichten auf Hinterfütterungen aus Kunststoffen erhöhen die Verschleißfestigkeit und Temperaturbeständigkeit.

Unter Stereolithographie versteht man das gezielte Aushärten von Konturen in photosensiblen Harzbädern unter Zuhilfenahme von Lasern. Wegen der Absorption des Laserstrahls ist die Dicke der jeweils schichtweise aushärtbaren Lagen auf einige Zehntel Millimeter begrenzt. Auch wenn die Prototyppolymere unterschiedlich eingestellt werden können und die Steifigkeiten unverstärkter Thermoplaste erreichen, ist im allgemeinen jedoch mit einer sehr viel niedrigeren Bruchdehnung und Zähigkeit zu rechnen. Ebenso stimmen selten die Gebrauchs- und Einsatztemperaturbereiche überein, während die Wärmeleitfähigkeit und die elektrischen

Eigenschaften sich nicht wesentlich unterscheiden. Analogien zur Chemikalien- und Alterungsbeständigkeit können ebenfalls nicht gezogen werden. Probleme gibt es zudem mit der Maßgenauigkeit wegen der verfahrensbedingten Schwindung bzw. dem damit verbundenen Verzug sowie der Oberflächenqualität durch die Schichtstruktur.

Das Stereolithographieverfahren hat sich mit einigen huntert Anlagen dennoch bereits recht erfolgreich durchgesetzt. Probleme die sich aus der Verwendung der photosensiblen Reaktionsharze ergeben, versuchen verwandte Verfahren zu umgehen. Beim **Selective-Laser-Sintering** wird ein thermoplastischer Kunststoff in Pulverform verwendet. Dieser wird soweit vorgewärmt, daß er mittels eines Lasers dann abschnittsweise leicht angeschmolzen und verbunden werden kann. Ein weiteres mit Pulver arbeitendes Verfahren ist das **3-D-Printing/-Glueing**, bei dem der Laser durch einen Tintenstrahldruckkopf ersetzt wird der tröpfchenförmig Bindemittel auf pulverförmige Rohstoffe aufbringt. Mit Metall- und Keramikpulvern lassen sich Einsätze für Werkzeuge herstellen. Die Temperatenbeständigkeit wird durch das Bindemittel bestimmt, das deshalb thermisch nachgehärtet werden muß. Die unmittelbare Verwendung von Thermoplasten mittels eines Mini-Extruders, der einen Thermoplastfaden von 1,25 mm Durchmesser produziert und diesen in der x-y-Ebene aufträgt, wo er sich durch Erkalten verfestigt und angebunden wird, ermöglicht das Fused-Deposition-Modelling-Verfahren.

Statt des voxelweise Auftragen von Material wird beim **Instant-Slice-Curing** zunächst eine Maske hergestellt, die es ermöglicht, Monomere schichtweise auszuhärten. Einen Schritt weiter geht das **Laminated-Object-Manufacturing** bei dem festes, schichtweises Material ausgeschnitten und mittels einer beheizten Walze aufgetragen wird.

BEWERTUNG VON FUNKTIONSMODELLEN

Bei der Auslegung und Bewertung von Prototypen ist zwischen der mechanischen Beanpruchung entsprechend dem bestimmungsgemäßen Gebrauch und der Alterungs- und Chemikalientauglichkeit zu unterscheiden. Das erste versucht man mit den Methoden der Festigkeitslehre rechnerisch vorauszubestimmen und/oder am Modell prüftechnisch zu ermitteln, beim zweiten spielen überwiegend Werkstofffragen die entscheidende Rolle.

Die Schwierigkeiten bei der rein rechnerischen Auslegung sind:

- Kennwerte sind struktur- und beanspruchungsabhängig.

- Formeln der Festigkeitslehre gehen von kleinen Wanddicken im Vergleich zu Bauteilabmessungen und kleinen Verformungen im Vergleich zur Wanddicke aus. Beides ist bei Kunststoffen häufig nicht gegeben.

- Gute Formgebungsmöglichkeiten bei Kunststoffen erlauben sehr komplexe Gestaltung (Sicken, Rippen, Wanddickenunterschiede).

- Niedriger E-Modul, verglichen mit Stahl ca. 1 : 100 bei einem Festigkeitsverhältnis von ca. 1 : 10, erfordert bei der häufigen Biegebelastung größere Wanddicken. Bei größeren Verformungen (niedriger E-Modul) treten neben Biegebeanspruchungen Normalspannungen in der Wandebene auf, die zu scheinbaren Versteifungen führen. (Bei einer fest eingespannten Platte unter Flächenlast kann im Vergleich zu einer frei aufliegenden durch zusätzliches Wirken der Membranzugspannungen die Durchbiegung auf etwa ein Drittel reduziert werden. Die Zugspannungen in der Randschicht werden auf etwa die Hälfte gegenüber einer reinen Biegebelastung reduziert).

- Besonders bei kurzfaserverstärkten, aber auch bei anderen Kunststoffen hat das Fertigungsverfahren einen deutlichen bis starken Einfluß auf die Eigenschaften. Prototypen und Serienfertigung unterscheiden sich meist erheblich.

- Bei der Verwendung von Modellwerkstoffen, die anders sind als die endgültigen Serienwerkstoffe, ist die Gebrauchstauglichkeit (Alterung, Chemikalien) nicht rechnerisch oder durch Simulation vorauszusagen.

- Steifigkeiten können durch die Werkstoffauswahl, die Formgebung und die Verarbeitung beeinflußt werden, meistens gleichzeitig durch alle drei.

STEIFIGKEIT

Die häufigsten Verformungen ergeben sich aus Biegebeanspruchungen. Im Gegensatz zu Spannungen lassen sich Verformungen direkt mit Meßuhren oder elektrischen Wegaufnehmern vergleichsweise leicht bestimmen.

Sind die Steifigkeiten von Modell- und Serienwerkstoff gleich, können mittels der Elastizitäts-kennwerte aus den gemessenen Verformungen die auftretenden Spannungen bestimmt werden. Zu beachten ist allerdings, daß die Steifigkeitskennwerte unterschiedlicher Werkstoffe durchaus in unterschiedlicher Weise von den Beanspruchungsparametern abhängen. Bei gleichen geometrischen Gegebenheiten ist die Durchbiegung umgekehrt proportional den E-Moduln.

Bei langzeitiger Beanspruchung ist die zeitabhängige Verformung über den Kriechmodul des Formstoffs E_c abzuschätzen:

$$f_{Formteil(t)} = f_{(Modell)} \cdot \frac{E_{Modell}}{E_{c\ Formstoff(t)}}$$

Soll bei unterschiedlichen Werkstoffen (z.B. Kunststoff und Stahl) die Verformung gleich bleiben, muß die Wanddicke variiert werden.

FESTIGKEITEN

Die auftretenden Spannungen und deren Verhältnis zu den zulässigen Spannungen können an beliebigen Werkstoffen ermittelt werden, solange die geometrischen Verhältnisse beim Prototyp die gleichen wie beim Formteil sind. Quantitativ können Spannungen allerdings nur aus den direkt meßbaren Verformungen über den E-Modul des Modellwerkstoffs ermittelt werden. Man begnügt sich meistens damit, daß man rein elastisches Verformungsverhalten voraussetzt. Da die Beanspruchung und damit die Biegung durch das gleichbleibende Biegemoment meistens vorgegeben ist, läßt sich die auftretende Spannung am besten durch das Widerstandsmoment beeinflussen:

$$\sigma < \sigma_{zul} \sim \frac{1}{W}$$

Es bestehen zwei Möglichkeiten, die Festigkeit eines Bauteils zu beeinflussen.

- Werkstoffwahl:
    - Verstärkungsmittel (z.B. Fasern),
    - höhere Festigkeit (z.B. POM statt PP).
- Widerstandsmoment (z.B. Wanddicke, Rippen, Schäumen, Sandwich-Zwei-Komponenten).

Um die Produktentwicklung zu beschleunigen sind Verfahren des Simultaneous Engineering oder Concurrent Engineering entwickelt worden. Statt einem hintereinander ablaufenden Arbeitsprozess wird eine Parallelisierung und Integration angestrebt, bei der die eigentliche Produktentwicklung und der dazugehörige Herstellungsprozeß gleichzeitig parallel konzipiert werden. Das bedeutet zusätzlich eine gleichzeitige Funktionsbewertung von Prototypenbau und Funktionsbewertung des erreichten Entwicklungsstandes, Bild 2.18.

Probleme können auftreten, wenn die Koordination der einzelnen Gruppen nicht ausreichend eng ist, Werkzeuge gebaut werden, bevor das Teil endgültig definiert ist, oder wenn einzelne Stufen von verschiedenen Partnern ausgeführt werden, die nicht über alle Einzelschritte informiert sind und diese nachvollziehen können.

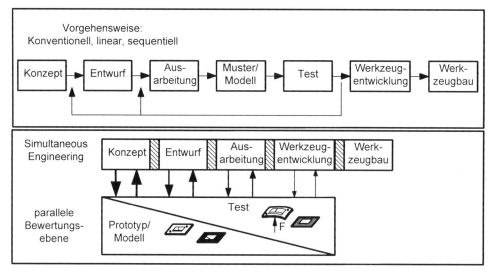

Bild 2.18: Vergleich einer konventionellen Entwicklungskette mit dem Simultaneous Engineering (nach Gernot)

Im Rahmen dieses Vorgehens gewinnen die EDV-gestützten Simulationsprogramme zunehmend an Bedeutung, auch wenn die Hoffnung, auf Prototypen ganz verzichten zu können, nur selten realisiert werden kann, da z.B. die Marktakzeptanz und sie beeinflußende Kriterien nicht simuliert werden können.

Literatur zu Kapitel 2:

Bardenheier, R.	Mechanisches Versagen von Polymerwerkstoffen Kunststoffe Fortschrittsbericht Carl Hanser Verlag, München, 1982
Ehrenstein, G. W.	Modellwerkstoffe für großflächige Formteile aus Thermoplasten Kunststoffe 62 (1972) 2, S.78-81
Ehrenstein, G. W. und Erhard, G.	Konstruieren mit Polymerwerkstoffen Carl Hanser Verlag, München, 1983
Ehrenstein, G. W. und Spaude, R.	Die Genauigkeit von Kurzzeitkennwerten bei glasfaserverstärkten Giesharzen Kunststoffe 72 (1982) 8, S. 479-483
Erhard, G.	Berechnen von Bauteilen aus thermoplastischen Polymerwerkstoffen VDI Zeitschrift, Bd. 121, 1979, Nr. 19, S. 179/190

Gernot, Th.

Beiträge zum Silmutaneous Engineering bei der Produkt- und Prozeßplanung für die Spritzgießfertigung
Dissertation, RWTH Aachen, 1994

Macherauch, E.

Festlegung und Bedeutung von Sicherheitsbeiwerten in:
Hanser, W. und Esslinger, P., Werkstofftechnische Probleme bei Gasturbinenwerken
Werkstofftechnische Verlagsgesellschaft, Karlsruhe, 1978

Nowak, S.

Verfahren zur Herstellung von Modellen und Prototypen
Lehrgang: Konstruieren mit Kunststoffen,
VDI-Bildungswerk BW 3585, Düsseldorf, 1985

Oberbach, K.

Werkstoffauswahl nach mechanischen und physikalischen Eigenschaften
Lehrgang: Grundlagen der Kunststofftechnologie,
VDI-Bildungswerk, BW 4071, Düsseldorf, 1990

Sarabi, B.

Kunststoffkennwerte im Spiegel von Konstruktionspraxis und Werkstoffprüfung
Kunststoffe 81 (1991) 5, S. 440-445

Wübken, G.

Kunststoffe rechnen und gestalten
Technische Rundschau 47 (1978), S. 33

Wübken, G.

Rechnerunterstützte Entwicklung von Kunststoffteilen
VDI-Fachtagung Spritzgießen - Rechnereinsatz im Betrieb
Baden-Baden, 1984

Wübken, G.

Anwenden rechnergestützter Methoden in der Konstruktionsphase
in "Integrierte Qualitätssicherung beim Spritzgießen", S. 55-85
VDI-Verlag, Düsseldorf, 1991

3 Fertigungseinflüsse

3.1 MASS- UND FORMGENAUIGKEIT

3.1.1 Schwindungen

An die Maßhaltigkeit von Formteilen aus Kunststoffen werden oft gleiche Forderungen gestellt wie an metallische Bauteile. Während Formteile aus Kunststoffen ihre endgültige Gestalt und die dazugehörigen Maße i.a. in dem Urformprozeß (Spritzen, Extrusion, Pressen u.a.) ohne weitere Nacharbeit erhalten, werden Formteile aus Metallen überwiegend durch spanende Bearbeitung auf ihr endgültiges Maß gebracht. Die Abmessungen von Kunststofformteilen ändern sich während der Verarbeitung und im Gebrauch durch Schwindung. Bei Kunststoffen sind folgende werkstoffbedingte und verfahrensbedingte Arten der Schwindung zu berücksichtigen:

- **thermische Schwindung** durch Volumenkontraktion bei Temperaturänderungen während des Abkühlens von Verarbeitungs- bzw. Schmelzetemperatur auf Raumtemperatur,

- **druckabhängige Schwindung** durch Volumenänderung bei Druckänderungen während des Verarbeitungsprozesses,

- **Umwandlungsschwindung** durch Kristallisation während des Abkühlens, zeitabhängig,

- **Reaktionsschwindung** durch chemische Reaktionen während des Formgebungsprozesses, zeitabhängig,

- **Schrumpfung** als Relaxationsschwindung verarbeitungsbedingter Molekülorientierungen.

Die thermische und die druckabhängige Schwindung sind relativ spontan an die Temperatur bzw. den Spannungszustand gebunden, die thermische Schwindung ist oberhalb und unterhalb

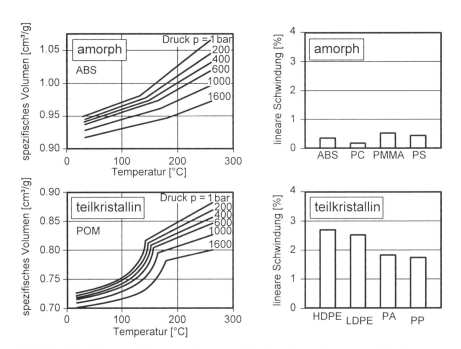

Bild 3.1:   Schwindungsverhalten amorpher und teilkristalliner Thermoplaste (nach Pötsch)

der Glasübergangstemperatur unterschiedlich. Die Umwandlungsschwindung ist dagegen zeitabhängig, besonders bei unvollständiger Kristallisation bzw. Vernetzung während der Verarbeitung.

Bild 3.1 zeigt die Abhängigkeit des spezifischen Volumens eines amorphen und eines teilkristallinen Thermoplasten von der Temperatur und dem Druck als Ursache der Schwindung. Im Übergangsbereich ändert sich die Abhängigkeit weitgehend stetig, bei den teilkristallinen deutlich stärker und zwar exponentiell bis die Kristallisationsvorgänge abgeschlossen sind.

Formteile aus amorphen Thermoplasten können ihr Volumen beim Abkühlen von Verarbeitungs- auf Raumtemperatur bis zu 10%, aus teilkristallinen sogar um 15-30% ändern. Durch Kompression der Schmelze im Nachdruck (Spritzgießverarbeitung), z.B auf 1000 bar, kann das Volumen der Schmelze bis zu 6-7% zusammengedrückt werden. Diese hohe Kompressibilität wirkt der thermischen, chemischen und strukturellen Schwindung entgegen. Dadurch kann ein erheblicher Teil der thermischen, strukturellen und ggf. auch chemischen Schwindung vorweggenommen werden.

Da die Volumenänderung bei teilkristallinen Thermoplasten ausgeprägter ist, weisen diese i.a. höhere Schwindungswerte auf und sind weniger maßhaltig als amorphe.

Eine Entorientierung von Molekülorientierungen oberhalb der Erweichungstemperatur, häufig auch Schrumpfung genannt, beruht auf dem Versuch der Einstellung des thermodynamisch günstigen Knäuelzustandes amorpher Strukturen, nicht unähnlich der Kristallisation.

Es wird unterschieden zwischen einer Verarbeitungsschwindung (VS) als Unterschied zwischen dem Maß des Werkzeuges (L_w) und dem des Formteils (L) nach 16 h (DIN 16901), 50% rel. Feuchte, und bei 23 °C, und einer Nachschwindung (NS), die nach längerem Lagern über die Verarbeitungsschwindung hinaus noch zusätzlich bis zu einem sich einstellenden Maß (L_1) auftritt. Beide zusammen ergeben die Gesamtschwindung (GS) des Formteils.

$$GS = VS + NS$$

mit:
$$VS = \frac{L_w - L}{L_w} \cdot 100 \quad [\%]$$

und
$$NS = \frac{L - L_1}{L} \cdot 100 \quad [\%]$$

Einige Richtwerte für Verarbeitungsschwindungen sind in Tab. 3.1 angegeben.

Werkstoff	Verarbeitungsschwindung [%]	Gefüge
ABS	0,4 bis 0,7	amorph
PC	0,6 bis 0,8	"
GF-PC	0,2 bis 0,5	"
PE	1,2 bis 2,8	teilkristallin
PP	1,2 bis 2,5	"
GF-PP	0,5 bis 1,2	"
PA	0,7 bis 1,2	"
GF-PA	0,2 bis 0,8	"
POM	1,8 bis 3,0	"
GF-POM	0,2 bis 0,6	"
PET	1,2 bis 2,0	"
GF-PET	0,3 bis 0,6	"

Tabelle 3.1: Richtwerte für die Verarbeitungsschwindung (nach VDI 2006)

Die unterschiedlichen Schwindungen (GS,VS,NS) sind im Bild 3.2 dargestellt.

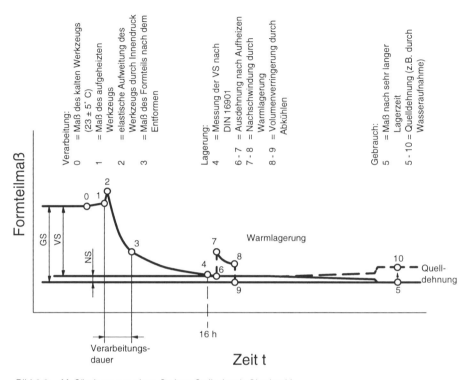

Bild 3.2:   Maßänderungen eines Spritzgußteils (nach Oberbach)

Neben den verarbeitungs- und lagerungsbedingten sind auch die Maßänderungen im Gebrauch berücksichtigt, z.B. bei erhöhten Gebrauchstemperaturen oder Wasseraufnahme bei Polyamiden.

Außer dem Materialtyp haben Füll- und Verstärkungsstoffe, die Formteilgestaltung und die Verarbeitungsbedingungen einen Einfluß auf die Schwindung. Der Einfluß der Verarbeitungsbedingungen beim Spritzgießen auf die Schwindung bzw. auf die für die Maßgenauigkeit relevanten Eigenschaften wird in Tab. 3.2 deutlich.

Molekülorientierungen und Orientierungen von länglichen Füll- und Verstärkungsstoffen beeinflussen ebenfalls das Schwindungsverhalten. Bei Thermoplasten ist die Schwindung in Orientierungsrichtung geringer als quer dazu. Sie ist richtungsabhängig (anisotrop).

Eine völlig freie Schwindung im Werkzeug ist normalerweise nur in Dickenrichtungen möglich. Bei komplizierterer Formgebung beeinflussen geometrie- und abkühlbedingte Schwindungsbehinderungen die Gesamtschwindung erheblich, z.B. durch die zunächst erstarrenden Randschichten und deren Anteil am Gesamtvolumen. Parallel zur erstarrenden Randschicht bzw. zur Formteiloberfläche ist die Schwindung deutlich geringer als senkrecht dazu, so daß selbst freie Enden nicht so stark schwinden wie Dicken. Die Schwindung nimmt in Dickenrichtung mit zunehmender Wanddicke zu. Es ist also gleichzeitig mit freien und behinderten sowie teilweise behinderten Schwindungen zu rechnen, Bild 3.3.

Auswirkungen zunehmende Einflußgrößen	Verarbeitungsschwindung VS	Nachschwindung NS	Schrumpfung S	therm. Ausdehnungskoeffizient	Wärmeleitfähigkeit	Wasseraufnahme
Massetemperatur	/	(-)	-	/	/	/
Werkzeugtemperatur	+	-	-	/	/	/
Einspritzgeschwindigkeit	/	/	-	/	/	/
Nachdruckhöhe	- -	/	+	/	/	/
wirksame Nachdruckzeit	- -	/	/	/	/	/
Molekülorientierung	(+)	+	+ +	-	+	/
Orient. längl. Füllstoffe	- -	(-)	-	- -	+	/
Wanddicke	+	-	-	/	/	-

Tabelle 3.2:   *Qualitative Beeinflussung von für die Maßgenauigkeit von Spritzteilen wichtigen Erscheinungen (nach Oberbach)*
+ Zunahme; – Abnahme; / kein Einfluß

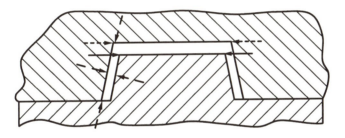

Bild 3.3:   *Schwindungsmöglichkeiten an einem einfachen Kästchen*
   ⟶ ⟵   *behinderte Schwindung (werkzeuggebundenes Maß)*
   – ⟶ ⟵ –   *freie Schwindung (nicht werkzeuggebundenes Maß)*
   --⟶ ⟵--   *teilweise behinderte Schwindung*

Das Beispiel eines einfachen Kästchens zeigt das Problem der Schwindung bzw. der Schwindungsbehinderung. In Wanddickenrichtung kann der Werkstoff frei schwinden, ebenso in der Richtung der Seitenwände. Der Boden an der Innenseite ist durch das Werkzeug fixiert, an der Außenseite dagegen nicht, die somit je nach Wanddicke stärker schwindet und sich verzieht, Bild 3.3.

Die genannten, vielfältigen Einflüsse auf die Schwindung bedingen, daß eine exakte Vorhersage der Maße und Toleranzen von Kunststoffen z. Zt. nur näherungsweise bis unzureichend möglich ist. Diese Unsicherheit ist heute nach wie vor ein großes Problem bei der Werkzeugkonstruktion, Erfahrungswerte des Werkzeugkonstrukteurs sind daher trotz weit entwickelter Rechenprogramme von großer Bedeutung. Qualitätssicherungen der Maßhaltigkeit sind daher nicht direkt (On-line), sondern erst nach ausreichender Zeit (Off-line) durchführbar.

3.1.2 Toleranzen und Maße

In DIN 16901 (Kunststofformteile, Toleranzen und Abnahmebedingungen für Maße) sind die wichtigsten Kunststoffe in Toleranzgruppen zusammengefaßt und zulässige Toleranzen und Maßabweichungen angegeben. Es wird zwischen **werkzeuggebundenen** und **nichtwerkzeuggebundenen** Maßen unterschieden, wobei werkzeuggebundene Maße durch die Formgebung im gleichen Werkzeugteil entstehen, nichtwerkzeuggebundene Maße sind dagegen Maße, die durch das Zusammenwirken beweglicher Werkzeugelemente gebildet werden, wie z.B. Wand- und Bodendickenmaße, Bild 3.4.

Beim Festlegen von Maßen und Toleranzfeldern sind neben den eigentlichen Fertigungstoleranzen auch die im Betrieb auftretenden Maßänderungen zu berücksichtigen, die in Bild 3.4 prinzipiell dargestellt sind.

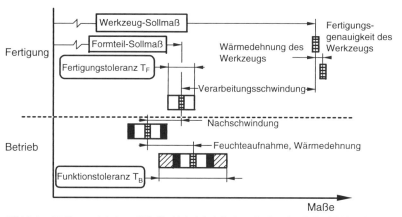

Bild 3.4:   Maßgenauigkeit und Maßhaltigkeit bei Spritzgußteilen (nach Steinbichler)

Vor der Festlegung von Toleranzen für ein Kunststoffteil müssen Anhaltswerte für erzielbare Fertigungstoleranzen vorliegen.

ISO-Toleranzen der Reihe IT5, IT6 oder IT7 können mit teilkristallinen Thermoplasten im allgemeinen im Spritzguß nicht erzielt werden. Mit normalem Aufwand läßt sich IT10, mit erhöhtem Aufwand IT9 und mit hohem Aufwand IT8 erreichen. Der Begriff "hoher Aufwand" bezieht sich sowohl auf die Verarbeitung selbst als auch auf Maschine, Werkzeug und die erforderlichen Zusatzgeräte. Der mit höherem Aufwand verbundene Präzisionsspritzguß ist daher kostenintensiv und setzt ein sehr hohes technisches Niveau voraus. Die Toleranzen der Werkzeuge sollten ~ 1/10 der Toleranzen des Formteils betragen. Die vorgeschriebenen Toleranzen sollten daher nicht so genau wie möglich, sondern so genau wie nötig sein. Überspitzte Toleranzforderungen führen nicht zu einer höheren Qualität, sondern im allgemeinen zu einer erhöhten Ausschußquote.

Bild 3.5 rechts zeigt den Vergleich von in der Praxis ermittelten Fertigungstoleranzen für den Präzisionsspritzguß bei POM mit den Fertigungstoleranzen für werkzeuggebundene Maße nach DIN 16901 (Feinwerktechnik) und den ISO-Grundtoleranzen. Die angegebenen Toleranzen nach DIN 16901 werden i.a. leicht erreicht.

Erfahrungswerte für erreichbare Fertigungstoleranzen liegen für POM bei Maßen über 10 mm in der Größenordnung von 0.3 % des Nennmaßes. Bei Nennmaßen unter 50 mm wurden deutlich kleinere Fertigungstoleranzen als in der eingezeichneten DIN-Toleranzgruppe erreicht.

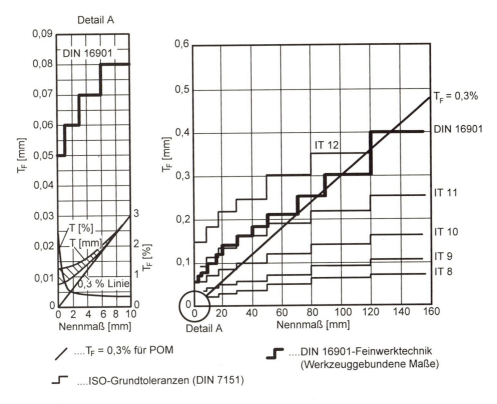

Bild 3.5: Fertigungstoleranzen T_f für den Präzisionsspritzguß (Gemessene Fertigungstoleranzen für POM-Präzisionsteile im Vergleich zur Toleranzgruppe "Feinwerktechnik" nach DIN 16901 und zu den ISO-Grundtoleranzen (DIN 7151)) (nach Steinbichler)

Bei sehr kleinen Maßen ist der lineare Fertigungstoleranzverlauf (0,3%-Linie) über dem Nennmaß in der Praxis nicht mehr gegeben. Für Maße unter 10 mm können die erzielbaren Fertigungstoleranzen aus dem schraffierten Feld T_F [mm] entnommen werden, Bild 3.5 links. Die prozentuelle Toleranz T_F [%] nimmt von 0,3% bis auf 3% zu.

3.1.3 Gestaltungseinflüsse

Die Maß- und Formgenauigkeit wird durch die Schwindung der Formteile bestimmt. Eine Formabweichung durch Verzug ist stets auf Schwindungsunterschiede in verschiedenen Bereichen des Formteils infolge Anisotropie der Schwindung, unsymmetrischer Abkühlung im Werkzeug oder Wanddickenunterschieden zurückzuführen.

Um eine möglichst isotrope Schwindung und verzugsfreie und eigenspannungsarme Formteile zu erhalten, sollten beim Spritzgießen der Druck und die Schmelzetemperatur im Werkzeughohlraum, die Werkzeugwandtemperatur und die Wanddicke zunächst an allen Stellen möglichst gleich sein. Diese Forderung ergibt sich aus der Abhängigkeit der Schwindung von den Prozeßparametern und der Formteilkonstruktion. So nimmt die Verarbeitungsschwindung

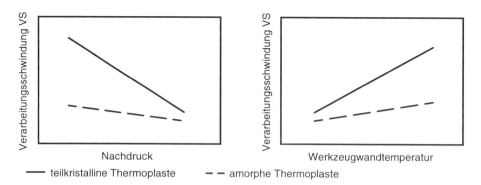

Bild 3.6: *Qualitativer Verlauf der Verarbeitungschwindung in Abhängigkeit von Werkzeuginnendruck und Werkzeugwandtemperatur beim Spritzgießen (Hoechst)*

mit zunehmendem Werkzeuginnendruck wegen der elastischen Komprimierbarkeit des Kunststoffs ab, mit zunehmender Werkzeugwandtemperatur steigt sie dagegen wegen der vollständigeren Kristallisation bei teilkristallinen bzw. der Abnahme des geringeren freien Volumens bei amorphen Thermoplasten, Bild 3.6.

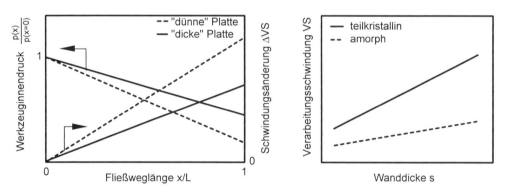

Bild 3.7: *Qualitativer Verlauf der Schwindungsänderung $\Delta V_S = (V_S(x)-V_S(x=0))/V_S(x=0)$ und des Werkzeuginnendrucks in Abhängigkeit von der Fließweglänge sowie der Verarbeitungschwindung in Abhängigkeit der Wanddicke*

Wie sehr selbst bei einfachen Teilen allein die Wanddicke einen Einfluß auf die Schwindung hat, zeigt das Beispiel in Bild 3.7 und Bild 3.8. Über die Plattenlänge ist der Druckabfall bei größerer Dicke wesentlich geringer als bei kleinerer Dicke. Der Druckverlust Δp wird näherungsweise beschrieben durch den Volumenstrom V, die Fließlänge L, die Viskosität η und die Wanddicke s:

$$\Delta p \approx \frac{V \cdot L \cdot \eta}{s^4}$$

Vom Quadrat der Wanddicke hängt zudem die notwendige Kühlzeit ab. Das Verhältnis der im Inneren freifließenden zur am Rand haftenden und damit stärker gescherten Schmelze ist bei dickeren Formteilen deutlich größer. Außerdem besteht bei größerer Wanddicke wegen der

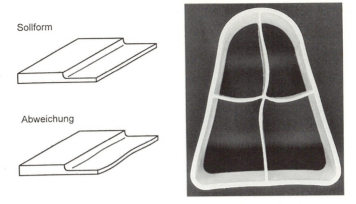

Bild 3.8: *Einfluß der Wanddicke auf die Schwindung als Modell und im Profil eines Begrenzungspfostens*

langsameren Abkühlung mehr Zeit zum Abbau (Relaxieren) von Orientierungen. Ebenso bedeuten längere Fließwege länger andauernde Schmelzezustände in den durchströmten Bereichen, so daß die Verarbeitungsschwindung über die Plattenlänge zunimmt, und sich bei der dünneren Platte wegen der stärkeren Orientierung mehr auswirkt. Zudem ist die Schwindung in Längsrichtung geringer als quer dazu, bzw. bei der dünneren Platte ist die Anisotropie stärker.

Druckverluste bzw. Druckunterschieden und daraus resultierender Schwindungsunterschiede kann man entgegenwirken durch:

-   Formmassen mit niedrigerer Schmelzeviskosität (niedriges Molekulargewicht),

-   Mehrfachangüsse,

-   Fließhilfen in Form von Rippen oder vergrößerten Querschnitten in Fließrichtung,

-   Verkürzung der Fließweglängen.

Den Einfluß der Fließbedingungen zeigen zwei einfache Beispiele, Bild 3.9 und Bild 3.10. Beim Punktanguß einer Teilkreisscheibe wird mit zunehmendem Schmelzefortschritt ein höherer Strömungsanteil und damit Molekülorientierung quer zur Füllrichtung auftreten, weshalb bei ausreichendem Schmelzezustand angußfern eine stärkere Schwindung in Umfangsrichtung erfolgt als angußnah. Bei einer Vollkreisscheibe führt dies zu einer Hutbildung.

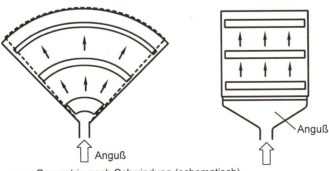

---- Geometrie nach Schwindung (schematisch)

Bild 3.9: *Einfluß von Angußgestaltung und Fließbedingungen auf Schwindungsdifferenzen (Hoechst)*

Bei einem Bandanguß über die gesamte Plattenbreite ist mit einer deutlich gleichmäßigeren Orientierung zu rechnen. Dementsprechend geringer ist i.a. der Verzug der Platte, Bild 3.9. Die Schwindung einer Vollkreisscheibe aus glasfaserverstärkten Thermoplasten in Fließrichtung und senkrecht dazu zeigt Bild 3.10. Der Unterschied im Spritzdruck vom zentralen Anguß bis zur Peripherie der Scheibe sowie die radiale Glasfaserorientierung führen zu einer Schwindung in radialer Richtung von 0,3 % und in Umfangsrichtung von 0,5 %. Dieser Schwindungsunterschied ist die Ursache für die trichterförmige Aufwölbung der Rundscheibe.

Der Einfluß von Füll- und Verstärkungsstoffen auf das Schwindungsverhalten in Längs- und Querrichtung ist am Beispiel eines Plattenformteiles in Bild 3.11 dargestellt.

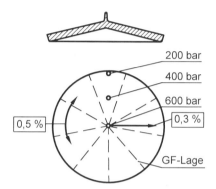

Bild 3.10: Anisotropie der Verarbeitungsschwindung und Verzug einer Rundscheibe aus glasfaserverstärktem Thermoplast (nach Schauf)

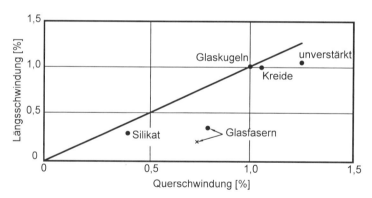

Bild 3.11: Längs- und Querschwindung von 150 x 150 x 2 mm großen Platten aus PA 6 (Bandanguß) ohne und mit Zusatzstoffen (Anteil jeweils 30 Gew.-%, bei x 50 Gew.-%)

So stellen selbst die Schwindungsverhältnisse eines einfachen Winkels bereits ein Problem dar. Wie auf Bild 3.12 zu erkennen ist, ist im Außenbereich eine sehr viel größere Kontaktfläche zur Werkzeugwand vorhanden, die zu einer schnelleren Abkühlung und Bildung einer erstarrten Oberflächenschicht führt. Die zeitlich danach folgende Abkühlung der inneren Bereiche führt zu einer größeren Schwindung im Winkelinnenbereich, die den Winkel einzieht. Abhilfen dagegen wären unterschiedliche Temperierungen im Winkelbereich, z.B. durch eine intensivere Abkühlung im Inneren und das Vermeiden von Masseanhäufungen.

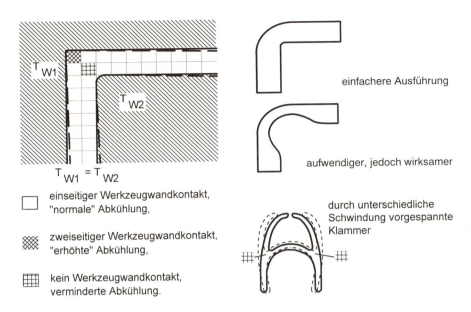

Bild 3.12: *Winkelverzug durch unterschiedliche Wärmeabfuhr bzw. Massenhäufung im Eckbereich und Abhilfe (nach Wübken) und Entwurf für vorgespannte Klammer*

Das gleiche Problem tritt bei Rippenanschluß auf. Neben der Gestaltsänderung durch Einzug der Winkel ist durch die Massenanhäufung im Rippengrundflächenbereich mit dem Einfallen des Materials an der Plattenoberfläche zu rechnen, Bild 3.13 links. Man spricht von Einfallstellen, die selbst bei geringen Abmessungen deutlich erkennbar sind. Den Einfallstellen auf Rippengegenseiten kann man dadurch entgegenwirken, daß die Stegbreite weniger als 0,5 der Plattendicke beträgt. Eine andere Möglichkeit sind Ziernuten und Rippen oder auch versetzte Kanten. Der Einfallstelle entgegen wirkt ein höherer Nachdruck und eine höhere Werkzeugtemperatur. Diese Parameter sind jedoch häufig bei gegebenen Formteilen nicht beliebig variierbar.

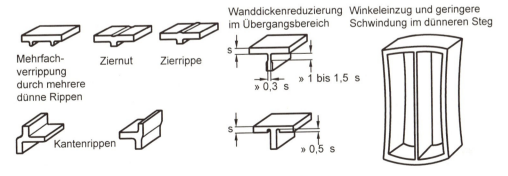

Bild 3.13: *Einfallstellen und Verzug durch Rippen und Abhilfen (Hoechst)*

Im Falle des Kastens mit dünner Trennwand sollten als Abhilfemaßnahme gleiche Wanddikken angestrebt werden, evt. Einfallstellen durch wanddickenreduzierung im Übergangsbereich vermieden werden.

3.2 FERTIGUNGSBEDINGTE EINFLÜSSE

3.2.1 Bindenaht

Bei der Verarbeitung von Thermoplasten z.B. in Spritzgießwerkzeugen ergeben sich beim Zusammentreffen der Fließfronten der Schmelzeströme nach dem Umströmen von Einsätzen und Löchern Bindenähte. Eine weitere Ursache sind auch Wanddickenunterschiede, die ein Voreilen oder Zurückbleiben von Schmelzefrontabschnitten bedingen. Bindenähte sind Schweißnähten ähnlich, wobei die für eine gute Schweißnaht notwendigen Fließvorgänge in der Berührungsfläche nicht auftreten. Im Vergleich zum Schweißnahtfaktor können daher Bindenahtfaktoren durchaus niedriger liegen. Andererseits kann durch eine hohe Schmelzetemperatur die Qualität der Bindenaht verbessert werden.

Bindenähte führen in erster Linie zu mechanischen und optischen Beeinträchtigungen des Formteils, wobei die Auswirkungen nicht unbedingt korrespondieren.

Eine mechanische Schwächung des Formteils kann hervorgerufen werden durch:

- starke Orientierungen in den parallel zusammenfließenden Schmelzefronten,
- unzureichende Verschweißung frontal aufeinandertreffender Schmelzeströme,
- schwächende Einfall-Kerben in der Formteiloberfläche durch gerundete Schmelzfronten.

Negativ werden diese Effekte durch Verstärkungsfasern und plättchenförmige Füllstoffe verstärkt. Der Bindenahtfaktor ist bei schlagartiger Beanspruchung deutlich niedriger als bei zügiger, Tab. 3.3.

Materialtyp	Bindenahtfaktor A'	
	Festigkeit (zügige Belastung)	Zähigkeit (schlagartige Belastung)
amorph	0,4 bis 0,95 steigende Schmelze- temperaturen	0,1 bis 0,6
teilkristallin	0,85 bis 1,0 →PP, PBT, PE, PA→	
glasfaserverstärkt	0,5 bis 0,85 ←Fasergehalt←	0,3 bis 0,5 ←Fasergehalt←

Tabelle 3.3:   Richtwerte für Bindenahtfaktoren A' (A = 1/A') (nach Oberbach)

Der Bindenahtfaktor ist im angußnahen Bereich im allgemeinen höher als im angußfernen Bereich und fällt mit abnehmender Schmelztemperatur und steigendem Faser- und Füllstoffgehalt bzw. deren Orientierungsgrad. Gelegentlich wird zwischen **Bindenähten** (frontales Aufeinandertreffen von Schmelzeströmen) und **Fließnähten** (mehr oder weniger parallele Strömungen) unterschieden. Dieses kann nur im groben Rahmen gelten, da zunächst frontal aufeinanderströmende Schmelzen im weiteren Verlauf des Formfüllvorganges parallel zueinander verlaufen werden. Fließnähte können auch ohne Einsätze oder Löcher im Werkzeug, durch unterschiedliche Strömungsgeschwindigkeiten entstehen, z.B. bei unterschiedlicher Viskosität innerhalb der abkühlenden bzw. strömenden Schmelze.

Mit Kerben verbundene sichtbare Oberflächenmarkierungen können selbst nach einer Oberflächenbehandlung wie Lackieren, Galvanisieren etc. optisch stören. Bindenähte ohne Einfallstellen können allerdings durch spezielle Lacke überdeckt werden. Zur Vermeidung von Bindenähten bedient man sich der Verfahren der Formfüllsimulation z.B. mittels der Füllbildmethode, bei der man u.a. die fortschreitende Fließfront der Schmelze innerhalb des Werkzeuges simuliert. Die Fließbedingungen im Werkzeug können z.B. durch die Angußlage, Fließbremsen (z.B. Querschnittsverengungen) oder Fließhilfen (Querschnittserweiterungen, Überströmkanäle oder Rippen) im Hinblick auf Bindenahtprobleme optimiert werden.

Wenn Bindenähte nicht zu vermeiden sind, sollten sie besonders angußnah, in Bereichen mit großem Materialquerschnitt, nicht sichtbaren Formteilabschnitten oder geringer beanspruchten Bereichen auftreten. Unter üblichen Verarbeitungsbedingungen haben bei teilkristallinen Thermoplasten die Massetemperatur, die Werkzeugoberflächentemperatur und die Einspritzgeschwindigkeit einen geringeren Einfluß als bei amorphen Thermoplasten. Dieses erklärt sich u.a. aus der mit höherer Schmelzeviskosität stärkeren Orientierungsneigung amorpher Thermoplaste.

Ein Beispiel für eine günstige Lage von Fließnähten zeigt das auf Bild 3.14 dargestellte Zahnrad mit den drei Federelementen. Wegen der Massen muß der Zahnkranz und das innere Lager mit Zahnkranz je einen Anguß haben. Die Bindenaht (1) (Schwachstelle) beim Federelement (2) wird durch Verdickungen aufgefangen. Die Aufhängung ermöglicht einerseits als torsionsweiche Feder ein leichtes seitliches Verschieben der Lagerpartie gegen den Zahnkranz, andererseits als zugsteife Feder durch Anlage an die Verdickungen (1,3) ein direktes (steifes) Verdrehen.

Bild 3.14: Weich gelagerte Zahnräder aus POM, Punktanguß (3) am Lager und am Zahnkranz (Beiter, Dauchingen)

3.2.2 Molekülorientierungen

Beim Verarbeiten von Kunststoffschmelzen bestehen große Temperatur(Viskosität)- und Geschwindigkeitsunterschiede. An der Formwand haftet die Schmelze und erstarrt in Sekundenschnelle. Zur Kanalmitte hin fließt sie bei erhöhter Temperatur und Geschwindigkeit mit abnehmender Viskosität. Bedingt durch diese Unterschiede werden Molekülknäuel deformiert und verstreckt. Sie werden orientiert, versuchen aber gleichzeitig sich zu entorientieren (relaxieren). Dabei ist die Relaxation um so schneller, je niedriger das Molekulargewicht und der Druck und je höher die Temperatur der Schmelze ist. Beim Abkühlen frieren die nicht relaxierten Orientierungen ein. In Molekülrichtung wirken dann bevorzugt die hochfesten/hochsteifen chemischen Bindungen, senkrecht dazu die weit weniger festen physikalischen. In Richtung der Molekülorientierung sind daher die Festigkeiten und Steifigkeiten deutlich höher, die Dehnungen dagegen entsprechend niedriger. Der Werkstoff ist anisotrop.

Die Relaxationsprozesse von Schmelzen laufen in Sekundenbruchteilen, die von eingefrorenen Orientierungen im festen Zustand, wenn überhaupt, bei erhöhten Temperaturen oder Einwirkung von Lösemitteln in deutlich längeren Zeiträumen ab. Entorientierungen sind immer mit Schrumpfungserscheinungen verbunden, solange durch Formzwang die Verformung nicht behindert ist.

Orientierungen treten z.B. häufig beim Spritzgießen auf, wobei Dehnströmungen in der Schmelze zu stärkeren Orientierungen führen als Scherungen. Bei einem punktförmigen Anguß an einer Kante oder auf einer Fläche und der daraus folgenden Quellströmung wird die Schmelze, z.B. in tangentialer Umfangrichtung gedehnt und in Radialrichtung (Fließrichtung) geschert. Die tangentiale Dehnung nimmt mit zunehmender Entfernung vom Anguß ab. Dementsprechend ist die Orientierung über dem Querschnitt keineswegs gleichmäßig verteilt, sondern im rand- und angußnahen Bereich am stärksten.

Die Orientierung wird durch die Geometrie des Formteils und die Verarbeitungsbedingungen beeinflußt, Tab. 3.4.

Bedingung	Wirkung	Ursache
Wanddicke abnehmend	Orientierung zunehmend	beschleunigte Schergeschwindigkeit, schnelle Abkühlung
Massetemperatur abnehmend	Orientierung zunehmend, Viskosität zunehmend	langsame Molekülrelaxation, schnellere Erstarrung
Werkzeugtemperatur abnehmend	randnahe Orientierung zunehmend	schnelle Erstarrung
Nachdruck zunehmend	zunehmende Orientierung im angußnahen Bereich	zunehmender Schmelzestrom in Nachdruckphase
Einspritzgeschwindigkeit zunehmend	leicht zunehmende Randorientierung, abnehmende Orientierung im Inneren	geringerer und langsamerer Wärmeentzug, Wärmeerzeugung durch innere Reibung

Tabelle 3.4: Beeinflussung von Orientierungen beim Spritzgießen

Orientierungen können sich positiv und negativ auswirken. Bei einachsiger Beanspruchung (z.B. Filmscharnier) sind sie wegen der Festigkeitserhöhung erwünscht, bei zweidimensionaler Bauteilbelastung und wegen der Gefahr der Verwerfung durch anisotropen (richtungsabhängigen) Schrumpf, dagegen nicht. Beim Abkühlen sind sie häufig die Ursache von Verzug, da die thermischen Ausdehnungs-Koeffizienten (thermische Schwindung) von der Molekülorientierung abhängen.

Die Problematik der Orientierung liegt besonders darin, daß die Eigenschaften dadurch erheblich beeinflußt werden können. Verbesserungen der Festigkeit, Steifigkeit und Zähigkeit in Molekülorientierungsrichtung um 50 % sind ebenso möglich wie Abnahmen um den gleichen Betrag senkrecht dazu. Dabei sind teilkristalline Thermoplaste weniger empfindlich als amorphe. Noch deutlicher kann sich der Einfluß der Orientierung bei gleichzeitiger Kurzglasfaserverstärkung auswirken. Senkrecht zur Orientierungsrichtung wird häufig nicht einmal die Matrixfestigkeit erreicht, während in Orientierungsrichtung die Festigkeiten und Steifigkeiten um das vierfache zunehmen können. Bei glasfaserverstärkten Thermoplasten tritt beim Spritzgießprozeß durch unterschiedliche Dehn- und Scherströmungen über die Querschnittsdicke i.a. eine unterschiedliche Orientierung auf. Bei Platten mit Punktanguß ist z.B. in Wandnähe eine Faserorientierung in Fließrichtung, im Platteninneren dagegen senkrecht dazu zu erwarten.

3.3 WÄRMESPANNUNGEN

Zu Wärmespannungen kommt es, wenn die thermisch bedingte Ausdehnung oder Schrumpfung eines Werkstoffs behindert wird. Bei Kunststoffen treten Wärmespannungen auf:

- beim nichtisothermen Abkühlen aus der Schmelze,

- beim Einwirken unterschiedlicher Temperaturen auf das Formteil,

- wenn ein Ausgleich von Ausdehnungen/Kontraktionen nicht möglich ist,

- bei Werkstoffkombinationen mit unterschiedlichen thermischen Ausdehnungskoeffizienten.

Die thermisch induzierte Dehnung ε_T ergibt sich aus

$$\varepsilon_T = \alpha \ (T) \cdot \Delta T$$

wobei α Längenausdehnungskoeffizient und ΔT die Temperaturdifferenz ist. Für Kunststoffe sowie Metalle gilt, daß der Längenausdehnungskoeffizient mit zunehmendem E-Modul abnimmt, Bild 3.15. Kunststoffe haben im allgemeinen eine wesentlich höhere Wärmeausdehnung als die anorganischen Werkstoffe. Daher führt eine kraftschlüssige Verbindung der Kunststoffe mit Metallen und Keramiken fast immer zu Wärmespannungen.

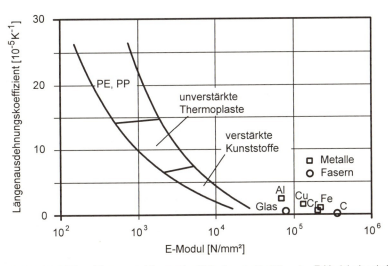

Bild 3.15: Mittlere Längenausdehnungskoeffizienten als Funktion des E-Moduls (nach Oberbach)

Verallgemeinert gilt für Längenausdehnungskoeffizienten:

Morphologie: kristallin < amorph

                                                amorph </> teilkristallin

                                                unterhalb T_g < oberhalb

                                                hochkristallin < wenig oder normal kristallin

Molekül- und Faserorientierung: parallel < senkrecht

                                                verstärkt < unverstärkt

Bei den wichtigsten teilkristallinen Thermoplasten ist die amorphe Phase bei normalen Betriebstemperaturen bereits erweicht (s. Bild 1.3) und dehnt sich stärker. Ist die amorphe Phase bei teilkristallinen Thermoplasten eingefroren, ist die Gesamtausdehnung natürlich geringer. Vollständig kristalline Kunststoffe gibt es nicht.

Die Wärmespannung σ_T infolge einer behinderten Dehnung ε_T berechnet sich für linearelastisches Verhalten zu

$$\sigma_T = -E \cdot \varepsilon_T$$

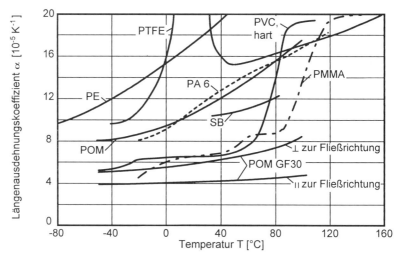

Bild 3.16: Längenausdehnungskoeffizienten verschiedener Thermoplaste in Abhängigkeit von der Temperatur (nach Oberbach)

Da der E-Modul und der Längenausdehnungskoeffizient, Bild 3.16, von der Temperatur abhängig sind, gilt für größere Temperaturdifferenzen die Integralschreibweise:

$$\sigma_T = -\int_{T_1}^{T_2} E(T) \cdot \alpha(T) \cdot dT$$

Da die Kunststoffe viskoelastisches Verhalten aufweisen, können die Wärmespannungen mit der Zeit relaxieren. Wie sehr sich der thermische Ausdehnungskoeffizient α, der E-Modul und der nicht elastische Verformungsanteil ε' mit der Temperatur für ein PBT ändern, zeigt Bild 3.17. Während E und α die Spannungen bewirken, kennzeichnet ε' die Relaxationsneigung.

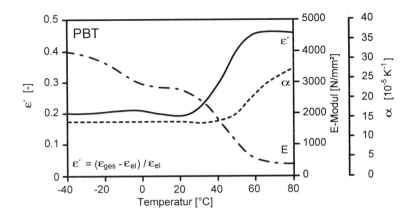

Bild 3.17: E-Modul, lin. Wärmeausdehnungskoeffizient α und nicht elastischer Verformungsanteil ε' in Abhängigkeit von der Temperatur bei PBT

In Bild 3.18 ist der schematische Verlauf der Temperatur und Spannung beim Aufheizen und Abkühlen bei gleichbleibender Dehnung dargestellt. Wird die Temperatur erhöht, baut sich eine Druckspannung auf, die schon während des Aufheizens zu relaxieren beginnt. Beim Abkühlen auf die Raumtemperatur tritt eine Zugspannung auf. Da die Zugspannung bei einer tieferen Temperatur als die Druckspannung vorliegt, kann sie nur wesentlich langsamer relaxieren. Bei einem mehrmaligen Temperaturwechsel werden die Wärmespannungen mehrmals aufgebaut und stellen somit eine wechselnde Belastung dar, die zu einem frühen Versagen führen kann.

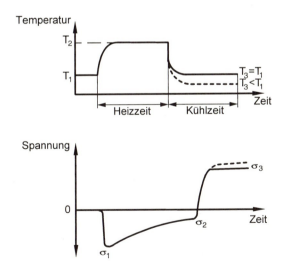

Bild 3.18: Schematischer Verlauf von Temperatur und Spannung aufgrund von Aufheizen und Abkühlung bei konstanter Dehnung (nach Oberbach)

Am Gehäuse einer Kaffeemaschine wird der Kunststoff in der Nähe der Heißplatte am Innenkreis erwärmt und dehnt sich aus und baut wegen der Verformungsbehinderung durch den kühler bleibenden Außenkreis Wärmedruckspannungen auf, die bei höheren Temperaturen leicht relaxieren. Der Aufwärmevorgang ist in Nähe der Heizplatte am stärksten und dauert einige Zeit. Beim Abkühlen kontrahiert der Kunststoff, baut Zugspannungen auf, die bei den höheren E-Moduln bei niedrigen Temperaturen besonders hoch sind und kaum relaxieren können und so als Dauerstandbelastung zum Zug-Bruch führen, Bild 3.19.

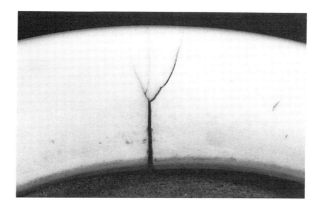

Bild 3.19: Risse aufgrund von Wärmespannungen an Kaffeemaschine

Als weiteres Beispiel für Formzwänge zeigt Bild 3.20 umspritzte Kugellager-Außenringe. Formzwänge bei den Beispielen A und B führen zu Eigenspannungen, Beispiele C, D und E zeigen eigenspannungsarme Konstruktionen.

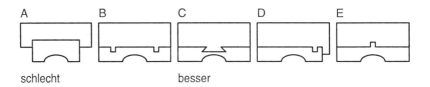

Bild 3.20: Umspritzte Kugellager mit Neigung zu Eigenspannungen (A und B) durch Schwindungsbehinderung und günstige Anordnung (C, D und E)

Eine schwierige Gestaltung eines krafteinleitenden Metallanschlusses eines großflächigen Formteils zeigt Bild 3.21. Thermische Schwindungsbehinderungen bauen in dünnwandigen Umschichtungen hohe Eigenspannungen auf, auch wenn diese durch die vielfachen Einkerbungen zumindest in Längsrichtung aufgeteilt werden. Als Richtwert gilt, daß die Wanddikke s ~ 0,3 ÷ 0,4 d sein sollte.

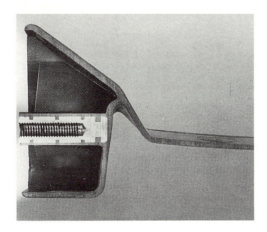

Bild 3.21: Metalleinlagerung mit thermischer Schwindungsbehinderung

Literatur zu Kapitel 3:

Beiter, W.   persönliche Mitteilungen, 1995

Hoven-Nievelstein, W. B.   Die Verarbeitungsschwindung thermoplastischer Formmassen
                                  Diss. RWTH Aachen, 1984

Michaeli, W.   Einführung in die Kunststoffverarbeitung
                                  Carl Hanser Verlag, München, 1992

N. N.   Hoechst AG: Technische Kunststoffe, C 3.4 Richtlinien für das
                                  Gestalten von Formteilen aus technischen Kunststoffen, 1985

Pötsch, H. G.   Prozeßsimulation zur Abschätzung von Schwindung und Verzug
                                  thermoplastischer Spritzgußteile
                                  Diss. RWTH Aachen, 1990

Oberbach, K.   Kunststoff-Kennwerte für Konstrukteure
                                  Carl Hanser Verlag, München, 1980

Schauf, D.   Zusammenhänge zwischen Schwindung, Orientierung, Tole-
                                  ranzen und Verzug bei der Herstellung von Formteilen
                                  Bayer AG, Anwendungstechnische Informationen 370, 1986

Steinbichler, G.   Fertigungsgerechtes Konstruieren von Spritzgußteilen
                                  Seminar: Konstruieren mit Konststoffen
                                  Techn. Akademie Sarnen, 1995

4 Werkstoff- und beanspruchungsgerechtes Konstruieren

Die Rechnerunterstützung (CAD), die den Konstrukteur von Routinearbeiten entlastet, und die Konstruktionsmethodik, die systematisch Prinzipien ordnet, klassifiziert und dadurch das Auffinden günstiger Lösungen wesentlich erleichtert, gehören zu den technischen Hilfsmitteln eines Konstrukteurs. Trotzdem entsteht eine Konstruktion nicht nur aufgrund theoretischen Technikwissens, sondern in hohem Maße aus individuellen, kreativen Denkprozessen.

Vermitteln läßt sich jedoch nur das Wissen um Werkstoffe, Beanspruchungen, Fertigungs- und Verbindungsverfahren etc. Demnach spricht man auch von **werkstoff-**, **beanspruchungs-**, **fertigungs-**, **verbindungs-**, **nutzungs-** und neuerdings auch von **recyclinggerechtem** Konstruieren, was in der konsequenten Durchführung häufig auch zu zueinander widersprüchlichen Lösungen führen kann. Im folgenden sind bewährte Ausführungsbeispiele für beanspruchungsgerechte Kunststoff-Konstruktionen zusammengestellt.

4.1 EINFACHE UND KOMBINIERTE BEANSPRUCHUNGEN

Biegeweiche Konstruktionen

Die verglichen mit klassischen Werkstoffen niedrigen Elastizitätsmoduln der Kunststoffe ermöglichen biegeweiche Konstruktionen. Die Weichheit einer Konstruktion ist neben dem Elastizitätsmodul und der Bauteilgeometrie auch von der Beanspruchungsart abhängig.

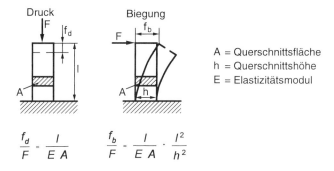

$$\frac{f_d}{F} = \frac{l}{E\,A} \qquad\qquad \frac{f_b}{F} = \frac{l}{E\,A} \cdot \frac{l^2}{h^2}$$

Bild 4.1:   Einfluß der Kraftrichtung auf die Verformung

Bild 4.1 zeigt am Beispiel eines Balkens mit Rechteckquerschnitt, daß die auf die Betriebskraft bezogene Verformung im Biegefall (unter der Voraussetzung $l > h$) stets größer als unter Druck -oder Zugbelastung ist.

Wenn große Verformungsmöglichkeiten in einer gewünschten Richtung erzielt werden sollen, sollten die angreifenden Kräfte weite Bereiche dieses Formteils auf Biegung (oder auch Torsion) beanspruchen. Starre Strukturen ergeben sich dagegen, wenn die Betriebskräfte überwiegend Zug- oder Druckspannungen erzeugen.

SCHNAPPVERBINDUNGEN (s.a. Kapitel 6.8)

Formteile mit erwünscht großen Verformungen sind Federn oder Schnappverbindungen. Schnappverbindungen nutzen die besonderen Gestaltungs- und Verformungseigenschaften von thermoplastischen Kunststoffen für die Gestaltung einer einfachen, nahezu beliebig lösbaren, wirtschaftlichen Verbindungsart aus. Nocken, Wülste oder Haken der zu verbindenden Teile rasten formschlüssig in entsprechende Hinterschneidungen ein. Die Eindrückkraft hängt von dem Fügewinkel und der Reibungszahl ab, ebenso die Lösekraft vom Haltewinkel, der bestimmt, ob die Verbindung lösbar oder nichtlösbar ist, Bild 4.2.

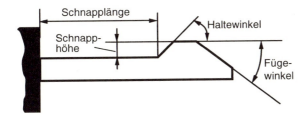

Bild 4.2:   Federnder Biege-Haken als Element einer Schnappverbindung

Die wirksame Höhe der Formschlußfläche (Schnapphöhe) kann bei biegebeanspruchten Strukturen wegen der leichteren Verformbarkeit deutlich größer ausgeführt werden als bei nur zug- oder druckbeanspruchten geschlossenen Strukturen, sog. Ringschnappverbindungen mit relativ starrem Kreisquerschnitt. Daher ist der Biegebalken ein bewährtes und beliebtes Konstruktionselement für Schnapphakenverbindungen.Umgekehrt genügt bei Ringschnappverbindungen häufig eine geringe Hinterschneidung. Durch Längsschnitte lassen sich steife Ringschnappverbindungen in biegeweiche Kreissegmente aufteilen, Bild 4.3.

Da Schnapphaken selten beansprucht werden, kann die Werkstoffbeanspruchung relativ hoch sein, jedoch kleiner als die Streckgrenze, da sonst bleibende Verformungen auftreten.

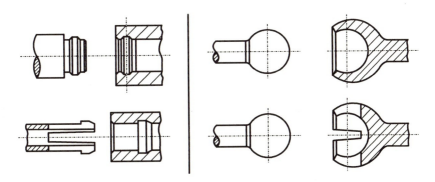

Bild 4.3:   Ringschnappverbindung
             oben: beim Fügen überwiegend auf Zug beansprucht
             unten: mit großem Biegeanteil durch Segmentierung des Kreisquerschnitts

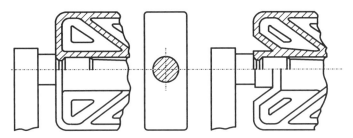

Bild 4.4:   Befestigung eines Fahrradpedals über eine Schnappverbindung:
            links: ohne Biegeanteil mit nur geringer Schnapphöhe
            rechts: überwiegend Biegung mit größerer Schnapphöhe

FILMGELENKE (s.a. Kapitel 6.9)

Extrem biegeweich sind dünnwandige Bereiche von Konstruktionen wie Film- oder Feder-
gelenke, die als integrierte Bindeglieder zwischen gegeneinander zu bewegenden Teilen wirken.
Bei einer Gehäuse/Deckel-Verbindung ist der Übergang in den dünneren Scharnierquerschnitt
durch strömungsgünstige Radien ausgeformt, um die für eine hohe Biegewechselfestigkeit
vorteilhafte Moleküllängsorientierung im beweglichen Gelenkbereich zu begünstigen und
Kerbempfindlichkeiten im schroffen Übergangsbereich zu vermeiden, Bild 4.5.

Die Orientierung kann zusätzlich dadurch verstärkt werden, daß das Scharnier kurz nach dem
Entformen im noch warmem Zustand mehrmals bewegt, also zusätzlich gereckt wird.

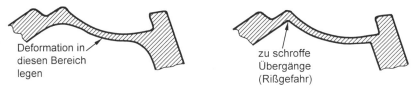

Bild 4.5:   Filmgelenk als Deckel/Gehäuse-Verbindung aus PA 6

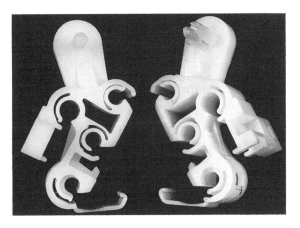

Bild 4.6:   Mehrfachleitungsclip mit steifen Abstützungen und biegeweichen Lagerungen (TRW, Enkenbach)

Das Konstruktionsprinzip der biegeweichen Gestaltung liegt auch dem Leitungsclip in Bild 4.6 zugrunde: Vier Leitungsclips mit biegeweicher Innenlagerung und steiferer äußerer Abstützung für höhere Belastungen werden in einem Teil mit einer über ein Scharniergelenk angeformten, federnden Verschlußlasche gespritzt, die an einer Rastnase am Clipelement eingehakt wird und die eingeclipsten Leitungen sichert. Die Leitungslagerungen werden damit anpassungsfähig an Durchmesserschwankungen.

ANPASSUNGSRIPPEN

Ein weiteres eindrucksvolles Beispiel sind die sog. Anpassungsrippen, bei denen beim Zusammenfügen die Verformungsfähigkeit der Kunststoffe ausgenutzt wird. Eine bewährte Maßnahme, um eine spielfreie Passung zu gewährleisten, sind sog. biegeweiche Anpassungsrippen. Dabei wird bewußt in kleinen Bereichen eine maßliche Überlappung angestrebt und beim Zusammenfügen eine Biegeverformung der Stege/Anpassungsrippen an diesen Stellen in Kauf genommen, Bild 4.7.

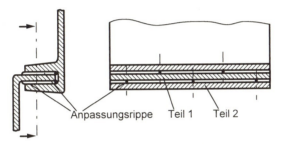

Bild 4.7:   Spielfreiheit durch biegeweiche Anpassungsrippen

Biegeweiche, zug- und drucksteife Konstruktion

Anpassungsrippen eines Verlängerungsstückes für eine Sekundenwelle sollen die Montage erleichtern. Der leicht biegbare Außenring ist jedoch zugsteif, so daß eine ausreichende, kraftschlüssige Verbindung erhalten bleibt, Bild 4.8.

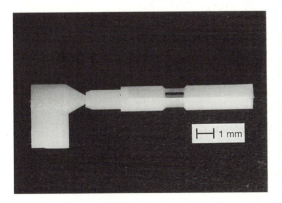
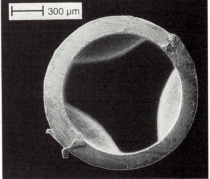

Bild 4.8:   Anpassungsrippen in Verlängerungsstück einer Sekundenwelle aus POM (Breiter, Dauchingen)

Ein Drucktastenelement dient zum Schalten eines Kodierschalters. Bei hin- und hergehender Bewegung wird das Schaltelement einmal durch Biegen dea Armes zur Seite gedrückt, beim Schalten als drucksteife Konstruktion schiebt es den Schalterzahn weiter, Bild 4.9.

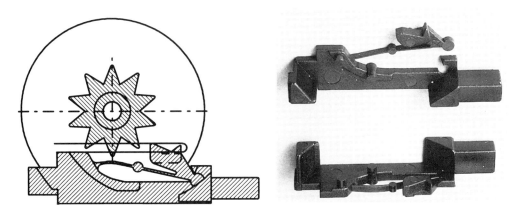

Bild 4.9:   Drucktasten zum Schalten eines Kodierschalters (Beiter, Dauchingen)

Biegeweiche-torsionssteife Konstruktion

Wird ein Stab mit kreisförmigem Querschnitt senkrecht zu seiner Achse mit jeweils um 90° versetzten Einschnitten versehen, wird Material von den Randbereichen weggenommen, und es entsteht ein richtungsabhängig biegeweiches Element. Die Torsionssteifigkeit wird jedoch nicht wesentlich beeinträchtigt, da immer noch geschlossene Profilquerschnitte vorliegen.

Eine Anwendung ist eine Ausgleichskupplung aus dem biegewechselfesten POM, Bild 4.10. Auf dem gleichen Prinzip beruht das in Bild 4.11 dargestellte Gelenk, dessen doppelkardanische Wirkung durch zwei um 90° versetzte Filmscharniere erzielt wird. In der abgebildeten Größe (Wellendurchmesser 1,5 mm) kann eine Winkelverlagerung von insgesamt 15° ausgeglichen werden, dabei aber nur ein verhältnismäßig geringes Moment von etwa 5 N cm übertragen werden.

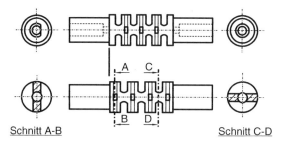

Schnitt A-B   Schnitt C-D

Bild 4.10: Biegeweiche, torsionssteife Ausgleichskupplung mit um 90° versetzten Einschnitten aus POM

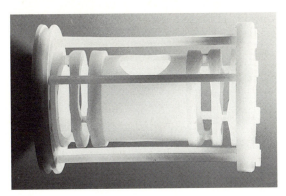

Bild 4.11: *Scharniergelenke einer kardanisch aufgehängten Bodenplatte eines Schwingschleifers aus PP mit jeweils zwei um 90° versetzten Filmscharnieren (Hoechst AG)*

Biegesteife Konstruktion

Da die maximale Randfaserspannung und bei gegebenem Biegemoment das äquatoriale Widerstandsmoment eine geeignete Größe zur Beurteilung des Formeinflusses auf die Biegebeanspruchung darstellt, gilt die Konstruktionsregel: **Querschnitte mit viel Werkstoff in den Randbereichen sind besonders biegesteif**. Das Bild 4.12 enthält eine Rangfolge der Biegesteifigkeit verschiedener Querschnittsformen bei jeweils gleicher Querschnittsfläche, d.h. bei gleichem Werkstoffbedarf.

Bedingt durch die Verarbeitungstechnologie sind Formteile aus Kunststoffen häufig Platten- und Schalenkonstruktionen. Wegen des niedrigen E-Moduls sind die Bauteile erheblich weniger

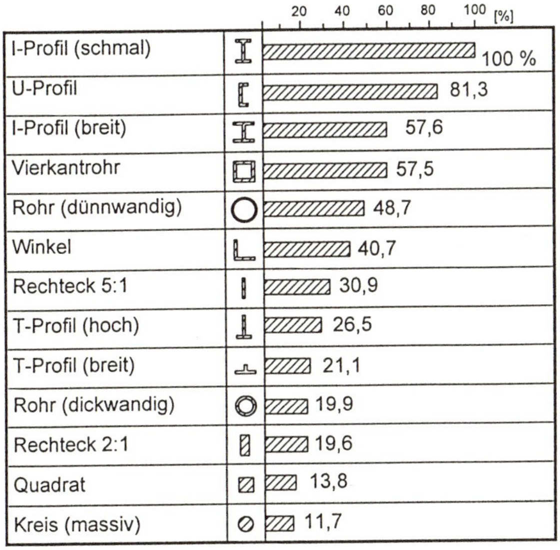

		20 40 60 80 100 [%]
I-Profil (schmal)	I	100 %
U-Profil	[	81,3
I-Profil (breit)	I	57,6
Vierkantrohr	▯	57,5
Rohr (dünnwandig)	O	48,7
Winkel	L	40,7
Rechteck 5:1	I	30,9
T-Profil (hoch)	⊥	26,5
T-Profil (breit)	⊥	21,1
Rohr (dickwandig)	O	19,9
Rechteck 2:1	▯	19,6
Quadrat	▨	13,8
Kreis (massiv)	⊘	11,7

Bild 4.12: *Rangfolge verschiedener Querschnittsformen für Biegesteifigkeit bei jeweils gleicher Querschnittsfläche (nach Steinhilper/Kahle)*

steif als formgleiche Metallstrukturen. Um die Bauteilsteifigkeit zu erhöhen, bieten sich folgende, auch miteinander kombinierbare Möglichkeiten an:

- Erhöhung des Elastizitätsmoduls, z.B. durch Glas-, Kohle-, Aramidfaserverstärkung,

- Vergrößerung der Wanddicke,

- Anbringen von Rippen oder Sicken.

Biegesteife-torsionsweiche Konstruktionen

Ein derartiges Konstruktionsprinzip ist mit Faserverbundkunststoffen bereits durch die einfachste, die unidirektionale Faseranordnung zu erreichen, da hierbei in Faserrichtung hohe Zug- und Druckspannungen bei geringen Dehnungswerten aufgenommen werden können. Parallel zur Faserrichtung wird dagegen weder die Schubfestigkeit noch die Schubsteifigkeit erhöht. Dazu wäre eine Faseranordnung unter 45° notwendig.

Diese werkstoffbedingten Eigenschaften können durch geeignete geometrische Formgebung noch verstärkt werden. Das Flächenträgheitsmoment als eine die Biegesteifigkeit kennzeichnende Größe wird dadurch vergrößert, daß möglichst viel Werkstoff möglichst weit von der neutralen Faser angeordnet wird. Solange der Querschnitt an seinem äußeren Umfang nicht geschlossen wird, bleibt dieser torsionsweich. Dieses Konstruktionsprinzip ist werkstoffunabhängig.

Bild 4.13 zeigt einen lagerlosen Hubschrauber-Heckrotor aus GFK, bei dem die Verstellung des Anstellwinkels allein über Verdrehung des zwar biegesteifen jedoch gleichzeitig torsionsweichen Sternprofils erfolgt.

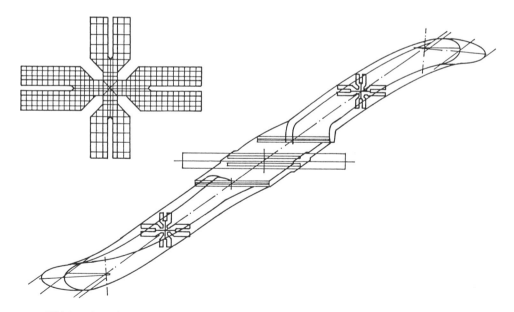

Bild 4.13: Lagerloser Heckrotor als biegesteife, torsionsweiche Konstruktion aus GFK (MBB, München)

Torsionsfeste, torsionssteife Konstruktionen

Ein durch ein Drehmoment M_t auf Torsion beanspruchtes Bauteil zeigt über dem Querschnitt eine lineare Verteilung der Torsionsverformung. Der Maximalwert liegt im Randbereich. Aus der Spannungsverteilung folgt, daß bei Torsionsbeanspruchung in der Querschnittsmitte weniger Werkstoff erforderlich ist als in den Randbezirken, wo ein geschlossenes Profil gebildet sein

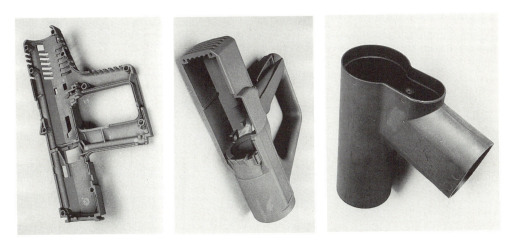

Bild 4.14: Bohrmaschinengehäuse aus zwei geteilten Halbschalen bzw. torsionssteiferem, leichterem teilge-schlossenem Gehäusen bzw. ganz geschlossenem Gehäuse (Hilti, Nersingen/Ensinger, Nufringen)

		20 40 60 80 100 [%]
Rohr (dünnwandig)	○	///////////////////// 100 %
Vierkantrohr	□	///////////////////// 93,3
Rohr (dickwandig)	◎	//////// 40,9
Kreis (massiv)	⊘	///// 24,1
Quadrat	▨	//// 17,8
Rechteck 2:1	▱	/// 14,9
Rechteck 5:1	▭	// 11,2
T-Profil (hoch)	⊥	/ 8,8
T-Profil (breit)	⊥	/ 8,5
Winkel	L	/ 6,5
I-Profil (breit)	Ⅱ	/ 6,4
U-Profil	⊔	/ 5,2
I-Profil (schmal)	I	2,2

Bild 4.15: Rangfolge verschiedener Querschnittsformen für Torsionssteifigkeit bei jeweils gleicher Querschnittsfläche (nach Steinhilper/Kahle)

sollte, Bild 4.14. Unter der weiteren Voraussetzung minimalen Werkstoffbedarfs werden diese Bedingungen am besten von einem dünnwandigen Rohr erfüllt.

Bild 4.15 enthält eine Zusammenstellung verschiedener Profilformen gleicher Fläche mit ihren auf den dünnwandigen Rohrquerschnitt bezogenen, relativen Torsionssteifigkeiten. (Vgl. auch Einfluß verschiedener Rippenformen auf die Torsions- und Biegesteifigkeit von Profilen in Tab. 5.1).

Eine weitere Möglichkeit zur Torsionsversteifung bietet die gegenseitige Versteifung durch Zusammenfügen von Einzelteilen an. Ein Staubsaugergehäuse besteht aus zwei biegesteif verrippten, z.T. mehrwandigen Einzelteilen, Bild 4.16. Durch Zusammenfügen von Ober- und Unterteil mittels Schnappverbindungen und Bandage erhält man einen ausreichend torsionssteifen und -festen Körper.

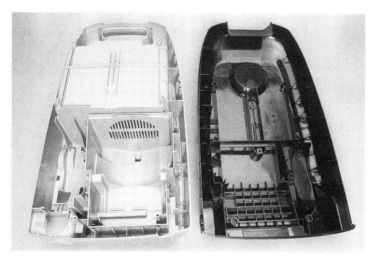

Bild 4.16: Versteifung eines Staubsaugergehäuses durch Verbinden zweier verrippter, spritzgegegossener Hälften zu einem kraftschlüssigen, torsionssteifen Hohlprofil (AEG, Rotenburg)

Biegesteife, torsionssteife Konstruktionen

Der Forderung nach gleichzeitiger Biege- und Torsionssteifigkeit kommt der Querschnitt eines Rohres am nächsten, dessen Herstellung nach dem Spritzgießverfahren jedoch auf Entformungsschwierigkeiten des Kerns stoßen kann. Eine Möglichkeit ist die Kernschmelz-technik, die sogar nichtziehbare Kerne im Spritzgießverfahren zuläßt, Bild 4.17. Durch eine geschlossene Form mit runden Ansaugkanälen in der Wand und zusätzlichen Rippen wird die Konstruktion biege- und torsionssteif.

Bei einem gekröpften KFZ-Kupplungspedal wird ein stehendes Doppel-T-Profil mit einer Kreuzverrippung zwischen seinen Schenkeln verstärkt. Zusätzlich wird zwischen den Kröpfungsstellen die Öffnungsrichtung des Profils verlagert, so daß auf einfache Weise die Verdrehung des Pedals unter der Trittbelastung verkleinert wird, Bild 4.18 rechts.

Das Konstruktionsprinzip der Torsionsversteifung von flächigen Bauteilen ist die Diagonalver-rippung. Im Fall des Torsionsrohres aus Faserverbundkunststoffen wird diese Festigkeits- und Steifigkeitsanisotropie in Form eines Kreuzverbandes mit spiralförmig unter ± 45° zur Rohrlängs-achse angeordneten Fasern erreicht.

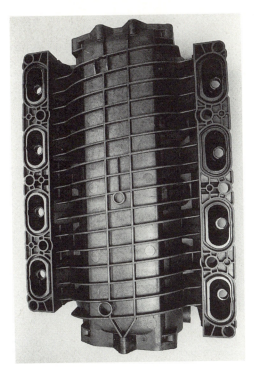
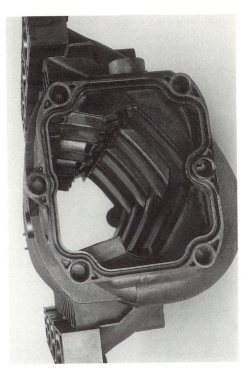

Bild 4.17: Ansauganlage im Spritzguß mit runden Kanälen in der Kernschmelztechnik (BMW, Landshut)

Bild 4.18: Kupplungspedal mit geschlossenem Hohlprofil (links) (BMW) und verripptem Doppel-T-Profilquerschnitt aus PA 66-GF (rechts) (Mercedes-Benz/BASF)

Torsionsweiche Konstruktionen

Die geringe Schubsteifigkeit der Kunststoffe erfüllt bereits von seiten des Werkstoffs die Voraussetzung für eine torsionsweiche Konstruktion, z.B. als Feder- oder Schnappelemente. Torsionsweiche Querschnittsgeometrien ergeben sich nach Bild 4.19 dadurch, daß der Schubfluß am Außenumfang durch Schlitze unterbrochen wird.

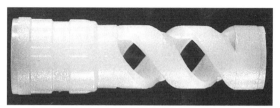

Bild 4.19: Spritzgegossene Schraubenfedern aus POM als Ventilfederelemente
links: Federteller einer Füllstananzeige (Hähl & Ludwig, Diesslingen)
rechts: Druckluftspritzventil mit Torsionsfeder (Helvoet BV, Hellevoetsllues, NL)

Bild 4.19 links zeigt ein Federelement zur Füllstandskontrolle eines Glasvorratsbehälters einer Entkeimungsanlage. Der Federteller wird in einer Ebene gespritzt, beim Entformen gestreckt und anschließend gespannt, so daß ein leistungsfähiges Federelement entsteht.

Bild 4.19 rechts zeigt Teile eines Druckluftsprühventils mit torsionsweicher Feder aus POM, bei dem eine Null-Fehler-Produktion angestrebt wird.

Zugfeste, zugsteife und torsionsweiche Konstruktionen

Derartige komplexe Aufgabenstellungen lassen sich mit Faserverbundkunststoffen durch gezielte Anordnung der, vorallem auf Zug zu beabspruchenden, Fasern, in diesem Falle Fasern kombiniert mit einer weichen Matrix lösen, Bild 4.20. Für ein Verbindungselement im Rotorkopf eines Hubschraubers wurde dieses durch die unidirektionale Anordnung von zugsteifen und zugfesten Stahldrähten mit 15 mm $\varnothing$, eingebettet in eine torsions weiche PUR-Elastomer-Matrix.

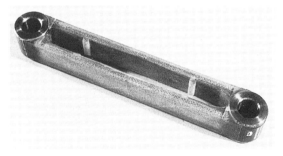

Bild 4.20: Zugfestes, zugsteifes und zugleich torsionsweiches Verbindungselement am Rotorkopf eines Hubschraubers (MBB, München)

Schubfeste, schubsteife Konstruktionen

Die Schubspannungsverteilung über einem querkraftbeanspruchten Rechteck-Querschnitt ist parabolisch. Die maximalen Schubspannungen treten im Bereich der Schwerpunktachse auf; die oberen und unteren Ränder sind schubspannungsfrei, Bild 4.21. Bemerkenswert ist ferner der Einfluß der Querschnittslage auf den Querkraftverlauf.

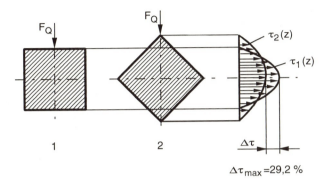

Bild 4.21: Schubspannungsverlauf verschiedener Querschnitte bei Querkraftbeanspruchung

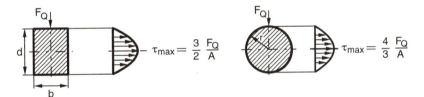

Bild 4.22: Schubspannungsverteilung in querkraftbeanspruchten Querschnitten

Daraus folgt unmittelbar: Querschnitte mit viel Werkstoff im Bereich der Schwerpunktachse sind besonders schubsteif. Dieser Forderung entspricht das Vollkreisprofil am besten; am ungünstigsten verhält sich dagegen ein schlankes I-Profil, Bild 4.22. Biegebeanspruchte und schubbeanspruchte Bauteile sind daher gerade gegenläufig zu dimensionieren.

Ein Beispiel für eine schubweiche, schubfeste Konstruktion mit über dem Radius gleichmäßige Schubspannungen durch Vergrößerung der Schichtdicke ist ein Gummielement in der schweizerischen E-Lok 2000, Bild 4.23.

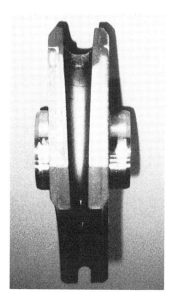
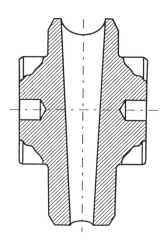

Bild 4.23: Gleichmäßige Schubbeanspruchung eines Federelementes durch Vergrößerung der Schichtdicke (SLM, Winterthur)

Druckweiche, drucksteife Konstruktionen

Zu Bauelementen, die bereits auf geringe Druckbelastungen mit relativ großen Verformungen reagieren müssen, zählen u.a. Dichtungen zum Ausgleich hoher Formungenauigkeiten, weiche Druckfedern oder Druckdämpfer. Elastomere mit flacher Druck/Stauchungs-Charakteristik bieten die werkstoffseitige Voraussetzung für derartige Konstruktionen. Eine gestalterische Maßnahme, um hohe Verformungen in Richtung einer äußeren Druckbelastung zu erzielen, ist die Umwandlung von Druckspannungen im Bauteil in Schubspannungen, Bild 4.24. Der maximale Federweg wird bei gleichem Werkstoffaufwand um 30 % erhöht.

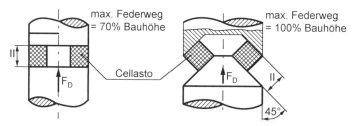

Bild 4.24: Erhöhung des Federweges einer Elastomer-Feder gleicher Bauhöhe durch Änderung der Beanspruchungsrichtung

Umgekehrt wird die Drucksteifigkeit einer Druckfeder vergrößert, wenn die Querdehnung weitgehend verhindert wird. Dies kann z.B. durch einvulkanisierte Zwischenbleche geschehen, Bild 4.25 und Bild 4.28, wobei die Schubweichheit einer solchen Struktur erhalten bleibt.

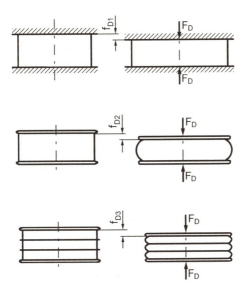

Bild 4.25: Erhöhte Drucksteifigkeit ($f_{D1} > f_{D2} > f_{D3}$) bei Elastomer-Druckfedern durch Zwischenbleche
    Oben: Querdehnung an den Stirnflächen unbehindert (keine Reibung und Haftung)
    Mitte: Querdehnung an den Stirnflächen verhindert durch Haftung
    Unten: Querdehnung durch einvulkanisierte Zwischenbleche weitgehend verhindert

Allgemein bekannt dürften auch die Bausteine der Fischer-Technik sein, die mit Verbindungs-zapfen aus POM mit druckweichen Anpassungsrippen von 0,1 mm Höhe und einer Toleranz des Verbindungszapfen im Schiebebereich von 0,8 ± 0,02 mm bzw. im Schiebesitz des Steines aus ABS von 3 + 0,02 mm, Bild 4.26.

Bild 4.26: Anpassungsrippen im Schiebesitz eines Bausteines der Fischer-Technik (Fischer, Waldachtal)

Eine Kombination von druckweicher und drucksteifer Konstruktion stellen die sog. Softrollen dar. Hochfestes, drucksteifes POM bildet den tragenden Rollenkörper mit Gleitlagerausbildung zur Aufnahme einer Metallachse in der Mitte. Eine druckweiche Einlagerung in die Lauffläche aus schwarzem thermoplastischen PUR erlaubt ein weiches Aufsetzen und Abrollen, Bild 4.27.

Die Herstellung erfolgte im Zweikomponentenspritzguß, was eine feste, formschlüssige Verankerung beider Elemente erlaubt.

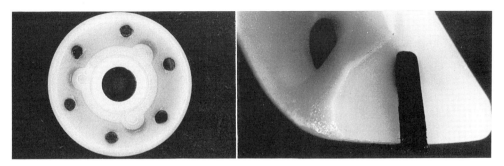

Bild 4.27: Druckfeste und -steife Rolle aus POM mit druckweicher PUR Einlage für weichen Ablauf (rotho, St. Blasien).

Beispiele von drucknachgiebigen Konstruktionen findet man auch in Zusammenhang mit einem ganz anderen Problemkreis, nämlich bei der Beherrschung bestimmter Toleranz- und Passungsanforderungen: Bauteile müssen meistens mit definiertem Spiel zu anderen Bauteilen passen. Unrealistisch enge Toleranzen festzulegen, führt dabei selten zum Erfolg, eher zu hohem Ausschuß.

Durch die Ausrichtung der Zwischenbleche eines Metall-Gummi-Feder-Elementes einer Lokomotive kann parallel zur Biegekante der Bleche durch bevorzugte Schubverformung eine größere Weichheit (c_x = 0,15 kN/mm) erzielt werden als senkrecht zur Blechfläche unter Wirkung von Druckkräften (c_z = 2 kN/mm) bei Aufnahme der Brems- und Beschleunigungskräfte, Bild 4.28. Zur Aufnahme der Achsfederkräfte in der 3. Richtung wirken Schub- und Normalspannung gleichzeitig und ergeben eine Steifigkeit von c_y = 0,37 kN/mm.

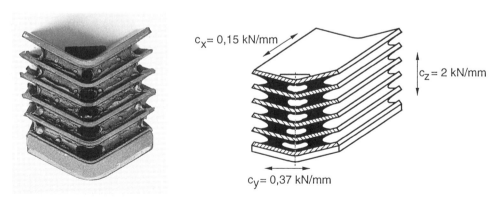

Bild 4.28: Achs-Federelement der Schweizerischen Lokomotive 2000 (SLM, Winterthur)

4.2 AKUSTIK DESIGN

Bei der Substitution eines Metallteils durch Kunststoffe kann schon wegen der viel geringeren Steifigkeit und höheren mechanischen Dämpfung ein vertrautes oder erwartetes Geräusch so geändert werden, daß es ein möglicher Kunde nicht wiedererkennt. Wegen der Komplexität des Vorganges und der Nichtvorhersehbarkeit von Schallabstrahlung und -intensität läßt sich ein akustisches Design nur experimentell durchführen. Hierzu wird die Geräuschemission eines Teiles im Realbetrieb aufgenommen und gespeichert. Die lokale Verteilung der Schallintensität und die Frequenzen, die von verschiedenen Teilbereichen des Bauteils abgestrahlt werden, sind zu analysieren besonders um Gebiete zu lokalisieren, die für Störgeräusche verantwortlich sind. Mittels digitaler Filter werden die Frequenzbereiche manipuliert oder ausgefiltert, die zu Störgeräuschen führen.

Eine Geräuschminimierung kann normalerweise durch höhere Bauteilsteifigkeit, Verbesserung des Übertragungsverhalten, höheres Gewicht und höhere Materialdämpfung erreicht werden. Da bei Kunststoffen ein höheres Bauteilgewicht in der Regel unerwünscht ist und das Material aufgrund anderer Funktionen, wie thermische Belastbarkeit und Medienbeständigkeit, von vornherein festliegt und nur wenig geändert werden kann, bleiben die Parameter-Steifigkeit und Übertragungsverhalten - im wesentlichen übrig. Beide können durch konstruktive Maßnahmen wie Rippen, Sicken und schalenförmige Gestaltung, aber auch durch Steifigkeitssprünge durch unterschiedliche Materialien beeinflußt werden.

Literatur zu Kapitel 4:

Brünings, W.-D.; Hauck, C. und Müller, D.

Untersuchung an Prototypen von KFZ-Pedalen aus PA-GF Kunststoffe 79 (1989) 5, S. 448-451

Ehrenstein, G. W.; und Erhard, G.

Konstruieren mit Polymerwerkstoffen Carl Hanser Verlag, München, 1983

Fischer, A.

persönliche Mitteilung, Fischerwerke, Waldachtal, 1994

Kraft, W. W.

Akustische Optimierung von Fahrzeugbauteilen aus Kunststoff Vortrag BASF-Vorabendveranstaltung zur VDI-Tagung, Ludwigshafen, 22.3.94

N. N.

Hoechst-Report 2/90: Höchstleistungen mit Hostaform Hoechst AG, Frankfurt

Steinhilper, W. und Kahle, U.

Biegung, Schub und Torsion beeinflussen die Gestalt eines Bauteils Maschinenmarkt 87 (1981) 75, S. 1548-1550

5 Rippen, Sicken, Leichtbau

Wegen des niedrigen E-Moduls der Kunststoffe im Vergleich zu Metallen wird die erforderliche Steifigkeit biege- und torsionsbeanspruchter Bauteile oft durch konstruktive Maßnahmen wie Rippen und Sicken erreicht, die im Spritzguß leicht realisiert werden können. Neben günstigen Werkstoffkosten führen geringe Wanddicken durch die Reduktion der Abkühlzeiten zu kürzeren Zykluszeiten. Allerdings werden aus Gründen der Festigkeit besonders gegen rauhe und schlagartige Beanspruchungen oft größere Wanddicken empfindlicheren Verrippungen vorgezogen.

5.1 VERSTEIFUNGSMASSNAHMEN

Die Biegesteifigkeit k_b eines einseitig fest eingespannten Trägers ist gekennzeichnet durch:

$$k_b = \frac{3 \cdot E \cdot I}{L^3}$$

mit: L = *Trägerlänge* E = *E-Modul*
          I = *Flächenträgheitsmonent*

Das Flächenträgheitsmoment eines rechteckigen Trägerquerschnitts beträgt:

$$I = \frac{a \cdot h^3}{12}$$

mit der Trägerbreite a und der Trägerdicke h. Aus den beiden obigen Gleichungen geht hervor, daß die Biegesteifigkeit durch die folgenden Maßnahmen erhöht werden kann:

- Erhöhung des E-Moduls,
- Vergrößerung des Flächenträgheitsmomentes durch die Vergrößerung der Wanddicke sowie das Anbringen von Rippen und Sicken,
- und durch einen Sandwich- oder Hohlraumaufbau mit steifen Außenschichten.

Auch wenn der E-Modul durch die Zugabe von Fasern oder Füllstoffen auf das Mehrfache erhöht werden kann, nimmt die Steifigkeit nur linear zu. Die Vergrößerung der Wanddicke ist deutlich wirkungsvoller, da sie in der 3. Potenz eingeht, führt aber zu kostenintensiveren, längeren Abkühlzeiten. Wanddicken bis zu ca. 8 mm sind im Spritzguß realisierbar. Gleiche Steifigkeit vorausgesetzt, ist das Verhältnis der Wanddicken zweier Platten aus Werkstoffen mit unterschiedlichen E-Modul:

$$\frac{h_1}{h_2} = \sqrt[3]{\frac{E_2}{E_1}}$$

Die Ersparnis an Wanddicke durch Erhöhung des E-Moduls ist also eher gering. Eine wirkungsvollere Versteifungsmaßnahme stellt daher das Anbringen von Rippen und Sicken dar, wobei die Wanddicken gering gehalten werden können.

5.2 SICKEN

Sicken als Versteifungselemente stellen Wölbungen der Bauteilflächen dar. Sie sind bei thermogeformten und blasgeformten Bauteilen die am einfachsten realisierbare Versteifungsmaßnahme. Ein Steifigkeitsvergleich ergibt, daß eine gesickte Fläche bei gleichen äußeren Abmessungen und gleicher Wanddicke um den Faktor 1,8 steifer ist als eine gerippte, Bild 5.1. Die Nachteile der Sickenbauart gegenüber der Rippenbauart sind:

- Mit Sicken sind keine ebenen Oberflächen erreichbar.
- Beim Spritzgießen ist der Werkzeugaufwand größer.

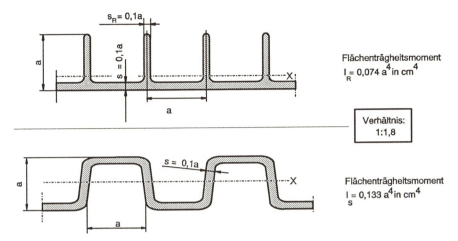

Flächenträgheitsmoment
$$I_R = 0,074 \, a^4 \text{ in cm}^4$$

Verhältnis:
1:1,8

Flächenträgheitsmoment
$$I_s = 0,133 \, a^4 \text{ in cm}^4$$

Bild 5.1: Vergleich der Steifigkeiten einer verrippten mit einer gesickten Fläche

5.3 RIPPEN

5.3.1 Rippenhöhe

Um eine Versteifungswirkung durch Rippen zu erreichen, sollte deren Höhe ein Vielfaches der zu versteifenden Wanddicke betragen. Die Maximalhöhe wird durch ein Beulen bei Druckbeanspruchung der Rippen begrenzt. In Bild 5.2 ist die Durchbiegung einer verrippten

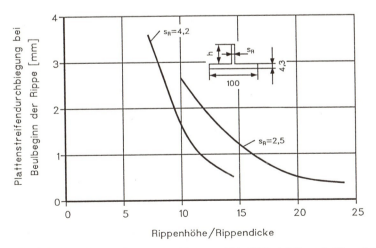

Bild 5.2: Durchbiegung der verrippten Platte aus SB in Abhängigkeit von der Rippenhöhe (nach Mohr/Weber)

Platte aus SB bei Beulbeginn der Rippen in Abhängigkeit von der Rippenhöhe dargestellt. Als zweckmäßig hat sich eine Rippenhöhe vom 5 bis 10-fachen der Wanddicke herausgestellt.

5.3.2 Rippenanzahl

Wie die Ergebnisse einer FE-Untersuchung zeigen, nimmt die Versteifung einer Platte mit der Rippenanzahl linear zu, Bild 5.3. Der Versteifungsfaktor E'/E wird durch das Verhältnis eines fiktiven E-Moduls der verrippten Platte zu dem E-Modul der gewichtsgleichen ebenen Platte ohne Rippen definiert. Die Rippenanzahl wird mit dem Materialaufwand, d.h. dem Gewichts- verhältnis von verrippter Platte zur ebenen Platte ohne Rippen, gekennzeichnet. Bei gleichen Einspannbedingungen (allseitig fest) erweist sich die kantenparallele Rippenanordnung über den kurzen Auflagerabstand als vorteilhaft.

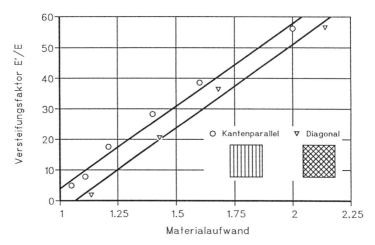

Bild 5.3:   *Versteifungsfaktor E'/E von verrippten Platten (400x400x400mm, Rippenhöhe = 30mm, Rippendicke = 2,7mm) unter Flächenlast bei allseitig fest eingespannten Rändern (nach Weber/Wilhelm)*
Materialaufwand = Gewichtsverhältnis verrippte Platte / Platte ohne Rippen

Allerdings kann eine verrippte Platte durch die Erhöhung der Rippenhöhe deutlich mehr als durch die Erhöhung der Rippenanzahl versteift werden, Bild 5.4. Bei einem konstanten Gewicht bewirkt die 10-fache Vergrößerung der Rippenhöhe eine ca. 40-fache Erhöhung der Steifigkeit, wobei die um den gleichen Faktor erhöhte Rippenanzahl nur zu einer 3-facher Steifigkeitssteigerung führt.

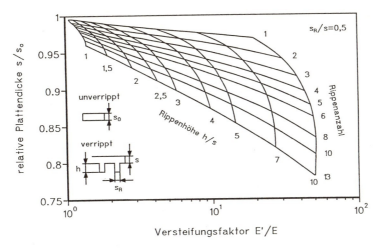

Bild 5.4: *Versteifungsfaktor E'/E einer verrippten Platte in Abhängigkeit von Rippenhöhe- und anzahl (bei einem konstanten Gewicht von einer Punktlast) (nach Throne/Progelhof)*

s_0 = Dicke der unverrippten Platte, s = Dicke der verrippten Platte

5.3.3 Rippenkreuzungspunkte

Häufig werden Rippen zur Erhöhung der Rippenstabilität miteinander verbunden. Diese Verknüpfungsstellen werden Rippenkreuzungspunkte oder Knoten genannt. Bei Beanspruchungen entstehen in ihnen Kerbspannungen, die entscheidend für die Haltbarkeit des Knotens und des ganzen Bauteils sind. Die Meßergebnisse an PBT-GF bestätigen, daß die Festigkeit des Rippen-Knotens in der Zugzone hauptsächlich von dem relativen Rundungs-radius am Knoten abhängt, Bild 5.5. Selbst eine nur mäßige Ausrundung des Knotens führt zu einer beträchtlichen Zunahme der Biegefestigkeit (Anriß im Knoten).

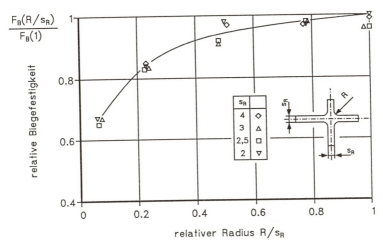

Bild 5.5: *Relative Biegefestigkeit als Funktion des relativen Radius einer Kreuzrippenplatte aus PBT-GF30 (nach Delpy)*

Bei der Gestaltung der Rippenkreuzungspunkte widersprechen sich die beanspruchungs- und fertigungsgerechten Gesichtspunkte, Bild 5.6. Die maximale Steifigkeit wird bei einem ununterbrochenen Kraftfluß erreicht. Wegen der geringeren Kühlzeiten sind die versetzten Rippen fertigungsgerechter, Bild 5.6. Einen Kompromiß stellt die Verrippung dar, bei welcher die Kreuzungspunkte zu Kreiszylindern aufgeweitet sind. Die moderne Gitterleichtbaukonzeption erfordert, daß die Rippen den Stegen folgen, um die Durchlässigkeit des Gitters zu sichern sowie aus fließtechnischen Gründen, wie dieses bei Sechseckgittern der Fall ist.

beanspruchungsgerecht   fertigungsgerecht   Kompromiß   Gitterleichtbaustrukturen

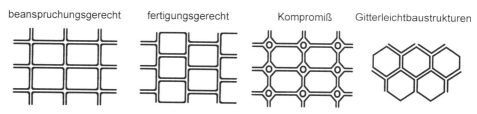

Bild 5.6:   Gestaltungsmöglichkeiten von Rippenkreuzungen

5.3.4 Rippenlage

Rippen sollen in Belastungsrichtung an der auf Zug beanspruchten Seite angebracht werden. Quer zur Beanspruchung liegende Rippen wirken sich negativ auf die Festigkeit des Bauteils aus, da sie Querschnittssprünge darstellen, die zu Spannungsüberhöhungen führen. Sie lassen sich durch größere Rundungsradien mindern, allerdings werden damit die Abkühlzeiten verlängert.

Bei realen Bauteilen ist die Spannungsverteilung oft nicht ausreichend bekannt. Die optimale Anordnung der Rippen von komplex gestalteten Bauteilen wird daher mittels Versuchen an Modellen oder FE-Berechnungen ermittelt. Da diese Möglichkeiten nicht immer zugänglich sind, wurden in einer FE-Untersuchung die Steifigkeiten verschiedener verrippter Profile berechnet, Tab. 5.1. Damit kann die Versteifungswirkung verschiedener Verrippungen abgeschätzt werden.

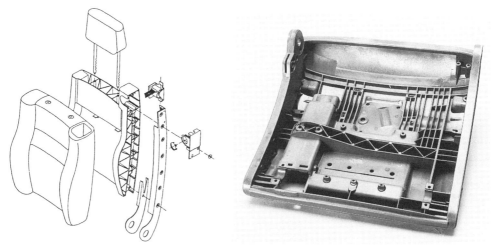

Bild 5.7:   Verrippung eines Modell-PKW-Sitzes mit Metallbeschlägen (Bayer AG) (links); Sitzschale eines Busfahrersitzes (KW Marbach Baier, Marbach) (rechts)

PROFIL-NR.:	PROFILFORM	VERGLEICHSFAKTOREN STEIFIGKEIT		
		Tz	By	Bx
1		1	1,0	1,0
2		7	0,9	0,9
3		10	0,8	0,9
4		11	0,7	0,8
5		18	0,7	0,7
6		14	1,1	0,9
7		12	0,9	0,9
8		27	1,3	0,8
9		12	2,0	0,9
10		1	1,9	1,0
11		25	1,6	0,8
12		35	1,3	0,7
13		54	2,7	0,8

Tabelle 5.1: *Steifigkeiten verschiedener Profile bezogen auf das I-Profil (Nr.1) und das Gewicht (nach Maszewski)*
T_z = Torsionssteifigkeit, B_y = Biegesteifigkeit in der y-Richtung, B_x = Biegesteifigkeit in der x-Richtung

Um eine optimale Verrippung bei komplexen Bauteilen zu finden, müssen die FE-Berechnungen der Beanspruchungen und Deformationen an Bauteilen selbst durchgeführt werden. Man beginnt mit stark vereinfachten und daher änderungsfreundlichen Rechenmodellen, z.B. Balkenelementen, um ein Grundkonzept für die Rippenanordnung zu finden. Erst in den Folgeschritten werden Flächen- oder Schalenelemente verwendet und die nichtlinearen sowie zeitabhängigen Rechnungen durchgeführt. Durch eine solche schrittweise Optimierung kann ein geeignetes Konstruktionskonzept gefunden werden und die Schwachstellen im Vorfeld erkannt werden. Bild 5.7 zeigt ein Modell eines verrippten PKW-Sitzes, der durch ein aufgesetztes Stahlprofil so stabilisiert wird, daß die notwendige Steifigkeit und das Arbeitsaufnahmevermögen zum Tragen kommen.

5.3.5 Einspannung

Die verrippte Platte ist meist nur ein Bestandteil eines Bauteils. Durch die Gestalt des Bauteils werden verschiedene Einspannbedingungen der Platte festgelegt. Sie haben einen starken Einfluß auf die Versteifungswirkung, Bild 5.8.

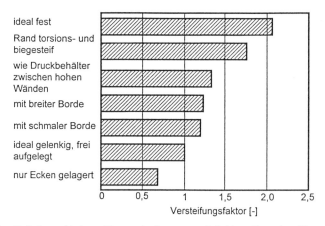

Bild 5.8: *Einfluß verschiedener Einspannbedingungen auf die Versteifung einer Platte (nach Weber/Wilhelm)*

Die höchste Versteifung wird bei einer ideal fest eingespannten Platte und die niedrigste Versteifung bei einer an den vier Ecken aufgelegten Platte erreicht. Bei realen Bauteilen muß mit Einspannbedingungen, die zwischen den Extremwerten liegen, gerechnet werden. Der torsions- und biegesteife Rand läßt sich mit einem Stahlrahmen realisieren. Als Druckbehälter wird eine Einspannung bezeichnet, bei der die Plattenränder zwischen hohen Wänden eingeschlossen sind, und mit diesen einen steifen Kasten bilden. Eine ähnliche Einspannung wird mit breiten und schmalen Borten realisiert. Weiterhin können bei verschiedenen Einspannbedingungen auch verschiedene Rippenanordnungen zu der höchsten Versteifung führen. Berechnungen von verrippten Platten unter realistischen Einspannbedingungen haben gezeigt, daß in der Praxis erreichte Plattensteifigkeiten meist der Steifigkeit der ideal gelenkigen Einspannung näher als der ideal festen Einspannung ist.

5.4 FERTIGUNGSGERECHTE GESTALTUNG

5.4.1 Spritzgegossene Rippen

Bei der Auslegung eines im Spritzguß gefertigten Bauteils, das verrippte Bereiche beinhaltet, sollen die folgenden Faktoren beachtet werden:

- Rippendicke,
- Rundungsradius,
- Rippenkreuzungspunkte,
- Anspritzrichtung.

Rippen haben gegenüber Sicken den Vorzug, daß eine Seite völlig eben bleibt, sie führen aber zu Materialanhäufungen, die wegen der verzögerten Abkühlung am Bauteil Einfallstellen

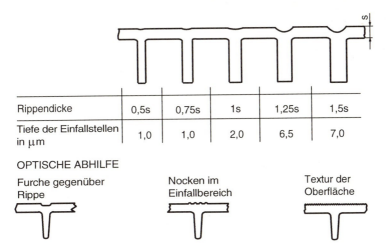

Rippendicke	0,5s	0,75s	1s	1,25s	1,5s
Tiefe der Einfallstellen in μm	1,0	1,0	2,0	6,5	7,0

OPTISCHE ABHILFE

Furche gegenüber Rippe	Nocken im Einfallbereich	Textur der Oberfläche

Bild 5.9: Einfalltiefe bei unterschiedlichem Rippen/Wanddicken-Verhältnis, PBT-GK (nach Mohr/Weber)

hervorrufen. In Bild 5.9 ist der Einfluß der Rippendicke auf die Einfalltiefe bei einem Versuchskörper aus PBT-GK dargestellt. Die Versuchsergebnisse bestätigen die bekannte Regel, wonach die Rippendicke nicht mehr als das 0,5 bis 0,7 fache der Wanddicke betragen soll. In diesem Fall wird die geringe Vertiefung kaum mehr zu sehen sein.

Einen weiteren Faktor, der die Kühlzeit im gleichen Maße wie die Wanddicke beeinflußt, stellt der Rundungsradius dar, Bild 5.10. Wird die Rippendicke vom Idealmaß von 0,5 auf 1,0 s erhöht, so vergrößert sich die Kühlzeit um 40 %. Wird der Rundungsradius gleichfalls erhöht, vergrößert sich die Kühlzeit um 65 %.

Die Steifigkeit wird oft noch zusätzlich durch Zugabe von Fasern gesteigert. Daher soll die Anspritzrichtung in der Längsachse der Rippen gewählt werden, so daß die Fasern in Richtung der Längsachse der Rippen orientiert werden. Allerdings zeigt sich, daß die Fasern bei dünnen Rippen immer unter einem flachen Winkel zur versteifenden Wand angeordnet sind. Die Verstärkungswirkung der Fasern kann daher bei Rippen nicht voll ausgenutzt werden.

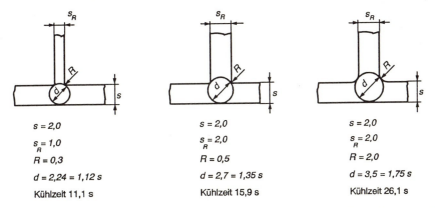

s = 2,0
s_R = 1,0
R = 0,3
d = 2,24 = 1,12 s
Kühlzeit 11,1 s

s = 2,0
s_R = 2,0
R = 0,5
d = 2,7 = 1,35 s
Kühlzeit 15,9 s

s = 2,0
s_R = 2,0
R = 2,0
d = 3,5 = 1,75 s
Kühlzeit 26,1 s

Bild 5.10: Einfluß von Rippendicke und Rundungsradius auf die Kühlzeit eines verrippten Bauteils (nach Mohr/Weber)

5.4.2 Spritzgegossene Sicken

Durch geschickte Formung als Griffschutz lassen sich wandversteifende Sicken in das Gehäusedesign eines Injektionskartuschenhalters einbeziehen, Bild 5.11.

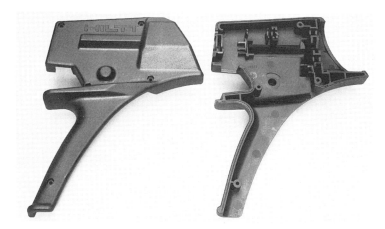

Bild 5.11: Gehäuse eines Injektionskartuschenhalters (Hilti, Nersingen/Ensinger, Nufringen)

5.4.3 Blasgeformte Rippen

Beim Blasformen ist eine Rippenversteifung nur bedingt ausführbar. Es lassen sich nur Rippen an der Innenseite des Blasformteiles durch eine spezielle Formgebung des Vorformlings realisieren. Bei Längsrippen wird die Düsengeometrie entsprechend profiliert. Durch den nachfolgenden Blasdruck verlieren sie aber ihre ursprüngliche Geometrie. Konzentrische Rippen lassen sich durch die Steuerung (Vergrößerung und Verkleinerung) des Düsenspaltes herstellen. Häufig sind Sicken oder im Gasinjektionsverfahren hergestellte Profile leichter und effizienter zu formen, Bild 5.12.

Bild 5.12: Hohlgeblasene Versteifungsrippen zur Randverstärkung eines Fernsehgehäuses (Philips/Engel, Schwertberg)

5.4.4 Blasgeformte Sicken

Im Gegensatz zur Rippenversteifung ist die Sickenversteifung beim Blasformen leichter ausführbar. Es werden Außen- und Innensicken differenziert. Außensicken lassen sich nur im Breiten/Tiefen-Verhältnis von maximal 1 herstellen, Bild 5.13. Bei größeren Tiefen wird durch das Dehnen des Vorformlings eine zu dünne Sickenwand erreicht. Bei den Innensicken ist die Wanddicke immer größer und daher kann die Sicke tiefer gestaltet werden. Um scharfe Querschnittsänderungen zu vermeiden, werden größere Rundungsradien gewählt.

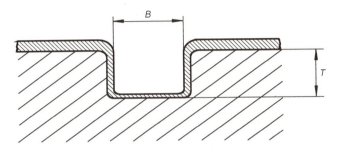

Bild 5.13: Breite und Tiefe einer Außensicke und die Wanddickenabnahme

Berücksicht man, daß die Oberflächenrauheit etwa 10mal so groß ist, wie beim Spritzgießen, lassen sich relativ vielseitige Formteile mit Integration von Funktionsbereichen (Filmgelenk, Schweißpunkt) gleich mit anformen, wie bei dem LKW-Ablagekasten zur Aufnahme von Lieferpapieren, hergestellt im Extrusionsblasverfahren, Bild 5.14.

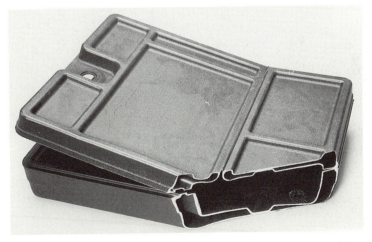

Bild 5.14: LKW-Ablagerungskasten für Lieferpapiere, hergestellt im Extrusionsblasverfahren aus PEHD (Möller Werke, Bielefeld)

5.4.5 Gepreßte Rippen

Kleinere Flächen lassen sich häufig schon durch eine geeignete Randgestaltung versteifen. Wenn der Rand allein nicht zur Versteifung ausreicht, können noch Rippen vorgesehen werden. Beim Gestalten sollte ein ausreichender Rundungsradius (mindestens 0,5 mm) vorgesehen werden, damit das Füllen der Rippe mit der Preßmasse nicht behindert wird. Außerdem sollten die Rippenflanken konisch (1°- 4°) gestaltet werden, um eine einfache Entformung zu erreichen. Sie werden bevorzugt im Preßverfahren vorgesehen. Schrumpffreie Harzmassen (Low Profile SMC) zeichnen sich dadurch aus, daß sie zu keinen Einfallstellen führen. Die Rippen können in diesem Fall dicker ausgeführt werden.

5.5 VERBUND-UND LEICHTBAUWEISEN

5.5.1 Kunststoff-Metall-Verbunde

Kunststoff-Metall-Verbunde bestehen im wesentlichen aus lokalen Anordnungen von Elementen aus der einen Materialkomponente in zusammenhängenden Strukturen aus dem anderen Werkstoff. Bei der **Outsert-Technik** (s. Kapitel 6.6) werden Kunststoffelemente als Lager, Distanzhalter, Einschraubaugen, Gleitführungen u.ä. formschlüssig in eingestanzte Aufnahmelöcher einer kontinuierlichen Blechplatine gespritzt. Bei der **Insert-Technik** (s. Kapitel 6.7) werden feste metallische Gewindebuchsen, Lagerwellen, Durchführungen usw. an verschiedenen Stellen in zusammenhängende Kunststoff-Formteile eingesetzt. Die Einsparungen zeit- und kostenintensiver Nachbearbeitungs- und Montageprozesse liegen bei Baugruppenfertigungen zwischen 30 und 75% gegenüber konventionellen Lösungen.

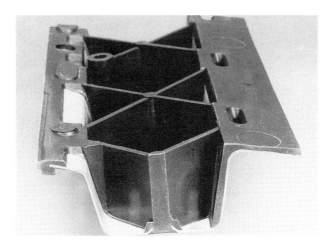

Bild 5.15: Verrippung eines offenen Stahlblechprofils mit Kunststoff (Bayer AG)

Bei **multifunktionellen Hybrid-Kunststoff-Metall-Verbunden** werden über diese speziellen Funktionen hinausgehende Synergismen dadurch angestrebt, daß beide Werkstoffgruppen zusammenhängende Funktionselemente bilden. So lassen sich rationell zu fertigende Blech-Formteile durch den zusätzlichen Einsatz von Kunststoffen in ihrer Funktion erheblich erweitern. Gebogene oder u-förmig geformte Blechprofile können durch eingespritzte Kunststoffbereiche alleine dadurch versteift und bei mechanischer Beanspruchung geometrisch stabilisiert werden, daß Kunststoffe - obwohl ihr E-Modul nur ca. 1 % desjenigen vom Stahl beträgt - die Geometriebedingungen des Ausgangszustandes durch Verrippung oder andere Profilüberbrückungen erhält und somit eine hohe Belastbarkeit gewährleistet, Bild 5.15.

Bei einem U-Profil mit Anschlußflanschen ergibt eine statische 3-Punkt-Biegebelastung eine Flankenaufweitung, die nur ein Drittel der theoretischen Festigkeit zuläßt. Bei einer Kreuzverrippung mit Kunststoffen wird die rechnerische Steifigkeit, die ein Gleichbleiben der Querschnitte annimmt, fast erreicht, Bild 5.16. Überraschenderweise ergibt der weniger steife Werkstoff PA 6-GF 20 (E=6000 N/mm²; ε_s=6%) eine höhere Gesamtsteifigkeit als der steifere PBT-GF 35 (E=16000 N/mm²; ε_s=2%), da er lokalen Deformationen wegen seiner höheren Streckdehnung ε_s besser folgt.

Vergleichbares gilt bei der Torsionsbeanspruchung, bei der das zähere PA-GF trotz seines niedrigen E-Moduls zu einer größeren Steifigkeit des Gesamtsystems führt als das steifere PBT-GF. Entscheidend erscheint die größere Verformbarkeit des zäheren Werkstoffs, die lokales Versagen und Ablösungen verhindert.

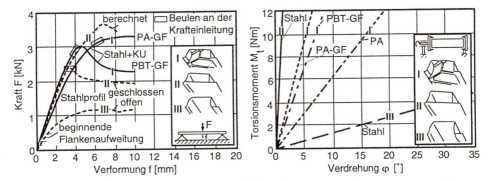

Bild 5.16: Biege- und Torsionssteifigkeit von U-Verbund-Profilen aus Stahlblech mit und ohne Kreuzverrippung aus Kunststoffen (Bayer AG)

Während der niedrige Elastizitätsmodul des eingespritzten Kunststoffs ausreicht, die Geometriestabilität des Blechprofils bei statischer Belastung deutlich zu erhöhen, macht sich im Crashfall die vergleichsweise hohe Streckdehnung der Kunststoffe um 5% insofern positiv bemerkbar, als größere rückstellbare Verformungen möglich werden. Zum anderen wird durch die hohe Bruchdehnung von über 50% die Gesamt-Energieaufnahme erheblich vergrößert. Weitere Vorteile sind die verbesserte Geräuschdämpfung, die Korrosionsbeständigkeit, stilistische und aerodynamische Gestaltungsfreiheiten, niedriges Gewicht und die Formung von Funktionselementen, wie Schnapphaken, Kabelklemmen, Lagern, Scharnieren und Schraubaufnahmen aus Kunststoff, wie sie in der Outsert-Technik in großer Vielfalt bereits durchgeführt werden. Dadurch wird es möglich, weitere Funktionselemente leicht, sicher und reparaturfreundlich zu installieren.

Die Unterschiede im Wärmeausdehnungskoeffizienten (bei unverstärkten Polymeren etwa 10mal, bei 30%-faserverstärkten etwa 3 mal größer als bei Stahlblech) und im Elastizitätsmodul führen bei Temperaturbelastungen zu unerwünschten Wärmespannungen, die besonders bei unsymmetrisch aufgebauten Strukturen sogar bei eingelegten Metallfolien als Diffusionssperren zum Verzug des Bauteils führen. Bei der Auslegung muß außerdem die ausgeprägte Zeit- und Temperaturabhängigkeit der Eigenschaften der Kunststoffkomponente berücksichtigt werden. Hierdurch wird eine Berechnung des Einsatzverhaltens derartiger Verbundstrukturen sehr erschwert.

5.5.2 Mehrkomponentenspritzguß

Der Mehrkomponentenspritzguß ermöglicht die Kombination verschiedener Kunststoffe zu einem Bauteil in einem einzigen Fertigungszyklus, z.B. Kombinationen thermoplastischer Kunststoffe mit anderen Thermoplasten, Elastomeren oder Gasen (Gasinjektionstechnik, Schäume). Zielsetzungen können sein:

- Kombination verschiedenfarbiger, auch transparenter Bereiche (Sichtfenster),

- Kombination von guter Haptik (soft-touch) mit hoher Steifigkeit,

- Kombination elektrischer Abschirmung mit guter Oberfläche (Optik),

- Integration zusätzlicher Funktionen, wie z.B. Abdichtung, Beschriftung,

- Selektiver, wirtschaftlicher Einsatz anspruchsvoller technischer Thermoplaste in thermisch oder mechanisch besonders beanspruchten Bereichen der Bauteilgeometrie,

- Materialeinsparung durch Einsatz von Rezyklaten im Nichtsichtbereich oder in der Formteilinnenschicht ohne Beeinträchtigung der Oberfläche,

- Spezielle Funktionselemente (Lager, Einsätze, Verbindungselemente, Distanzhalter) aus kompatiblen oder verstärkten Hochleistungskunststoffen.

Die wichtigsten Verfahren sind das "Sandwichmoulding" und das "Overmoulding". Beim **Sandwichmoulding** werden Formteile mit einem dreischichtigen, symmetrischen Aufbau, bestehend aus zwei außenliegenden Hautschichten (Kunststoffkomponente A) und einer zusätzlich gespritzten eingeschlossenen Kernschicht (Kunststoffkomponente B) hergestellt. Das verdrängte Hautmaterial kühlt sich beim Anlegen an die Werkzeugwand ab und schließt die Kernschicht möglichst vollständig ein. Durch das Umschalten von der ersten auf die zweite Komponente entstehen Markierungen/Kerben auf der Oberfläche.

In der Regel wird für gute Bauteileigenschaften eine gut haftende Verbindung zwischen Haut- und Kernschicht angestrebt. Verzug und Maßhaltigkeit werden durch die zeit- und temperaturabhängigen E-Moduln, Ausdehnungskoeffizienten und das Relaxationsvermögen bestimmt.

Beim **Overmoulding** werden mit homogenen Bereichen aus jeweils einer Komponente, die partiell aneinander grenzen, z.B. Rückleuchtenabdeckungen aus unterschiedlich gefärbten Kunststoffen hergestellt. Bei diesem Verfahren werden die zu kombinierenden Materialien getrennt und in der Regel über seperate Angüsse in die Kavität eingespritzt. Nach dem Vorspritzen eines Vorformlings aus der ersten Komponente wird durch spezielle Werkzeugtechniken ein zusätzlicher Bereich der Kavität freigegeben, in den die zweite Komponente eingespritzt wird. In der Regel soll die zweite Komponente an der Kontaktfläche mit der ersten verschweißen. Die Verbindung kann jedoch auch konstruktiv durch Formschluß hergestellt werden. Soll bei der Verbindung zweier Bauteile eine Gelenkfunktion angestrebt sein, wird Stoff- und Formschluß durch Paarung unverträglicher Kunststoffe, s.a. Kapitel 6.7, Bild 6.48, 6.49 und 6.50. und 6.51, vermieden.

Ein Beispiel für neue Gestaltungsmöglichkeiten im Zweikomponentenspritzguß zeigt ein PKW-Rücklicht, bei dem das Gehäuse aus ABS und die metallisierbare und damit leitfähige Halterung für das Lämpchen einschließlich der Stromzuführung aus PES, Bild 5.17. Zur Vereinfachung der Montage sind zusätzlich die Steckerkontakte aus metallisertem PES ausgeführt. Damit ist jegliche Verkabelung überflüssig. Als Vorteile sind eine Verringerung der Teilezahl und Montageschnitte, Gewichtsersparnis und Fertigung in einem Werkzeug zu sehen.

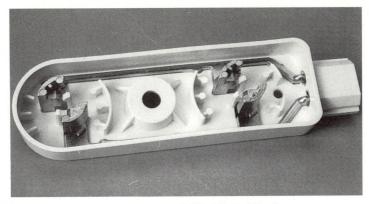

Bild 5.17: Rücklicht im Zweikomponentenspritzguß (Mitsui Pathtek/Ford)

5.5.3 Gas-Innendruck-Verfahren

Das Gas-Innendruck-Verfahren ist ein Sonderverfahren des Mehrkomponenten-Spritzgießens und dient zum Herstellen von Hohlräumen an Stellen hoher Materialkonzentration und zur Vermeidung von großen Wanddicken bei gleichzeitiger geometrisch bedingter Versteifung des Bauteils. Es beruht darauf, daß die im Inneren noch flüssige Schmelze bei gleichzeitig nur erstarrten Wandbereichen durch Inertgas ausgetrieben oder zur weiteren Füllung des Werkzeugs benutzt wird. Dadurch ergeben sich folgende Vorteile:

- Minimierung der Einfallstellen durch gleichmäßigen Gasdruck unabhängig vom Siegelpunkt des Angusses,

- Fließkraftreduzierung bei großflächigen Teilen mit Gaskanalrippen,

- Fertigungsvereinfachung,

- Gewichtsreduzierung und Kühlzeitverkürzung,

- Festigkeits- und Steifigkeitsverbesserung des Bauteils ggf. unter Vermeidung von optisch störenden Rippen.

Für verschiedene Verfahren ergeben sich einige Gestaltungsrichtlinien, die bei der konstruktiven Auslegung berücksichtigt werden sollten:

- Der Querschnitt des Hohlraums sollte nicht größer als 10 cm^2 sein, der Anguß einen Durchmesser von mindestens 2 mm haben.

- Die Gaskanäle ergeben sich an Stellen geringsten Widerstandes und müssen durch Masseanhäufungen, Fließwiderstände, große Radien mit R 0,5 und R 1,6 gesteuert werden.

Um die Gefahr des Aufschäumens zu reduzieren, ist der Anfangsdruck etwas geringer. Die Möglichkeiten sind sehr vielfältig und können bei überschaubaren Fließverhältnissen durchaus zu interessanten konstruktiven Lösungen führen, auch wenn sie den maschinellen Verarbeitungsaufwand und die Auslegung von Werkzeugen mit Simulationsverfahren sicherlich nicht vereinfachen, Bild 5.18.

Schnitt A-A   **Schnitt B-B**

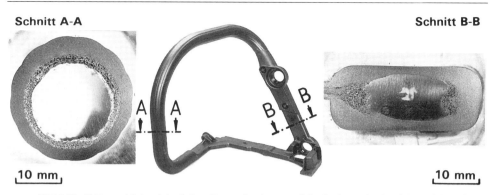

Bild 5.18: Halte- und Schutzbügel einer Kettensäge hergestellt im Gasinnendruckverfahren, PA 6 - GF30, Stickstoff (200 bar) als Druckgas (Stihl, Waiblingen)

5.5.4 Gitterleichtbauweise

Eine neue Technik ist die Gitterleichtbauweise, bei der in sehr aufwendigen Werkzeugen fast schon filigrane Gitter gespritzt werden, die zunächst als Lautsprechergitter Anwendung gefunden haben. Durch die Gitterstruktur wird der akustische Verlust auf weniger als 1,5 dbA reduziert. Die Abdeckungen sind leicht, die Gewichtsreduzierung gegenüber einem kompakten Teil beträgt bis zu 60%, sie werden jedoch häufig mit einem verstärkenden Rippenraster auf der Nicht-Sichtseite verstärkt, um die Zähigkeit und eine höhere Belastbarkeit zu gewährleisten, Bild 5.19.

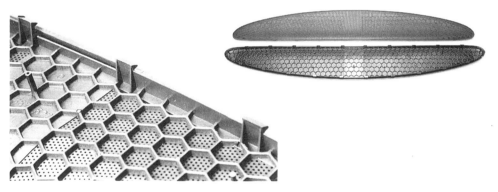

Bild 5.19: Entlüftungsgitter aus Gitterleichtbaustruktur aus POM mit verstärkendem Gitterraster (Quip Dr. Egen, Wolfhagen)

Die Fließweg-Bindenaht-Probleme schränken die Materialauswahl auf leichtfließende Kunststoffe ein, obwohl auch schon Bauteile mit Glasfaserverstärkung gefertig werden, Bild 5.20. Die Zähigkeitsnachteile dieser Kunststoffe werden konstruktiv ausgeglichen. Über optimale Steg- (> 0,3 mm) bzw. Lochgestaltungen liegen bisher jedoch wenig Erkenntnisse vor, Formfüllstudien sind wegen der extrem zahlreichen Fließwege von bis zu 30 000 Löchern bzw. Bindenähten mit den vorliegenden kommerziellen Simulationsprogrammen bisher nicht möglich.

Eine Integration von Verrippung und Gitterleichtbau zeigt ein Gehäuse für eine elektronische Werkzeugmaschinensteuerung aus PPO - GF 10, Bild 5.21.

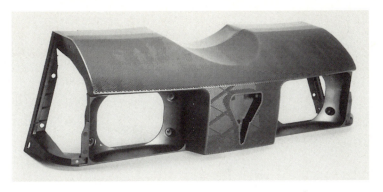

Bild 5.20: *Integration von Kompakt- und Gitterleichtbaustruktur mit 1000 cm² Lochstruktur aus PA 6 - GF 15 (Quip Dr. Egen, Wolfhagen)*

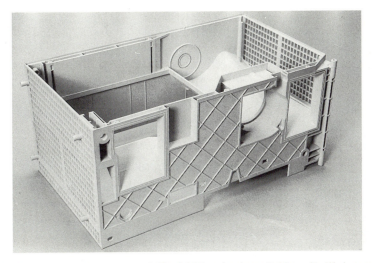

Bild 5.21: *Integration von Verrippung und Gitterleichtbau in einem Gehäuse für Werkzeugmaschinensteuerung aus PPO-GF 10 (Siemens, Erlangen)*

Literatur zu Kapitel 5:

Delpy, U.   Zur Tragfähigkeit verrippter Formteile aus glasverstärkten
                       Thermoplasten. Einfluß der Rundungsradien an Rippenkreu-
                       zungspunkten
                       Kunststoffe 74 (1984) 6, S. 341-344

Erhard, G.   Konstruieren mit Kunststoffen
                       Carl Hanser Verlag, München, 1993

Eyerer, P; Märtens, R.   Spritzgießen mit Gasinnendruck, Ein Lagebericht zum Stand
und Bürkle, E.   der Technik
                                Kunststoffe 83 (1993) 7, S. 505-517

Goldbach, H und   PKW-Tür aus Kunststoff-Stahlblech-Verbund
Koch, B.   Kunststoffe 87 (1991) 7, S. 634-637

Haack, U. und   Verstärktes und gefülltes Polypropylen - Eigenschaften,
Riecke, J.   Anforderungen und Problemlösungen in der Elektroindustrie
                                Plastverarbeiter 33 (1982) 9-12

Hauser, R. L. und   How to Strengthen and Stiffen Composite Panels
Mund, H.   Proceedings of 36th SPI-Conference, 1981, 14-D

Ishii, K.; Breiter, K.   Sink Marks in Crossed Ribs
und Hornberger, L.   ANTEC'92, S. 2434-2436

Kammerer, R.   Mechanisches Auslegen von Formteilen und Werkzeugen.
                                Wege zum optimalen Ergebnis mit FEM
                                Kunststoff 78 (1988) 10, S. 885-891

Maszewsjki, A.   Torsionsversteifungsmaßnahmen
                                Bayer AG, Anwendungstechnische Informationen ATI786,
                                1990

Malloy, R.A.   Plastic Part Design for Injection Molding
                                Carl Hanser Verlag, München, 1994

Mohr, H. und   Rippen- und sickenversteifte Kunststoffkonstruktionen
Weber, A.   Konstruktion, Elemente, Methoden (1976) 11, S. 79-84

N. N.   Maßnahmen zur Torsionsversteifung
                                Plastverarbeiter 44 (1993) 5, S. 21-23

N. N.   Bayer Kunststoffe für die Fahrzeugindustrie, Anwendung:
                                Innenraum, 1986

N. N.   Bayer-Firmenschrift: Gestalten und Konstruieren mit glasver-
                                stärkten Leguval, 1972

N. N.   Hoechst-Firmenschrift: Spritzgießen von Thermoplasten,
                                1971

N. N.   Hoechst-Firmenschrift: Hostaform-Report 105, 1994

Throne, J.L. und   Optimizing Ripped Plate Design
Progelhof, R.C.   ANTEC'92, New York, S. 2434-2436

Weber, A. und   Anisotropie als Prinzip bei der Entwicklung neuer Kunststoffe
Wilhelm, W.   und bei der Konstruktion von Bauteilen
                                Kunststoffe 79 (1989) 11, S. 1222-1227

6 Verbindungstechnik

6.1 SCHRAUBEN

Zum Verbinden von Baugruppen und Bauelementen dienen Schrauben und Einsätze. Die klassische Schraubverbindung mit Durchsteckschraube und Mutter hat allerdings bei den Kunststoffen eine vergleichsweise geringe Bedeutung, da sowohl die Schraube, wenn sie aus Kunststoff ist, wie auch die zusammengefügten Teile kriechen. Dieses kann durch verrippte Konstruktionen, großflächige Unterlegscheiben oder nach dem Formgebungsprozeß eingelegte Metallhülsen im gewissen Grad aufgefangen werden, Bild 6.1.

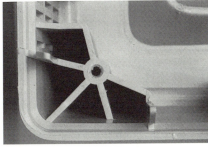 

Bild 6.1: Konstruktive Maßnahmen zur Verringerung von Kriechneigungen bei Schraubverbindungen
　　　　　oben links:　　zusätzliche Rippen (Vitra, Weil)
　　　　　oben rechts:　eingelegte Metallhülse (Mercedes Benz, Stuttgart)
　　　　　unten:　　　　großflächige Unterlegscheibe mit zusätzlichen Rippen (AEG, Nürnberg)

Wegen der vergleichsweise niedrigen Festigkeit, der Kriechneigung und thermischen Ausdehnung werden Schrauben aus Kunststoffen nur in Sonderfällen als kraftschlüssige Elemente verwendet, z.B. bei besonderen Anforderungen an Korrosionsbeständigkeit, thermischer und elektrischer Isolierung. Einen Sonderfall stellen die meist in der Hochspannungstechnik eingesetzten, spanend hergestellten Schrauben, Muttern und Gewindestangen aus GFK dar.

6.1.1 Gewindeformende Schrauben (aus Metall)

Das Verbinden von Formteilen und Bauelementen mit metallischen gewindeformenden Schrauben mit besonderen Gewindegeometrien, die in vorgeformte, zylindrische Aufnahmelöcher (Augen) eingedreht werden, ist die am weitesten verbreitete Verbindungsart bei Kunst-stoffen. Vorteil dieser Verbindung ist eine schnelle, bedingt lösbare Montage. Zudem erfolgt die Montage nach dem Formgebungsprozeß, so daß ein Einlegen von metallischen Einsätzen oder Hülsen ins Werkzeug mit der Gefahr der Verkantung beim Schließen nicht gegeben ist. Die Belastbarkeit ist absolut nicht sehr hoch, reicht aber für viele Anwendungen vollständig aus. Die Qualität einer derartigen Verbindung wird im wesentlichen bestimmt durch:

- Eigenschaften des Kunststoffs,

- Geometrie des Einschraubauges,

- Schraubengeometrie,

- Einschraubbedingungen,

- Art der Beanspruchung.

Der Vorgang des Gewindeformens ist mit einer Materialverdrängung und radialen Dehnung des Auges verbunden. Es sind daher spannungsrißunempfindliche Kunststoffe zu bevorzugen.

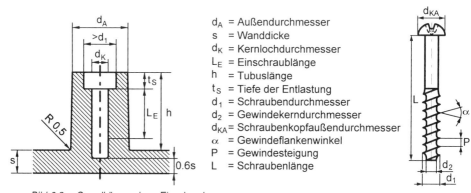

d_A = Außendurchmesser
s = Wanddicke
d_K = Kernlochdurchmesser
L_E = Einschraublänge
h = Tubuslänge
t_S = Tiefe der Entlastung
d_1 = Schraubendurchmesser
d_2 = Gewindekerndurchmesser
d_{KA} = Schraubenkopfaußendurchmesser
α = Gewindeflankenwinkel
P = Gewindesteigung
L = Schraubenlänge

Bild 6.2: Grundkörper eines Einschraubauges

Auf Bild 6.2 ist der Grundkörper eines Einschraubauges dargestellt. Kennzeichnend ist der Außen- und der Kernlochdurchmesser sowie die Einschraublänge. Da die obere Auflageflä-che durch das Anpressen des Montageteils zusätzlich zur Radialexpansion durch die Schrau-be beansprucht wird, sollte am oberen Ende eine Kernlocherweiterung als Entlastung angebracht werden. Abweichend vom Tragverhalten bei metallischen Schraube-Mutter-Verbindungen mit gleichem E-Modul findet über die Schraubenlänge eine gleichmäßige Kraftübertragung zwischen der metallischen Schraube und dem umgebenden Kunststoff statt. Die Auszugsfestigkeit ist daher der Einschraublänge direkt proportional. Die Außenform der Einschraubaugen ist im allgemeinen zylindrisch, ggf. mit Anschlußrippen. Bei den Kernlöchern überwiegen eindeutig runde Löcher. Vier- und dreieckige haben den Vorteil niedrigerer Ein-drehmomente und den Nachteil einer permanenten Zug-Kerbspannung in den Ecken sowie geringerer Auszugsfestigkeit. Zwischen Kernlöchern mit quadratischem und rechteckigem Querschnitt besteht nur ein geringer Unterschied. Die wichtigsten Abmessungen runder Löcher lassen sich zuverlässig berechnen.

Das wichtigste Kennzeichen der mehr oder weniger spitz zulaufenden Schrauben ist die Flankengeometrie. Je kleiner der Flankenwinkel ist, um so geringer ist das beim Gewindefor-men zu verdrängende Werkstoffvolumen. Flankenwinkel von 30° haben sich bei normalen

Kunststoffen als günstig erwiesen. Größere Flankenwinkel um 60° führen zu einer stärkeren radialen Presswirkung, wodurch die Selbsthemmung der Schraube besonders in weichen Kunststoffen erhöht wird. Der Gewindesteigungswinkel sollte max. 8° betragen. Den vielfältigen Forderungen wird am ehesten eine Schraube (Plastoform) mit variablem, gerundeten Flankenwinkel gerecht, die zusätzlich den Vorteil hat, den umgeformten, zu verdrängenden Kunststoff sauberer abgleiten lassen zu können, Bild 6.3 oben mitte. Bild 6.3 zeigt einige typische Gewindeformen.

Schrauben mit Schneidkanten bringen i.a. nicht den erwarteten Vorteil eines sauberen Gewindeschnittes, da sich die Schneidkanten beim Eindrehen leicht zusetzen. Zudem sind die Auszugskräfte etwas geringer. Bei spröden Kunststoffen kann der Gewindeschnitt ein Vorteil sein. Nachteilig wirkt er sich bei der vom VDE (Richtlinie VDE 0720) geforderten 10fachen Wiederholbarkeit der Montage aus, da es schwer ist, jedesmal den vorgeschnittenen Gang zu treffen. Asymmetrische Gewindeformen können vorteilhaft sein, wenn besondere Festigkeitsbedingungen im Auge vorliegen. Bei einem flachen Gewindeeingriffswinkel in Auszugsrichtung ist bei permanenter Zugbeanspruchung die radiale Kraftkomponente, die z.B. zu Spannungsrissen führen kann, geringer. Umgekehrt können bei Augen mit hoher Umfangsfestigkeit, z.B. durch eine Faserverstärkung, durch einen größeren oberen Flankenwinkel Spannungen in die Umfangsrichtung des Auges abgetragen werden und somit zu einer höheren Gesamtauszugsfestigkeit führen.

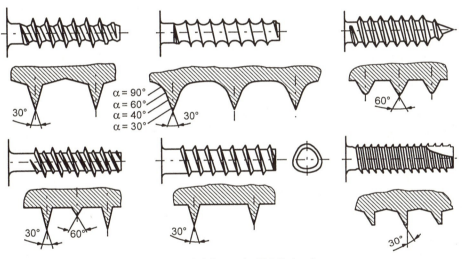

Bild 6.3:   Einige typische Beispiele gewindeformender Metallschrauben

BERECHNUNG VON SCHRAUBVERBINDUNGEN

Die Gestaltung des Einschraubauges wird durch die wichtigsten Versagensfälle bestimmt:

- Abriß des Auges,
- Auszug der Schraube durch Schubversagen entlang der Schraubenumhüllenden,
- zu hohe Umfangsdehnung durch die gewindeformende Schraube,
- Schraubenbruch (Kopf).

Um den Abriß des Auges zu vermeiden, ist eine Mindestwanddicke erforderlich, Bild 6.4. Diese errechnet sich aus dem Kernloch (d_K)- und dem Außen (d_A)-Durchmesser und der Material-Zugfestigkeit σ_{zB}. Zudem muß die Schraube eine genügend große Einschraublänge (L_E) haben, damit sie an ihrem Außendurchmesser (d_1) nicht abgeschert wird. Der Kernlochdurchmesser muß eine genügend große Überdeckung zwischen Werkstoff und Schraubenkflanke gewährleisten, sonst fällt die Auszugskraft schnell ab, Bild 6.5. Die theoretische Auszugskraft ergibt sich aus dieser Überdeckung, die höhere reale Auszugskraft durch die zusätzliche radiale Kraftabtragung des schrägen Gewindeganges.

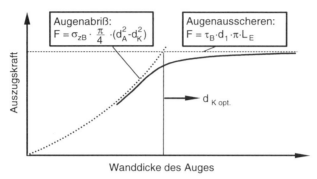

Bild 6.4:   Optimaler Kerndurchmesser ab einer bestimmten Augenwanddicke

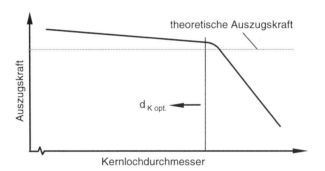

Bild 6.5:   Auszugskraft in Abhängigkeit vom Kernlochdurchmesser

Der Kernlochdurchmesser soll außerdem ein leichtes Eindrehen bei hoher Überdrehsicherheit gewährleisten, damit der Arbeitsbereich der Schraube möglichst groß ist, Bild 6.6. Zu große Einschraubtiefen können zum Schraubenbruch durch Abdrehen führen.

Aufgrund umfangreicher Untersuchungen ergeben sich folgende Dimensionierungsvorschläge:

Einschraublänge L_E : $$L_E \geq 2 \cdot d_1$$

mit: d_1 =   Außen(Nenn-)durchmesser der Schraube.

Kernlochdurchmesser d_k: $$d_k = (0{,}85 \div 0{,}95) \cdot d_1$$

Der kleinere Wert gilt für kleine Schrauben (d_1 < 4 mm) sowie für duktile Kunststoffe, der größere für spröde Kunststoffe.

Entlastungsbohrungstiefe t_s: $t_s \approx 0{,}4 \cdot d_1$

Augen-Außendurchmesser d_A: $d_A \geq 2 \cdot d_1$

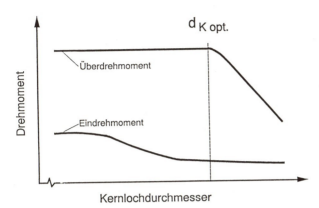

Bild 6.6: Optimaler Kernlochdurchmesser bei maximalen Abstand zwischen Eindreh- und Überdrehmoment

Über diese vereinfachte Modellvorstellung hinaus kann der Außendurchmesser des Einschraubauges durch Berücksichtigung des verdrängten Volumens und damit der besonderen geometrischen Form der Schraube genauer ausgelegt werden. Durch die Vorgabe zulässiger Umfangsdehnwerte in Höhe von $\varepsilon_{\varphi zul} = 0{,}3 \div 0{,}6$ % in Abhängigkeit von der Duktilität und Spannungsrißanfälligkeit des Kunststoffs ergibt sich folgender minimal erforderlicher Außendurchmesser d_A:

$$d_A \geq \sqrt{\frac{4}{\sqrt{3}} \cdot d_1 \cdot L_E + d_k^2}$$

oder genauer den verschiedenen Flankenwinkeln angepaßt:

$$d_A \geq \sqrt{\frac{1}{3}\left[\frac{8 \cdot d_k\left(r_E - \dfrac{d_k}{2}\right)}{\varepsilon_{\varphi zul}} - d_k^2\right]}$$

Der **Radius des Ersatzzylinders** r_E beträgt:

$$r_E = \sqrt{\frac{V_{verdr}}{\pi \cdot L_E} + \frac{d_k^2}{4}}$$

$V_{verdr.}$ ist das durch die gewindeformende Flanke verdrängte Volumen:

$$V_{verdr.} = 0{,}25 \cdot \frac{L_E}{P} \cdot (d_1 - d_k)^2 \cdot \tan\frac{\beta}{2} \cdot \sqrt{\left[\left(\frac{2 \cdot d_K + d_1}{3}\right) \cdot \pi\right]^2 + P^2}$$

mit: β = Gewindeflankenwinkel
        P = Gewindesteigung

Der **Schraubenaußendurchmesser** d_1 läßt sich aus der Betriebskraft F_{vorh}, der Streckspannung des Kunststoffs σ_s, dem Sicherheitsfaktor S und den Werkstoffabminderungsfaktoren A ermitteln:

$$d_1 \geq \frac{F_{vorh} \cdot \sqrt{3} \cdot S \cdot A}{\sigma_S \cdot L_E \cdot \pi}$$

Damit kann die **Ausreißkraft** F_A abgeschätzt werden:

$$F_A = \frac{\sigma_S}{\sqrt{3}} \cdot d_1 \cdot L_E \cdot \pi$$

Die Berechnung der **Vorspannkraft** F_V ist aufwendig. Allgemein gilt für eine sehr hoch vorgespannte Verbindung (mit großem Anzugsmoment angezogen), daß zunächst ein steiler und rascher Spannungsabfall in den Anfangsstunden einsetzt, der sich dann zunehmend verringert, aber auch über Jahre fortsetzen kann. Demnach sollten bei Thermoplasten die Anzugsmomente eher niedrig angesetzt werden. Günstig ist eine große Flankenüberdeckung und Einschraubtiefe sowie ein Nachziehen der Schraube etwa nach einer Stunde.

Die maximale Vorspannkraft beim Anziehen kann aus den verschiedenen Momenten bei der Montage und der Auszugskraft näherungsweise berechnet werden:

$$F_V = \frac{4 \cdot F_A \cdot K \, (M_{\ddot{U}} - M_E)}{4 \, (M_{\ddot{U}} - M_E) + F_A \cdot \mu_A \cdot (d_{KA} + d_L)}$$

mit:
$M_{\ddot{U}}$ = Überdrehmoment K = Genauigkeitsfaktor der Einschraubgeräte (K = 0,2...0,5)
M_E = Eindrehmoment d_L = Durchmesser des Durchgangsloches
μ_A = Kopfauflagereibungszahl d_{KA} = Kopfaußendurchmesser

Je geringer der Streubereich der Einschraubgeräte (Praxis: $\pm$ 3 % bis $\pm$ 20 %), umso kleiner kann der Faktor K angenommen werden.

MONTAGE

Bei der Montage der Schraube ist zu unterscheiden zwischen dem **Gewindeformmoment** M_{Form}, das wegen des jeweils neuzuformenden Gewindeabschnittes immer konstant bleibt, und dem **Gewindereibmoment** M_{reib}, das mit zunehmender Einschraubtiefe zunimmmt. Beide zusammen ergeben das **Eindrehmoment** M_E. Wird die Schraube vollständig eingedreht, ergibt sich beim Überdrehen das **Überdrehmoment** $M_{\ddot{u}}$, das je nach Art der Auflagerung des Schraubenkopfes das **Kopfreibmoment** M_{KR} enthält, Bild 6.7. Für die Montagesicherheit ist ein möglichst großer Abstand zwischen Eindreh- und Überdrehmoment sinnvoll. Um eine ausreichende Sicherheit bei den möglichen Schwankungen der Einschraubgeräte zu haben, wird empfohlen, das maximale **Montageanzugsmoment** M_A auf den Mittelwert zwischen Überdreh- und Eindrehmoment zu beschränken.

$$M_{A \, zul} = M_E + \frac{M_{\ddot{u}} - M_E}{2}$$

Es liegen umfangreiche Vorschläge für die Berechnung des Eindreh- und Überdrehmomentes sowie der Vorspannkraft vor. Diese gehen von konstanten Fertigungsbedingungen aus. Es ist jedoch zu berücksichtigen, daß übliche Schrauber mit unterschiedlich stark abfallender Drehzahl arbeiten bzw. Abschaltungenauigkeiten besitzen und je nach verwendetem Kunststoff, Montagebedingungen und geometrischer Auslegung unterschiedliche Temperaturen während des Montagevorganges auftreten, die bei Thermoplasten bis zum Aufschmelzen führen können.

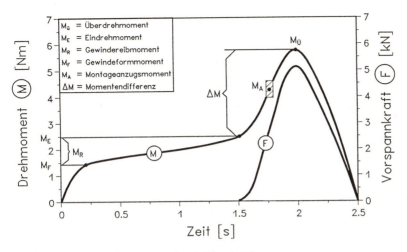

Bild 6.7: Momente und Vorspannkraft beim Einschrauben

Eindreh-, Überdreh- und Kopfreibmoment können näherungsweise berechnet werden:

Eindrehmoment M_E:

$$M_E = \frac{\sigma_S \, (d_1 - d_K)}{\sqrt{3}} \; [\; (\; \tan\frac{\beta}{2} + \sqrt{1 + \tan^2\frac{\beta}{2}} \;) \cdot \sqrt{(\frac{d_1 + 2\,d_K}{3}\,\pi \;)^2 + P^2}$$

$$\cdot (\frac{d_1 + 2\,d_k}{6}) + \frac{(1 + \alpha)\,\mu\,L_E\,(d_1 - d_K)}{4 \cdot P \cdot \cos\frac{\beta}{2}} \cdot \sqrt{[(\frac{d_1 + d_K}{2}\,\pi \;)^2 + P^2 \;]}$$

Überdrehmoment $M_\ddot{U}$:

$$M_{\ddot{U}} = \frac{\sigma_S \cdot \pi \cdot d_1^{\,2} \cdot L_E \cdot (P + \pi \cdot \mu \cdot d_1)}{2 \cdot \sqrt{3} \cdot (\pi \cdot d_1 - \mu \cdot P)}$$

Kopfreibmoment M_{KR}: $$M_{KR} = \mu_A \cdot F_V \cdot \frac{(d_{KA} + d_L)}{4}$$

Ein weiteres Problem ist die Auslegung der Schraubentoleranzen nach Plus- und Minus-Toleranzen. Minus-Toleranzen führen zu geringeren mittleren Auszugs- und Eindrehmomenten, aber zu größerer Sicherheit gegenüber Auslegefehlern. Die Erfahrung zeigt, daß vor allem unzureichend ausgelegte Augengeometrien und die Verwendung nicht passender Schrauben zu Schäden führen. Diese sind häufig gravierend, da durch Versagen auch nur eines Aufnahmeauges die ganze Konstruktion ausfallen kann.

Die Reibung zwischen Schraube und Kunststoff kann durch Schmierung der Schraube mit Ethylenglycoldistearat oder Silikonöl um 50% herabgesetzt werden. Das kann langfristig vorab aufgetragen werden.

6.1.2 Schrauben aus Kunststoffen

Schrauben aus Kunststoffen werden entsprechend den genormten, metrischen Stahlschrauben ausgeführt. Die hierbei vorgegebene Gewindegeometrie bedingt eine nicht optimale Ausnutzung des Festigkeitspotentials der verwendeten Kunststoffe.

Entsprechend den unterschiedlichen Kunststoffen weisen Verschraubungen große Unterschiede in den Festigkeits- und Verformungseigenschaften auf. Schrauben aus Kunststoff werden überwiegend dort eingesetzt, wo die hohen Anforderungen, wie elektrische Isolation, dielektrische oder antimagnetische Eigenschaften, Korrosionsbeständigkeit, Gleit- und Dämpfungseigenschaften usw., von den metallischen Schrauben nicht erfüllt werden. Festigkeitseigenschaften spielen dabei meist eine untergeordnete Rolle, werden jedoch bei bestimmten Anwendungen, z.B. in der Starkstromtechnik, von "hochfesten" GFK-Schrauben gefordert.

SCHRAUBEN UND GEWINDESTANGEN AUS GFK

GFK-Verbindungselemente werden in technischen Bereichen eingesetzt, wo erhöhte Anforderungen an chemische, thermische und elektrische Eigenschaften bestehen, die von Thermoplastverbindungselementen aufgrund zu geringer Festigkeit nicht erfüllt werden. Gängige Größen liegen zwischen M10 und M24, Tab. 6.1. Die Montage erfolgt überwiegend im Durchsteckverfahren mit Verwendung einer Gewindestange und zwei Muttern. Ausgangsprodukt für hochfeste GFK-Gewindebolzen und Muttern sind Preßlaminate meist aus Epoxidharz mit bidirektionalen Gewebeverstärkungen (E- oder ECR-Glasfasern, senkrecht und parallel zur Gewindeachse, 65 ÷ 75 Gew.-% Fasern) oder mit einer Mischverstärkung aus Wirrfasermatte (ca. 28 Gew.-%) und Roving (ca. 42 Gew.-%). Die Gewinde werden mit Diamantprofilscheiben geschliffen. Das normale metrische Normgewinde besitzt im Vergleich zum Trapez- oder Sägegewinde Festigkeitsvorteile. Probleme der Abscherfestigkeit ergeben sich bei fehlenden radialen Verstärkungsfasern.

Nenn-∅	Bolzen			Muttern (Mattenlaminat)	
	Mattenlaminat	Gewebelaminat (Hgw 2373.4)	Mischlamiant (Matte/Roving)	‖ [1]	⊥ [2]
	[kN]	[kN]	[kN]	[kN]	[kN]
M10	10	18	20	17	35
M12	16	25	29	25	50
M16	25	42	55	45	90
M20	37	69	86	65	130
M24	50	90	123	90	180

[1] Gewindeachse parallel zur Schichtebene
[2] Gewindeachse senkrecht zur Schichtebene

Tabelle 6.1: Bruchlast von GFK-Gewinde-Bolzen und -Muttern mit metrischem Gewinde

Die möglichen Versagensarten bei GFK-Gewindeverbindungen sind:

- Bruch der Schraubenbolzen,

- Abstreifen des Schraubengewindes,

- Abstreifen des Muttergewindes.

Hierbei ist die Höhe des Mutterngewindes von entscheidender Bedeutung, Bild 6.8. Die hohe Gewindefestigkeit des Gewebelaminats führt zu einer unteren kritischen Mutternhöhe h von ca. 1,5 x d. Bei größeren Mutternhöhen treten ausschließlich Schraubenbolzenbrüche auf. Gewindeverbindungen aus einem Mischlaminat Matte-Roving besitzen bei einer Mutternhöhe von h < 1,5 x d eine vergleichsweise geringere Festigkeit, jedoch läßt sich infolge der hohen Längsfestigkeit des Bolzens die Bruchkraft durch größere Mutternhöhen erheblich steigern. Die kritische Mutternhöhe, ab der ausschließlich Bolzenbruch auftritt, liegt etwa bei h = 3 x d. Bezogen auf den Kernquerschnitt A_k lassen sich bei Gewinden M16 mit einer Mutternhöhe von h = 2 x d die in Bild 6.8 angegebenen Bruchspannungen erreichen. Die Schädigungs-grenze σ_{kn} im Zugversuch bei GFK-Verbindungselementen ist durch die Zerstörung des Verbundes zwischen Harz und kaum tragenden, quer zur Beanspruchung liegenden Fasern gegeben. Ein Vergleich zwischen Gewindeverbindungen M16 (h = 2 x d) aus GFK und korrosionsfesten metallischen Werkstoffen zeigt, daß GFK-Gewindeverbindungen den metallischen hinsichtlich der Festigkeit durchaus gleichwertig sein können, Tab 6.2. Die reine Bruchfestigkeit von GFK ist ein Mehrfaches höher.

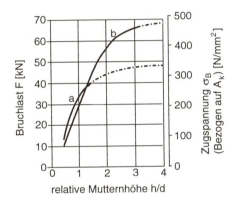

Bild 6.8:   Bruchlast in Abhängigkeit von der relativen Mutternhöhe h/d bei GFK-Gewindeverbindungen
            M16 (A_k = 144 mm²); durchgezogene Linie: Gewindeabscherung; gestrichelte Linie: Bolzenbruch
            a: Gewebelaminat, σ_B = 290 N/mm²
            b: Matte-Roving-Laminat, σ_B = 380 N/mm²
            A_k: Bolzenkernquerschnitt

Bolzen- und Mutternmaterial	σ_{kn} [N/mm²]	$\sigma_{0,2}$ [N/mm²]
Gewebelaminat	111	-
Matte-Roving-Laminat	257	-
X 10 CrNiTi 18 9	-	205
Nicrofer 4221	-	241

Tabelle 6.2:   Erstschädigungsgrenze (σ_{Knie}) von GFK-Gewindeverbindungen (Nenngröße M 16, Mutternhö-
               he 2 x d) und 0,2%-Grenze von korrosionsfesten metallischen Werkstoffen

Das hohe Festigkeitspotential von GFK-Schrauben kann jedoch nur dann ausgenutzt werden, wenn während des Anziehvorganges eine entsprechend hohe Vorspannkraft F_V in den Gewindestab eingebracht wird. Das Anziehdrehmoment M_A setzt sich dabei aus dem Anteil der Gewindesteigung M_s, dem Reibungsanteil im Gewinde M_G und dem Reibungsanteil an der

Mutternauflage M_K zusammen: $M_A = M_s + M_G + M_K$

mit:

$$M_s = F_v \cdot 0{,}16 \cdot P$$

$$M_G = F_v \cdot 0{,}58 \cdot d_2 \cdot \mu_G$$

$$M_K = F_v \cdot r_A \cdot \mu_A$$

mit: P = Steigung r_A = Radius der Mutternauflage
      d_2 = Gewindeflankendurchmesser μ_A = Reibungszahl an der Mutternauflage
      μ_G = Reibungszahl im Gewinde

Der Zusammenhang zwischen Anzugsmoment und Vorspannkraft beträgt:

$$M_A = F_v (0{,}16 \cdot P + 0{,}58 \cdot d_2 \cdot \mu_G + r_A \cdot \mu_A)$$

Bedingt durch die spanende Herstellung der Gewindeprofile treten auf den Gewindeflanken freiliegende Glasfasern auf. Dadurch ergibt sich bei trockener Oberfläche eine Gewindereibungszahl von $\mu_G \approx 0{,}6$. Diese hohe Reibungszahl kann ein frühzeitiges Torsionsversagen im Gewindestab bewirken, ohne daß die ertragbare Vorspannkraft ausgenutzt wird, Bild 6.9.

$$F_{A\,max} = \frac{M_{tB}}{(0{,}16 \cdot 0{,}58 \cdot d_2 \cdot \mu_G)}$$

mit: M_{tB} = Torsionsbruchmoment

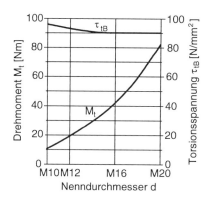

Bild 6.9: Torsions-Drehmoment M_t und Torsionsspannung τ_{tB} in Abhängigkeit von der Gewindegröße, freie Torsionslänge $l = 15 \cdot d$

Bei ungeschmierten Laminaten beträgt die erreichbare Vorspannkraft deshalb häufig weniger als 15 % der Zugbruchlast. Durch einseitige Beschichtung der Mutter mit PTFE bzw. Schmierung kann die Reibungszahl reduziert werden.

Die Tragfähigkeit kann zusätzlich durch die Aufweitung der Mutter und der damit einhergehenden Verschiebung des Lastangriffes herabgesetzt werden. Wegen der E-Modul-Ähnlichkeit von Bolzen und Schrauben liegen in den ersten Gewindegängen die höchsten Belastungen vor, Bild 6.10. Das zusätzliche Verstärken der Muttern durch eine Umfangswicklung mit Rovings kann die tangentiale Festigkeit erhöhen.

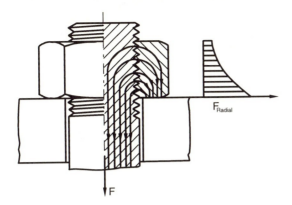

Bild 6.10: Kraftfluß und Radiallastverteilung in einer Schraube-Mutter-Verbindung aus FVK

THERMOPLASTSCHRAUBEN

Einen Überblick über Schrauben aus Thermoplasten enthält die VDI-Richtlinie 2544. Thermo-plastschrauben und -muttern (M 2,3 bis M 16) werden vorwiegend im Spritzgußverfahren hergestellt, Schrauben zusätzlich spanend oder durch Gewinderollen, überwiegend aus POM und PA mit und ohne Glasfaserverstärkung. Spanend hergestellte Schrauben haben eine ca. 40 % höhere Festigkeit als gespritzte.

Kaltgeformte Schrauben können wegen der Materialrelaxation kaum mit engen Toleranzen hergestellt werden. Eine steigende Umgebungstemperatur erniedrigt besonders bei unver-stärkten Thermoplastschrauben die Tragfähigkeit, Bild 6.11.

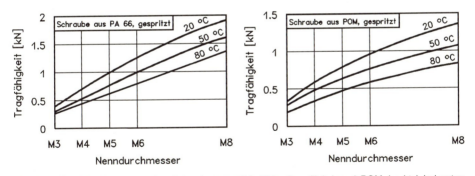

Bild 6.11: Tragfähigkeit gespritzter Schrauben aus PA 66 trocken (links) und POM (rechts) bei unter-schiedlicher Temperatur

Montagevorspannkräfte relaxieren innerhalb eines Tages je nach Schraubengröße auf bis zu 50 % des ursprünglichen Wertes. Durch Erhöhung der Temperatur oder Feuchtigkeitsauf-nahme wird dieser Effekt noch verstärkt. Bild 6.12 zeigt den Klemmkraftverlust unterschied-licher Schrauben in den ersten Minuten.

Bei metrischen Gewinden ergibt sich bei genormter Mutternhöhe von m = 0,8 · d ein frühzei-tiges Versagen durch Abscheren der Mutter- oder Schraubengewindegänge.

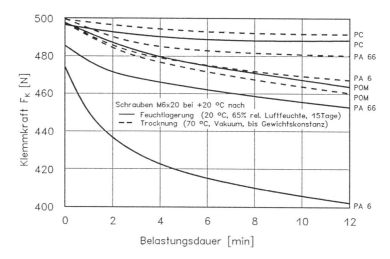

Bild 6.12: Zeitlicher Klemmkraftverlauf von Schraubverbindungen aus PA 6, PA 66, PC und POM bei unterschiedlichen Bedingungen

In der Praxis haben sich Mutterhöhen bewährt:

PA 6, PA 66	m = (1,0 ÷ 1,2) · d	PE	m = (1,8 ÷ 2,0) · d
PA-GF	m = (0,8 ÷ 1,0) · d	PP	m = (1,6 ÷ 1,8) · d
POM	m = (0,8 ÷ 1,0) · d		

Für Schrauben aus Kunststoffen kann angenommen werden, daß alle im Eingriff befindlichen Gewindegänge z gleichmäßig tragen. Infolge einer Axialkraft F beträgt die resultierende Scherspannung τ_G beim Abscheren der Gewindegänge mit der Steigung P:

$$\tau_G = \frac{F}{\pi \cdot z \cdot P \cdot d_k}$$

Die Scherfestigkeit des Gewindes kann also durch Vergrößerung der Zahl der Gewindegänge gesteigert werden. Sind genügend Gewindegänge im Eingriff, ist die Verbindung gegen Normalspannungsbruch im Schraubenkernquerschnitt zu dimensionieren. Aus der Normalspannung σ_q durch Axialkraft und dem Torsionsmoment τ_q beim Anziehen läßt sich eine Vergleichsspannung σ_{vq} berechnen:

$$\sigma_{vq} = \sqrt{\sigma_q^2 + 3 \cdot \tau_q^2}$$

mit: $$\sigma_q = \frac{4 \cdot F}{\pi \cdot d_k^2}$$ und: $$\tau_q = \frac{16 \cdot M_d}{\pi \cdot d_k^3}$$

Das Torsionsmoment M_d ist das um das Reibmoment an der Kopfauflage verminderte Anzugsmoment:

$$M_d = F \cdot \frac{d_m}{2} \cdot k$$

mit:

$$k = \frac{\dfrac{h}{\pi \cdot d_1} + 1{,}16 \cdot \mu}{1 - 1{,}16 \cdot \mu \, \dfrac{h}{\pi \cdot d_1}}$$

mit:

d_m	=	mittlerer Gewindedurchmesser		h	=	Mutternhöhe
μ_A	=	Reibungszahl der Kopfauflage		d_1	=	Gewindenenndurchmesser
μ	=	Reibungszahl am Gewinde ($\approx 0{,}35$)(s. Kapitel 7.1.1)				

Das zum Erreichen einer Schraubenkraft F notwendige Drehmoment setzt sich dementsprechend aus einem Anteil zum Überwinden der Gewindesteigung und einem Anteil zum Überwinden der Reibung zusammen:

$$M_A = F \cdot \frac{d_m}{2} \cdot (k + 1{,}3 \cdot \mu_A)$$

Das maximal zulässige Anzugsmoment $M_{A\,zul}$ beträgt unter Berücksichtigung der zulässigen Vergleichsspannung $\sigma_{vq\,zul}$:

$$M_{A\,zul} = \sigma_{vq\,zul} \cdot \frac{\pi \cdot d_k^2 \cdot d_m}{8} \cdot \frac{k + 1{,}3 \cdot \mu_A}{\sqrt{1 + 12 \left(k \cdot \dfrac{d_m}{d_k} \right)^2}}$$

Die hiermit erreichbare Schraubenkraft F beträgt:

$$F_{zul} = \sigma_{vq\,zul} \cdot \frac{\pi \cdot d_k^2}{8} \cdot \frac{1}{\sqrt{1 + 12 \left(k \cdot \dfrac{d_m}{d_k} \right)^2}}$$

Direkt nach Aufbringung der Schraubenkraft ergibt sich eine resultierende Dehnung ε der Schraube von:

$$\varepsilon = \frac{4 \cdot F}{\pi \cdot E \cdot d_k^2}$$

Kompliziert wird die Berechnung bei gleichzeitigem Kriechen der zu verbindenden Teile.

Literatur zu Kapitel 6.1:

Bauer, C. O.	Kunststoff- oder Stahlschrauben Maschinenmarkt, 100 (1971) und 20 (1972)
Ehrenstein, G. W. und Mohr, H.	Gewindeformende Schrauben für Kunststoffteile Verbindungstechnik 10 (1978) 11, S. 13
Ehrenstein, G. W. und Onasch, J.	Berechnungsmöglichkeit für das Verschrauben von Teilen aus Kunststoffen Kunststoffe 72 (1982) 11, S. 720
Fuchs, H.	Aufbau und Eigenschaften von Schraubverbindungen aus GFK - Preßlaminaten Kunststoffe 64 (1974) 12, S. 690

Großberndt, H. und Ocieplea, K.	Selbstformende Schrauben für Thermoplaste - Gewindeprofile und Auslegung der Einschraubtuben Kunststoffe 69 (1979) 6, S. 344 f
N. N.	BASF-Kunststoffe: Konstruieren mit thermoplastischen Kunststoffen, Teil 2 - Schraubverbindungen, B 600 d (1990)
Onasch, J.	Zum Verschrauben von Bauteilen aus Polymerwerkstoffen mit gewindeformenden Metallschrauben Diss. Universität Kassel (Gh), 1982
Rudolf, H.	Schraubtechnik Verlag Moderne Industrie, Landsberg, 1992
Seidel, E.	Hochfeste GKF-Gewindeverbindungen Kunststoffe 79 (1989) 2, S. 167 f.

6.2 GEWINDEEINSÄTZE

In angeformte Einschraubnocken oder direkt in die Wandung des Bauteils eingesetzte Gewindeeinsätze (Inserts) werden bevorzugt dort eingesetzt, wo die Verbindung z. B. aus Wartungs- oder Reparaturgründen häufig gelöst und remontiert werden muß. Im Gegensatz zu den Direktverschraubungen überträgt der mit einem metrischen Innengewinde ausgestattete Gewindeeinsatz lediglich die entstehenden Montage- und Betriebsbelastungen von der Schraube in den umgehenden Werkstoff.

Es werden zwei Einbauverfahren unterschieden:

- **Mould-in-Technik**, Gewindeeinsätze werden vor der Bauteilherstellung (z. B. Spritzguß, Pressen) in die Form eingelegt und vom Kunststoff eingebettet,

- **After-Moulding-Technik**, Gewindeeinsätze werden nachträglich in das fertige Bauteil eingesetzt.

Gewindeeinsätze sind überwiegend aus Messing oder Stahl, vereinzelt aus Aluminium und recyclingfreundlicheren verstärkten Kunststoffen. Das Verwenden von Gewindeeinsätzen ist im Vergleich zur Direktverschraubung teurer, die übertragbaren Kräfte sind bei gleichem Gewindenenndurchmesser aufgrund der größeren Einsatzmantelfläche aber deutlich höher.

UMSPRITZTE GEWINDEEINSÄTZE (MOULD-IN-TECHNIK)

Das Umspritzen oder Umfließen von Gewindeeinsätzen im Spritzguß- oder Fließpreßwerkzeug erfordert ein genaues Positionieren der Einsätze vor dem Schließen des Werkzeugs. Dies geschieht entweder manuell oder durch automatische Positionierungseinrichtungen. Hierdurch ergeben sich verlängerte und z. T. ungleichmäßige Zykluszeiten, zusätzlich besteht die Gefahr des Verkantens im Werkzeug und des Herausfallens. Zur Vermeidung von Eigenspannungen im Kunststoff werden sie vor dem Umspritzen erwärmt.

Umspritzte Einsätze sind überwiegend einseitig geschlossen, bei offenen Einsätzen mit Durchgangsbohrung müssen diese mit Kernstiften abgedichtet werden. Die Profilierung der Außenkontur ermöglicht einen Formschluß zwischen Gewindeeinsatz und Kunststoff. Scharfe Kanten oder schroffe Übergänge können Kerbspannungen verursachen.

Umspritzbare Gewindeeinsätze sind z. T. nach DIN 16903 genormt. Für die Verankerungsfestigkeit relevante Abmessungen sind die Nutbreite b, die Nuttiefe t, bei runden Inserts der Außendurchmesser d bzw. bei Sechskanteinsätzen die Schlüsselweite s, die Gesamthöhe h sowie die Tiefenlage der Nutscherkante l, Bild 6.13. Runde Inserts besitzen meist eine Axial-Rändelung.

Bild 6.13: Geometrie umspritzbarer Gewindeeinsätze (M6)

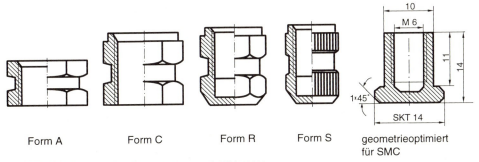

Form A   Form C   Form R   Form S   geometrieoptimiert
                                                                        für SMC

Bild 6.14: Umspritzbare Normeinsätze nach DIN 16903

Sechskanteinsätze (DIN 16903, Form R oder Form P) sollten zur Erhöhung des Überdrehmomentes eine Kantenverrundung mit R = 0,5 mm besitzen, gleichzeitig wird dadurch die Spannungsrißanfälligkeit vermindert, Bild 6.14. Für faserverstärkte Fließpreßwerkstoffe, wie SMC und GMT, wurde durch Weglassen des oberen Sechskants die Schernut bis zur Oberkante des Inserts vergrößert und die Auszugkraft bei gleichen äußeren Abmessungen annähernd verdoppelt.

AFTER-MOULDING-INSERTS

Bei der After-Moulding-Technik werden nicht genormte Gewindeeinsätze nach Herstellung des Bauteils in einem zusätzlichen Arbeitsgang verankert durch:

- nachträgliches Einbetten mit Hilfe von Wärme und Druck,

- Einbetten mit Ultraschall,

- mechanisches Eindrehen mit selbstschneidendem oder -formendem Außengewinde,

- Kalteinpressen mit anschließendem Aufweiten durch Eindrehen der Schraube.

Gegenüber den umspritzten Inserts der Mould-in-Technik bestehen folgende **Vorteile**:

- Reduzierung der Zykluszeit (kein Einlegevorgang),

- keine Beschädigung des Werkzeugs durch Herausfallen beim Schließen,

- Vermeiden von Spannungsrißbildung durch unkontrollierte thermische Schrumpfung um das kalte Metallteil sowie von Kaltfließnähten,

- Kein Nachschneiden der Innengewinde beim Zusetzen durch Kunststoff,

und **Nachteile** :

- zusätzliche Einsetzwerkzeuge oder automatische Zuführung,

- zusätzlicher Arbeitsgang zum Einbringen des Einsatzes,

- zusätzlicher Transportaufwand.

Zur Aufnahme der Gewindeeinsätze müssen runde oder kegelige Aufnahmebohrungen direkt durch Kernlochstifte während der Bauteilformgebung oder durch nachträgliches Bohren eingebracht werden.

ULTRASCHALL- UND WARMEINBETTEN

Das Einbringen mittels Ultraschall oder Warmeinbettung ist ähnlich. Der den Einsatz umgebende Kunststoff soll als nicht vollständig ausgehärteter Duroplast oder als Thermoplast während des Einpreßvorganges plastifizieren, die Oberflächenprofilierungen und Hinterschnitte umfließen und nach dem Abkühlen bzw. vollständigen Aushärten zu einer formschlüssigen Verankerung führen, Bild 6.15. Beim Warmeinbetten werden die Einsätze durch

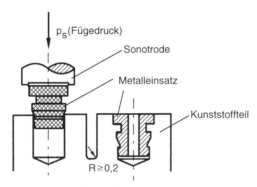

Bild 6.15: Einbetten durch Ultraschall

widerstandsbeheizte Heizpatronen (von innen nach außen) oder durch Wirbelstrom-Induktionsheizschlangen (von außen nach innen) erwärmt. Eine zu schnelle Einpreßgeschwindigkeit kann zu Rissen oder zum Aufplatzen des Domes führen, wenn nicht genügend Zeit zum Aufschmelzen gegeben ist. Ultraschall oder Warmeinbetteinsätze sind entweder rund oder konisch und besitzen meist ein abgestuftes, gegenläufig schrägverzahntes Außenprofil oder Kreuzrändelungen.

Der Durchmesser der Aufnahmebohrung soll ein Untermaß besitzen, so daß die aufgeschmolzene und weggedrückte Masse mindestens dem Volumen der auszufüllenden Hinterschneidungen bzw. Rändelungen ist, höchstens jedoch 10 bis 15 % größer. Zum verkantungsfreien Einsetzen haben sich bei zylindrischen Einsätzen Führungsbohrungen mit einem um 0,1 bis 0,2 mm größeren Durchmesser als der Aussendurchmesser des Inserts und einer Tiefe von 1 bis 2 mm bewährt. Konische Einsätze besitzen eine Schräge von ca. 4°, was eine gute Führung bei ebenso konischen Aufnahmebohrungen bewirkt, sowie einen um ca. 2/3 verringerten Einpreßweg zur Folge hat. Bei Sacklöchern ist darauf zu achten, daß die Aufnahmebohrung je nach Durchmesser mindestens 1,5 bis 3 mm tiefer als das Metallteil lang ist. Für das Warmeinbetten sind fast alle thermoplastischen Werkstoffe geeignet, bei amorphen besteht eher die Gefahr von Spannungsrissen. Für das Ultraschalleinbetten eignen sich besonders ABS, PC, PS und PVC. Gute Eignung weisen auch PA und POM auf. PP und PE sind nur bedingt geeignet.

Neueste Entwicklung beim Ultraschall-Einbetten sind glasfaserverstärkte PP, PC, ABS und PA-Einsätze, die mit dem zu verschraubenden Bauteil stoffschlüssige Verbindungen ergeben. Die Einschallzeiten sind gegenüber den Metalleinsätzen etwa 50 % geringer, die axiale Auszugsfestigkeit meist größer. Die mit ca. 6 Nm in PP, 15 Nm in PA und 8 Nm in PC erreichten Überdrehmomente von M6 Einsätzen sind etwas geringer als bei den Metallein- sätzen. Das Versagen tritt nicht wie üblich als Schubversagen an der Grenzfläche Insert/- Bauteil, sondern durch Zerstörung des metrischen Innengewindes auf.

Die glasfaserverstärkten US-Einsätze haben den Vorteil, daß sie bei annähernd gleichen Verankerungsfestigkeiten die Recyclingfähigkeit der Bauteile erhöhen, Bild 6.16.

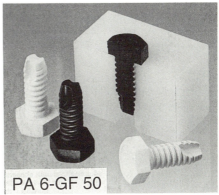

Bild 6.16: Kunststoff-Gewinde-Einsätze und gewindeformende Schrauben mit Schneidkante (Böllhoff, Bielefeld)
links: Kunststoff-Gewindeeinsatz zum US-Einschweißen (arom. PA-Copol., amorph)
rechts: Selbstformende Kunststoffschraube

SELBSTSCHNEIDENDE GEWINDEEINSÄTZE

Selbstschneidende Einsätze bestehen aus einem zylindrischen Grundkörper mit metrischem Innengewinde und einem speziellen Außengewinde, das je nach Kunststoff mit Schneidkan- ten, -bohrungen oder Spänekammern versehen ist, Bild 6.17. Die Außengewinde besitzen- meist einen Flankenwinkel zwischen 45 und 60°, eine vergleichsweise große Steigung sowie u. U. eine asymmetrische Flankenkontur. Sie besitzen vergleichsweise hohe Auszugskräfte und geringe Verdrehfestigkeiten beim Demontieren.

Ausführungen aus glasfaserverstärktem Polyamid (PA 6-GF60) mit einem sich radial ver- größernden Gewinde-Außendurchmesser und einem Gewindeversatz werden in Schäumen, Elastomeren und weichen Polyolefinen eingesetzt.

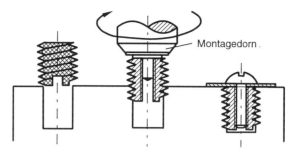

Bild 6.17: Eindrehen von selbstschneidenen Gewindeeinsätzen

KALTEINGEPRESSTE GEWINDEEINSÄTZE

Kalteingepreßte Einsätze werden in eine meist mit Untermaß versehene Aufnahmebohrung des Bauteils mit Einpreß- oder Einschlagwerkzeugen eingebracht und form- und/oder
kraftschlüssig verankert. Überwiegend werden zwei oder mehrfach axial geschlitzte, mit
Rändelungen und Verzahnungen versehene Expansionseinsätze verwendet. Die Spreizung
erfolgt entweder direkt durch die einzudrehende Schraube oder beim Einpressen durch einen
Montagebolzen, Bild 6.18 und Bild 6.19. Trotz permanenter Radialkräfte sind die Auszugskräfte geringer.

Wegen ihrer erhöhten Spannungsrißanfälligkeit sind sie für spröde, amorphe Thermoplaste
weniger geeignet. Wegen einfacher Montage und hohem Automatisierungsgrad sind sie für
viele Anwendungen ausreichend.

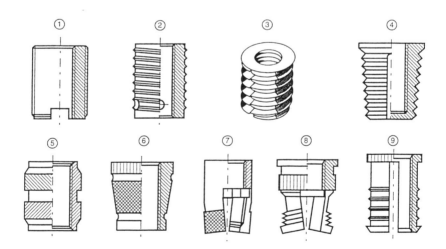

Bild 6.18: After Moulding Gewindeeinsätze
1,2: eindrehbare Einsätze aus Metall   3: eindrehbarer Einsatz aus PA-GF
4: Ultraschalleinsatz aus PA-GF   5, 6: aus Messing: Ultraschall- und Warmeinbettungseinsätze
7 bis 9: Expansionseinsätze mit und ohne Spreizplatte

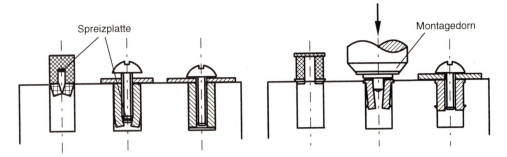

Bild 6.19: *Verankern von Expansions-Gewindeeinsätzen*

BERECHNUNG VON GEWINDEEINSÄTZEN

Zur Auslegung und Berechnung einer Schraubverbindung mit **selbstschneidenden Gewindeeinsätzen** können die Auslegungsempfehlungen der Direktverschraubungen herangezogen werden. Wegen der meist kleineren Gewindetiefe ist die Differenz zwischen Eindreh- und Überdrehmoment und die Auszugskraft geringer. Die Auslegeempfehlungen für Direktverschraubungen mit dem Kernlochdurchmesser d_k und dem Tubusaußendurchmesser d_A gelten in der Regel auch für selbstschneidende Einsätze.

Kernlochdurchmesser d_k: $d_k = (0{,}85 \div 0{,}95) \cdot d$

Außendurchmesser d_A: $d_A \geq 2 \cdot d$

Bei **Expansions-Gewindeeinsätzen** sollte die Aufnahmebohrung ein geringes Untermaß aufweisen und der Tubusaußendurchmesser und damit die Wanddicke so groß sein, daß die bei der Aufweitung entstehenden Radialkräfte schädigungsfrei vom Kunststoff aufgenommen werden können.

Kernlochdurchmesser d_k: $d_k = (0{,}9 \div 0{,}95) \cdot d$

mit: d = *Außendurchmesser des Inserts im nicht gespreizten Zustand*

Außendurchmesser d_A: $d_A \geq 2{,}5 \cdot d$

Umspritzte Einsätze und **Ultraschall-**bzw. **Warmeinbettungseinsätze** benötigen geringere Wanddicken und somit Tubusaußendurchmesser, wobei jedoch die Wanddicke noch so groß sein sollte, daß bei Überlastung der Verbindung immer ein Schubversagen am Übergang zwischen Insert und Kunststoff auftritt, d. h. nicht das Auge abreißt, damit dann eine Reparatur noch möglich ist.

Außendurchmesser d_A: $d_A = (1{,}6 \div 2) \cdot d$

Für Ultraschall- und Warmeinbettungseinsätze in zylindrischer Ausführung:

Kernlochdurchmesser d_k: $d_k = (0{,}8 \div 0{,}9) \cdot d$

Bei konischen Einsätzen mit zylindrischem Kernloch ist der mittlere Insertdurchmesser zu verwenden:

$$d_K = \frac{(d_0 + d_u)}{2}$$

mit: d_o = *oberer Insertdurchmesser* d_u = *unterer Insertdurchmesser*

Die ertragbaren **Drehmomente** bei umspritzten Gewindeeinsätzen nach DIN 16 903 Blatt 3 liegen aufgrund der relativ hohen Schrumpfspannungen bis zur gängigen Größe M 6 im Bereich des zulässigen Schrauben-Anzugsmomentes. Die **Auszugskraft** F_A, die bei ausreichender Augen-Dimensionierung zu einem Schubversagen in der Nutmantelfläche führt, läßt sich für runde Einsätze mit dem Außendurchmesser d, der Nutbreite b und der Streckspannung σ_S des Kunststoffes wie folgt abschätzen:

$$F_A = \frac{\sigma_S}{\sqrt{3}} \cdot \pi \cdot d \cdot b$$

bzw. für Sechskanteinsätze mit der Schlüsselweite w:

$$F_A = 2 \cdot \sigma_S \cdot w \cdot b$$

Bei Einsätzen, deren Verankerung aus einer Kombination von Formschluß durch Rändel und Kraftschluß durch Radialaufweitung besteht, läßt sich das maximale **Drehmoment** M_D aus der Scherbeanspruchung und der effektiven Rändellänge l abschätzen:

$$M_D \approx \tau \cdot \frac{d_R^2 \cdot \pi \cdot l}{2} \qquad \text{mit} \qquad \tau = \frac{\sigma_S}{2}$$

Die zum Lösen der Verbindung in axialer Richtung notwendige Kraft ist der Flächenpressung p, der Reibungszahl μ und der Pressungsfläche proprotional. Die Flächenpressung wiederum hängt von dem wirksamen Untermaß Δd_W, dem Durchmesserverhältnis a zwischen Augenaußen- und Insertdurchmesser (a = d_A/d), dem E-Modul des Kunststoffes und der Querkontraktionszahl ν ($\approx$ 0,4, s. Kapitel 1.1.5) ab:

$$p = \frac{\Delta d_W \cdot E}{d \cdot \left(\dfrac{a^2 + 1}{a^2 - 1} + \nu\right)}$$

Hieraus ergibt sich für die **Haftkraft** F_H:

$$F_H = \frac{\Delta d_W \cdot \pi \cdot l \cdot \mu \cdot E}{\dfrac{a^2 + 1}{a^2 - 1} + \nu}$$

Für die Haftreibungszahl μ kann je nach Flächenpressung und Kunststoff zwischen 0,1 und 0,4 eingesetzt werden. Die Haftkraft kann durch eine Kreuzrändelung zusätzlich erhöht werden. Bei ultraschall- oder warmeingebetteten Einsätzen ist es zweckmäßig, anstelle des Terms Δd_W/d das Schwindmaß einzusetzen. Zur Vermeidung einer Werkstoffschädigung sollte die Vergleichsspannung kleiner als die zulässige Streckspannung $\sigma_{S\,zul}$ sein:

$$\sigma_V = p \cdot \frac{\sqrt{3 \cdot a^4 + 1}}{a^2 - 1} < \sigma_{S\,zul}$$

Literatur zu Kapitel 6.2:

Ehrenstein, G. W. und   Gewindeeinsätze in ABS
Mohr, H.   Verbindungstechnik 9 (1977) 4, S. 21-25
N. N.   Böllhoff & Co.: Gewindeeinsätze für Kunststoffteile
                             Böllhoff, Bielefeld

N. N.	DIN 16903: Gewindebuchsen für Kunststoff-Formteile, T. 1-4, 1974-1991
N. N.	Hoechst: Technische Kunststoffe, 13.-3.3, Kunststoffbauteile mit angeformten Gewinden, 1994
Trinter, Fr. und Ehrenstein, G. W.	Fest verankert, Gewindeeinsätze für glasfaserverstärkte Preßteile werkstoffgerecht gestalten Maschinenmarkt, 94 (1988) 13, S. 96

6.3 ANGEFORMTE BAUTEILGEWINDE

Im Spritzguß geformte Gewinde an Gehäuseteilen können als lösbare, feste Verbindungen, aber auch als bewegliche Verbindungen zur Umwandlung von Dreh- in Längsbewegungen bzw. von Dreh- in Längskräfte verwendet werden.

Feste Verbindungen

Feste Verbindungen sollen im allgemeinen dicht und dennoch sicher voneinander trennbar sein. Ein selbständiges Lösen ist meistens unerwünscht. Die Dichtigkeit kann durch zusätzliche gestalterische Elemente wie Dichtlippen oder aber Dichtelemente wie O-Ringe erreicht werden.

Der niedrige Elastizitätsmodul der Kunststoffe beinhaltet die Gefahr, daß bei Innendrücken das Außenteil aufgeweitet wird und Gewindegänge voneinander abgleiten. Diese Gefahr kann dadurch verringert werden, daß der Teilflankenwinkel β besonders klein und die Gewindetiefe besonders groß gewählt wird. Eine große Gewindetiefe ist zudem unempfindlicher gegen Fertigungstoleranzen. Metrische ISO-Gewinde und Whitworth-Rohrgewinde sind wegen ihrer großen Teilflankenwinkel weniger geeignet. Günstiger sind metrische ISO-Trapezgewinde und Säge-Gewinde. Rund-Gewinde haben zwar einen vergleichsweise niedrigen Teilflankenwinkel, jedoch eine geringe Flankenüberdeckung und damit hohe Flächenpressung, Bild 6.20.

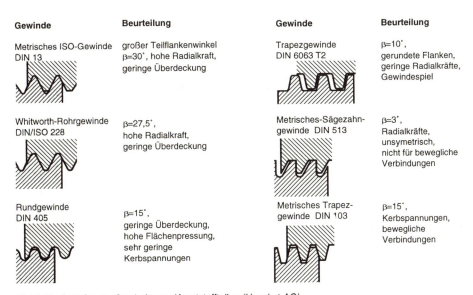

Gewinde	Beurteilung	Gewinde	Beurteilung
Metrisches ISO-Gewinde DIN 13	großer Teilflankenwinkel β=30°, hohe Radialkraft, geringe Überdeckung	Trapezgewinde DIN 6063 T2	β=10°, gerundete Flanken, geringe Radialkräfte, Gewindespiel
Whitworth-Rohrgewinde DIN/ISO 228	β=27,5°, hohe Radialkraft, geringe Überdeckung	Metrisches-Sägezahngewinde DIN 513	β=3°, Radialkräfte, unsymetrisch, nicht für bewegliche Verbindungen
Rundgewinde DIN 405	β=15°, geringe Überdeckung, hohe Flächenpressung, sehr geringe Kerbspannungen	Metrisches Trapezgewinde DIN 103	β=15°, Kerbspannungen, bewegliche Verbindungen

Bild 6.20: Angeformte Gewinde von Kunststoffteilen (Hoechst AG)

Bei der Auslegung von Gewindeverbindungen ist nach folgenden Kriterien zu dimensionieren:

-   Längsspannung in Außen- und Innenteil,

-   Pressung der Gewindeflanken,

-   Verformung des Außendurchmessers bzw. der Flankenüberdeckung.

Beim Anziehen und Lösen der Gewinde bzw. der Hin- und Herbewegung bei beweglichen Verbindungen spielt die Reibungszahl eine erhebliche Rolle. Obwohl mit einer Streuung zu rechnen ist, kann diese aufgrund der Angaben in Kapitel 7.1 bei trockener Reibung relativ gut abgeschätzt werden, bei geschmierten Oberflächen spielt die Art des Schmiermittels eine erhebliche Rolle.

Untersuchungen bei ähnlich steifen Werkstoffen für Außen- und Innenwinde haben ergeben, daß 30 bis 40% der Längskraft im ersten Gewindegang, 20 bis 30% im zweiten und 10 bis 20% im dritten übertragen werden. Bei Kunststoff-Metall-Verbindungen mit E-Modul-Unterschieden von bis zu 1 : 100 werden alle Gewindegänge nahezu gleichmäßig belastet. In den Gewindegängen selbst ist aufgrund der Kerbwirkung des Überganges von Gewindeflanke zu Gewindegrund mit einer Spannungsüberhöhung zu rechnen. Die Formzahlen liegen bei A_k = 2÷3, wobei der höhere Wert für größere Gewindedurchmesser gilt.

Beim Anziehen eines Gewindes beträgt die **Längsspannung** σ_z **im gefährdeten Querschnitt**, wobei der umlaufende Gewindeflankenteil nicht berücksichtigt wird:

$$\sigma_z = \frac{4 \cdot F_l}{\pi \cdot (D_a^2 - D^2) \ bzw. \ (d_K^2 - d_i^2)}$$

mit: D = Außengewinde   Indices: a = außen n = Nenn
          d = Innengewinde i = innen m = mittlerer Wanddurchmesser
                                                      K = Kern F = Gewindefuß

Die Längskraft F_l setzt sich zusammen aus Vorspannkraft F_V und Betriebskraft F_B:

$$F_l = F_V + F_B$$

Die Vorspannkraft F_V tritt nach dem festen Anziehen auf:

$$F_V = \frac{2 \cdot M}{\dfrac{P}{\pi} + \dfrac{d_2 \cdot \mu_G}{\cos\beta} + d_A \cdot \mu_A}$$

mit: M = Anziehdrehmoment [N · mm] d_2 = mittlerer Flankendurchmesser [mm]
          P = Gewindesteigung [mm] d_A = mittlerer Durchmesser der Anlagefläche [mm]
          μ_G = Gewindereibungszahl $ß$ = Teilflankenwinkel
          μ_A = Reibungszahl der Anlagefläche

Die Betriebskraft F_B aus Innendruck p_i beträgt:

$$F_B = p_i \cdot \frac{\pi}{4} \cdot d_p^2$$

mit: p_i = Innendruck
          d_p = Durchmesser der druckbeaufschlagten Fläche

Für die ermittelte Spannung σ_z gilt (s. Kapitel 2.1):

$$\sigma_z < \sigma_{zul} = \frac{K}{A \cdot S}$$

Die Gewindeflächenpressung p wird entweder auf die einzelnen Gewindegänge verteilt (Kunststoff-Metall-Paarung) oder bei der Paarung Kunststoff/Kunststoff auf den mit 35% am höchsten belasteten ersten Gewindegang bezogen. Die Flächenpressung p pro Gewindegang beträgt:

$$p = \frac{F_l}{z \cdot \pi \cdot d_2 \cdot H_1}$$

mit: H_1 = Gewindetiefe = D_a - D_i
     z = Anzahl der tragenden Gewindegänge = L/P

Wenn die gewindetragenden Teile auf Anschlag gefahren werden, wirkt eine zusätzliche Reibkraft an der Auflagefläche:

$$M = F_l \cdot \frac{d_2}{2} \cdot \left(\frac{P}{d_2 \cdot \pi} \pm \frac{\mu_G}{\cos\beta}\right)$$

mit: P = Gewindesteigung

Das Pluszeichen gilt für den Anziehvorgang, das Minuszeichen für das Lösen. Selbsthemmung liegt vor, wenn:

$$\frac{P}{d_2 \cdot \pi} < \frac{\mu_G}{\cos\beta}$$

keine Selbsthemmung bei:

$$\frac{P}{d_2 \cdot \pi} > \frac{\mu_G}{\cos\beta}$$

Verformung der Gewinde

Große Teilflankenwinkel, geringe Gewindetiefen, feine Steigungen als Geometriebedingungen, Dauerlasten und erhöhte Temperaturen können zu Verformungen des **Außengewindes** und damit geringerer Flankenüberdeckung führen. Der Teilflankenwinkel bewirkt eine Aufweitung des Außenteils und eine Stauchung des Innenteils.

Die Gewindeüberlappung C beträgt:

$$C = \pi \cdot d_2 \cdot L = \pi \cdot d_2 \cdot z \cdot P$$

mit: L = Einschraublänge

Aus dem Teilflankenwinkel ß resultiert die Radialkraft F_r

$$F_r = F_l \cdot \tan\beta = (F_V + F_B) \cdot \tan\beta$$

daraus ergibt sich eine scheinbare Innendruckbelastung p_D

$$p_D = \frac{F_r}{C} = \frac{F_r}{\pi \cdot d_2 \cdot L}$$

Die Umfangs-Spannung in der Gewindewand mit einer Dicke s beträgt:

$$\sigma = \frac{p_D \cdot D_m}{s}$$

oder die Umfangsdehnung

$$\varepsilon = \frac{p_D \cdot D_m}{E \cdot S}$$

bzw. eine Aufweitung des Außenringes um

$$\Delta D_m = \varepsilon \cdot D_m$$

Auf den **Innenring** wirkt die Längskraft F_e stauchend, die radial wirkende Betriebslast dagegen aufweitend. Die Differenz aus beiden ist die Flankenüberdeckung

$$\Delta H \approx \Delta \ (\Delta D_m - \Delta d_m)$$

dieses ΔH sollte < 0,2 ÷ 0,3 H der Ausgangsüberlappung sein.

Zur Abdichtung von derartigen Schraubverbindungen eignen sich integrierte oder flexible Dichtungen oder gefaßte O-Ringe, Bild 6.21. Größere Anpreßkräfte erfordern Flachdichtungen oder vorgespannte O-Dichtungen.

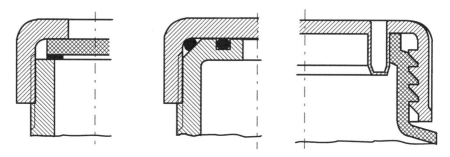

Bild 6.21: Flexible angeformte und unterschiedlich vorgespannte Dichtungen (Hoechst AG)

Bewegliche Verbindungen

Bei Bewegungsmuttern aus Kunststoff und Wellen aus Metall ist zusätzlich zu berücksichtigen, daß die Scherfestigkeit τ der gleichmäßig tragenden Gewindegänge abgeschätzt werden kann:

$$\tau = \frac{F_e}{z \cdot s_F \cdot \sqrt{(D_F \cdot \pi)^2 + l^2}} \sim 0,6 \cdot \sigma_z < \frac{K}{A \cdot S}$$

mit: L = Mutternhöhe
       s_F = Gewindefußdicke
       σ_z = Zugfestigkeit

Aus der Flächenpressung der Gewindegänge und der Gleitgeschwindigkeit lassen sich zulässige pv-Richtwerte abschätzen. Sie betragen für POM, PA und PBTP ca. 0,05 ÷ 0,15 [N/mm^2 · m/s], bei guter Schmierung bis 0,3 [N/mm^2 · m/s]. Für niedrigere Geschwindigkeiten (< 0,5 m/s) gelten die höheren Werte.

Der Verschleiß kann durch Schmierung auf 1/10 reduziert werden. Sehr günstig sind auch selbstschmierende Kunststoffe wie z.B. PA/PE-Mischungen.

Literatur zu Kapitel 6.3:

N.N.   Technische Kunststoffe, B.3.3
                                  Kunststoffbauteile mit angeformten Gewinden
                                  Hoechst AG, Frankfurt, 1994

6.4 SCHWEISSVERBINDUNGEN

Der Schweißprozeß als weiterer Verarbeitungsschritt stellt eine erneute thermische und rheologische Beanspruchung des Werkstoffs dar. Strukturelle und geometrische Kerben können zu einer Störung des meistens homogenen Werkstoffzustandes der Formteile an den Fügestellen führen. Durch konstruktiv bedingte Querschnittsänderungen kann der Kraftfluß der Schweißnaht gestört werden. Eine Schweißverbindung kann daher nicht das gleiche mechanische Verhalten aufweisen, wie das umgebende Grundmaterial. Dieses berücksichtigt der experimentell ermittelte **Schweißfaktor** f_s:

$$f_s = \frac{\text{Eigenschaft Schweißverbindung}}{\text{Eigenschaft Grundwerkstoff}}$$

Die Ermittlung von Kurzzeit und Langzeit-Schweißfaktoren zeigt Bild 6.22.

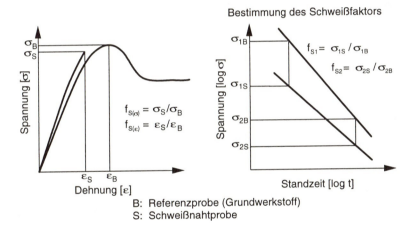

B: Referenzprobe (Grundwerkstoff)
S: Schweißnahtprobe

Bild 6.22: Ermittlung von Kurzzeit-Schweißfaktoren aus dem Zugversuch (links) und Langzeitschweiß-faktoren aus dem Zeitstand-Zugversuch

Schweißfaktoren sind vom Werkstoff, dem Schweißverfahren bzw. den Schweißparametern und der Art der Belastung abhängig. Festigkeit, Verformungsverhalten, Zähigkeit und Langzeitverhalten können in jeweils unterschiedlicher Weise vom Grundwerkstoffverhalten abweichen. Daher können für ein- und dieselbe Schweißverbindung unterschiedliche Schweißfaktoren gemessen werden. Die Bestimmung von Schweißfaktoren ist alleine schon deswegen schwierig, weil Brüche von Schweißverbindungen häufig außerhalb der Naht im Grundwerkstoff erfolgen.

Kurzzeitschweißfaktoren werden zum Vergleich der Schweißeignung unterschiedlicher Kunststoffe herangezogen, zur Optimierung der Schweißparameter oder zur Auswahl des Schweißverfahrens. Bei der Konstruktion dienen Kurzzeitschweißfaktoren häufig nur zur

Vordimensionierung. Ihre Aussagefähigkeit ist gering, ebenso die Übertragbarkeit auf andere Belastungsbedingungen. In der Regel werden die erforderlichen Schweißnahteigenschaften anhand eines Bauteilversuchs unter Einsatzbedingungen nachgewiesen, z.B. die Dichtigkeit einer Deckelschweißung einer KFZ-Batterie im Falltest und Sprüharme einer Spülmaschine durch Innendruckprüfung.

Langzeitschweißfaktoren sind für den Konstrukteur wichtiger, da langzeitig beanspruchte Bauteile kaum unter Praxisbedingungen prüfbar sind. Für die wichtigsten Werkstoffe und Schweißverfahren werden in DVS-Richtlinien (Deutscher Verband für Schweißtechnik) Mindestwerte für den Langzeitschweißfaktor vorgegeben, mit denen die Bauteile ausgelegt und berechnet werden können.

Für den Apparate- und Rohrleitungsbau ergeben sich **Kurzzeitschweißfaktoren** aus der Zugfestigkeit der Schweißnahtprobe σ_s und des Grundwerkstoffs σ_B:

$$f_s = \frac{\sigma_S}{\sigma_B}$$

und **Langzeitschweißfaktoren** $f_s(t)$ aus den Zeitstand-Zugfestigkeiten zur Zeit 1 bzw. 2:

$$f_s(t) = \frac{\sigma_{1s}}{\sigma_{1B}}(t) \ bzw. \ \frac{\sigma_{2s}}{\sigma_{2B}}(t)$$

Es ist üblich, die Schweißnahtfaktoren aus den Festigkeitskennwerten zu bestimmen. Ein Dehnungsbezug ist bei einer Dehnungsbetrachtung ebenfalls möglich, wobei die Schweißfaktoren allerdings deutlich von denen einer spannungsbezogenen Betrachtung abweichen.

	PE-HD	PP	PVC-C	PVC-HI PVC-U	PVDF
Heizelementschweißen	0,9/0,8	0,9/0,8	0,8/0,6	0,9/0,6	0,9/0,6
Extrusionsschweißen	0,8/0,6	0,8/0,6	-	-	-
Warmgasschweißen	0,8/0,4	0,8/0,4	0,7/0,4	0,8/0,4	0,8/0,4

Tabelle 6.3: Spannungsbezogene Kurzzeit-(f_s) und Langzeitschweißnahtfaktoren $f_s(t)$

Diese Faktoren, f_s und $f_s(t)$, können als A'-Abminderungsfaktoren (A' = 1/A) direkt zur Dimensionierung benutzt werden (s.S. 21 und 53).

Bei mehrachsigem Spannungszustand werden die größten auftretenden Normalspannungen bzw. Dehnungen mit der zulässigen Spannung aus der Zeitstandfestigkeit, den jeweiligen Abminderungsfaktoren, dem Schweißfaktor und dem Sicherheitsbeiwert verglichen:

$$\sigma_{zul.} = \frac{K_A \cdot f_s}{A_I \cdot S}$$

mit: K_A = Zeitstandfestigkeit bei Betriebsbedingungen A_i = weitere Werkstoffabminderungsfaktoren
f_s = Schweißnahtfaktor = A'_{Schw} bzw. $1/A_{Schw}$ S = Sicherheitsbeiwert

Die konstruktive Nahtgestaltung wird durch die bauteil- und fertigungstechnischen Anforderungen bestimmt. Es gelten folgende schweißtechnische Gestaltungsgrundsätze, Bild 6.23 bis Bild 6.27:

- Schweißnähte sind so zu dimensionieren, daß bei tragenden Nähten die vorhandenen Nähte voll angeschlossen oder bei Kehlnähten die zur Kraftübertragung erforderlichen Querschnitte vorhanden sind.

- Alle Verbindungen sollen an der Wurzel gegengeschweißt oder von beiden Seiten geschweißt sein. Einseitig zugängliche Nähte sind an der Wurzel einwandfrei durchzuschweißen.

- Bei Stumpfstößen unterschiedlicher Wanddicken muß ein stetiger Kraftverlauf angestrebt werden. Erforderlichenfalls durch Anschrägen der dickeren Wandung.

- Anhäufungen von Schweißnähten sind zu vermeiden. Nahtkreuzungen in tragenden Wandungen sind unzulässig.

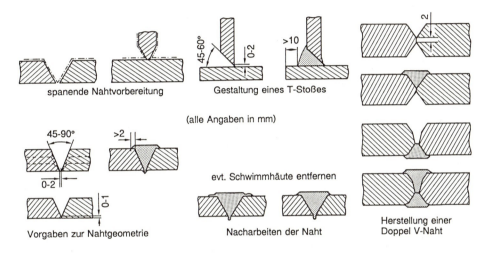

Bild 6.23: Gestaltung von Extrusionsschweißnähten

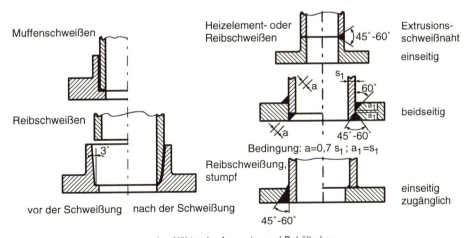

Bild 6.24: Gestaltung von tragenden Nähten im Apparate- und Behälterbau

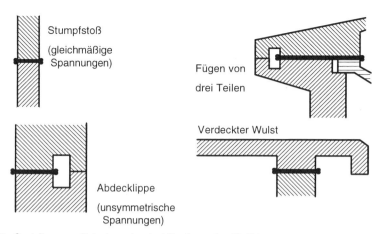

Bild 6.25: Gestaltung von Heizelement- oder Vibrationsschweißnähten

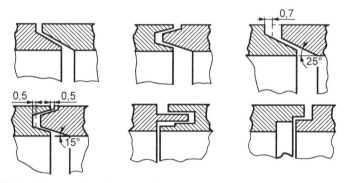

Bild 6.26: Gestaltung von Rotationsschweißnähten

Für die Nahtgestaltung von Schweißnähten der Serienschweißverfahren, Heizelement-, Vibrations-, Rotations- und Ultraschallschweißen, gelten folgende Gestaltungsgrundsätze:

- Schweißnähte sind so zu dimensionieren, daß bei tragenden Nähten die zur Kraftübertragung erforderlichen Querschnitte vorhanden sind.

- Die Fügeteile sind entsprechend dem gewählten Schweißverfahren ausreichend zu dimensionieren, um eine gleichmäßige Kraftübertragung in der Fügezone zu gewährleisten. Insbesondere für das Vibrationsschweißen sind die auf das Bauteil einwirkenden hohen Beschleunigungskräfte zu berücksichtigen. Senkrecht zur Reibrichtung liegende Fügezonenbereiche sind gegen Mitschwingen entsprechend zu sichern.

- Ausreichende Möglichkeit zur Zentrierung der Fügeteile vorsehen, ohne daß eine Verformung oder ein Versatz bei Druckaufbringung entsteht.

- Im Fügeteil vorhandene Einlegeteile sind im Vibrations- und Ultraschallschweißen gegen Mitschwingen zu sichern.

- Entsprechend der gewählten Fügezonengeometrie müssen die durch die Fügeteilherstellung möglichen Fertigungstoleranzen (insbesondere Fügeteilverzug) mit in die Gestaltung einbezogen werden.

- Wanddickenunterschiede und Bindenähte im Bereich der Fügezone sind zu vermeiden.

- Für das Vibrationsschweißen ist bei der Fügezonengestaltung die Lage der Fügezone in Schwingrichtung und quer zur Schwingrichtung zu berücksichtigen.

Beim Ultraschallschweißen wird je nach Abstand zwischen Sonotrode und Schweißnaht zwischen Nahfeld- und Fernfeldschweißen unterschieden. (Nahfeld: Abstand Sonotrode - Fügezone < 6 mm; Fernfeld: Abstand Sonotrode - Fügezone > 6 mm). Die Fügezone wird in der Regel mit Energierichtungsgebern versehen, die die Ultraschallenergie zu Beginn des Prozesses bündeln und die Schmelzebildung in der Fügezone einleiten. Die Energierichtungsgeber sind so zu dimensionieren, daß eine Verformung unter dem Fügedruck nicht möglich ist. Bild 6.27 zeigt schematisch die Fügezonengestaltung.

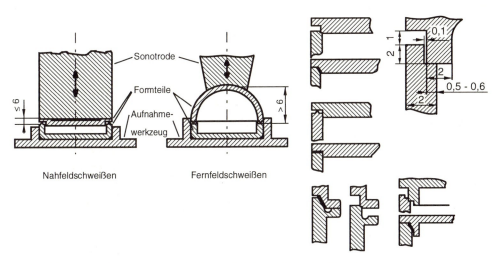

Bild 6.27: Gestaltung von Ultraschallschweißnähten im Nah- und Fernfeld

Literatur zu Kapitel 6.4:

Egen, U.   Gefügestrukturen in Heizelementschweißnähten an PP-Roh-
                                ren
                                Diss. Universität Kassel (Gh), 1993

Gehde, U.   Zum Extrusionsschweißen von PP
                                Diss. Universität Erlangen, 1993

Giese, M.   Fertigungs- und werkstofftechnische Betrachtungen zum
                                Vibrationsschweißen von Polymerwerkstoffen
                                Diss. Universität Erlangen, 1995

N. N.   DVS: Kunststoffe, Schweißen und Kleben
                                Taschenbuch DVS-Merkblätter und Richtlinien, Bd.68/IV
                                DVS-Verlag, Düsseldorf, 1990

N. N.   BASF: Konstruieren mit thermoplastischen Kunststoffen, Nr.4
                                Fügeverbindungen in der Kunststofftechnik
                                BASF, Ludwigshafen, 1989

Schlarb, A. K. H.   Zum Vibrationsschweißen von Polymerwerkstoffen
                                     Diss. Universität Kassel (Gh), 1989

6.5 KLEBEN

Kleben ist das Fügen gleicher oder ungleicher Werkstoffe unter Verwendung eines nicht-
metallischen Klebstoffs, der Fügeteile durch Flächenhaftung und innere Festigkeiten (Adhäsion und Kohäsion) verbinden kann.

Die Klebetechnik hat gegenüber anderen Verfahren den Nachteil, daß es häufig an näheren
Kenntnissen über deren Leistungsfähigkeit und das entsprechende Fertigungs-Know-how
fehlt, und zudem die Gleichmäßigkeit in der Qualität oft nicht erreicht wird, daß aber neben
der Verbindungsfunktion auch Zusatzaufgaben wie Dichten, Dämpfen oder Isolieren übernommen werden können. In Tab. 6.4 sind die Vor- und Nachteile des Klebens gegenübergestellt.

Vorteile	Nachteile
- Verbinden unterschiedlicher Werkstoffe - Verbinden dünner Bauteile - großflächige Verbindungen - Keine Verletzung der Fügeteile nötig - Ausgleich von Passungstoleranzen - Keine bzw. geringe thermische Beeinflussung - Relativ gleichmäßige Spannungsverteilung - Flüssigkeits- und gasdicht - Schwingungsdämpfend und isolierend	- Grundsätzlich Überlappung notwendig - Vorbehandlung der Fügeoberfläche - Genaue Prozeßparameter - Lange Aushärtungszeiten - Geringe Festigkeit - Zeitabhängige Eigenschaften - Alterung, Umwelteinflüsse - Geringe thermische Beständigkeit - Qualitätsschwankungen

Tabelle 6.4:   Vor- und Nachteile der Klebetechnik

6.5.1 Klebstoffe

Um die Lagerbarkeit zu erhöhen und vorzeitige Reaktionen zu vermeiden, muß der Beginn
der Aushärtung gezielt initiiert werden können, was häufig über die Temperatur geschieht.

Dispersionsklebstoffe bestehen aus einem flüssigen Dispersionsmittel, in dem der organische Grundstoff nicht löslich, aber fein verteilt ist. Das Abbinden erfolgt durch eine zunehmende Verdunstung des Wassers, wodurch es zur Ausbildung der Haftungskräfte kommt.
Nachteilig ist die geringe Feuchtigkeitsbeständigkeit. Die erzielbaren Festigkeitswerte liegen
unter denen von chemisch reagierenden Systemen. Sie eignen sich zum Verkleben von
Kunststoffen mit porösen Materialien zu großflächigen Verbindungen.

Haftklebstoffe kennzeichnet ein hochviskoser, dauerhaft klebfähiger Film, der als Lösung,
Dispersion oder Schmelze auf ein Trägermaterial aufgebracht wird. Nach dem Verdunsten
oder dem Erstarren der Schmelze werden die Teile unter leichtem Druck gefügt. Die Festigkeit ist gering (Etiketten- oder Klebebandherstellung).

Bei **Kontaktklebstoffen** läßt sich der scheinbar trockene Klebstoff-Film, der zunächst
verdünnt in Lösung oder als Dispersion aufgebracht wurdeunter kurzzeitigen Druck ver-
einigen.

Plastisole sind lösungsmittelfreie Systeme, meist aus Dispersionen von PVC in Weich-
machern. Das Abbinden erfolgt bei Verarbeitungstemperaturen von 140-200 °C durch

Umwandlung des zweiphasigen Systems in ein festes Gel, vergleichbar mit weichgemachtem PVC ohne besondere Festigkeit.

Leime sind in Wasser gelöste tierische, pflanzliche oder synthetische Grundstoffe, die zum Verkleben von Holz, Papier oder anderen porösen Werkstoffen eingesetzt werden.

Lösungsmittelfreie Schmelzklebstoffe liegen bei Raumtemperatur in fester Form vor. Nach Erwärmen der Thermoplaste in den geschmolzenen Zustand erfolgen das Aufbringen auf die Fügeteiloberfläche, die Vereinigung und das Abkühlen.

Klebstoffolien sind sehr gleichmäßige, physikalisch abbindende oder chemisch härtende Klebstoffe in Folienform. Nach dem Entfernen eines Schutzpapiers wird der Klebstoff-Film durch Wärme oder Lösungsmittel aktiviert und die Fügeteile vereinigt.

Reaktionsklebstoffe bestehen aus niedermolekularen Grundstoffen, die chemisch zu einer meist hochwertigen hochmolekularen Klebstoffschicht reagieren. Da die Anzahl der verbleibenden reaktionsbereiten Moleküle beim Aushärten pro Zeiteinheit langsam abnimmt, braucht die Klebstoffschicht u. U. sehr lange Zeit bis zum Erreichen der Endfestigkeit.

Polyadditionsklebstoffe sind Zweikomponentenklebstoffe (Epoxide und Polyurethane). Sie sind weit verbreitet und zuverlässig.

Polykondensationsklebstoffen setzen, im Gegensatz zur Polymerisation und Polyaddition, bei der Reaktion Spaltprodukte, häufig Wasser, frei (Formaldehydharze, Polyamide, Polyester und Silikone).

Bei **einkomponentigen Reaktionsklebstoffen** wird die Reaktion durch Wärme ausgelöst, meist 100-150 °C, bei **heißhärtenden Klebstoffen** bis 250 °C. Die Aushärtezeit läßt sich durch eine Variation der Verarbeitungstemperatur den Fertigungsabläufen weitgehend anpassen. Die Festigkeitswerte warmhärtender Reaktionsklebstoffe liegen in der Regel über denen kalthärtender Systeme.

Bei **Polymerisationsklebstoffen**, wie Cyanacrylaten, Methacrylaten oder anaerob härtenden Klebstoffen, wird die Reaktion durch Katalysatoren, Wärme oder Strahlung initiiert.

Anaerobe Klebstoffe reagieren unter Luftabschluß. Diese einkomponentigen Systeme liegen solange in flüssiger Form vor, wie sie mit Sauerstoff in Berührung sind. Unter Luft- (Sauerstoff-) abschluß kommt es zur Verfestigung.

Bei **mikroverkapselten Klebstoffen**, werden die Komponenten durch Zerstörung der Kapseln durch Druck, Wärme oder Lösungsmittel freigesetzt und die Reaktion eingeleitet (z. B. bei Schraubensicherungen).

Cyanacrylate härten unter der katalytischen Wirkung von Wasser aus. Hierzu reichen schon geringe Mengen in der Luft oder auf der Fügeteiloberfläche aus. Die Abbindezeiten liegen im Sekundenbereich (Sekundenkleber) und variieren je nach Fügeteilwerkstoff. Andere Klebstoffe, die durch Feuchte reagieren, sind **Silikone** oder **Polyurethane**, die hingegen sehr lange Aushärtezeiten benötigen.

Die Klebeignung verschiedener Kunststoffe hängt sehr von der Polarität der Klebpartner und der Löslichkeit der Substrate. Dabei gilt:

- völlig unpolare und unlösliche Kunststoffe sind ohne Vorbehandlung nicht, mit Vorbehandlung nur relativ schwer klebbar,
- völlig oder weitgehend polare, aber partiell lösliche Kunststoffe sind nach einer Vorbehandlung bedingt klebbar,
- unpolare, aber lösliche Kunststoffe sind klebbar,
- polare und lösliche Kunststoffe sind gut klebbar.

Da die Löslichkeit der Kunststoffe als werkstoffspezifischer Parameter vorgegeben ist, ergibt sich die große Bedeutung der Oberflächenbehandlung zur Erzielung einer ausreichenden Polarität. Somit lassen sich die wichtigsten Thermoplaste hinsichtlich ihres Klebverfahrens nach Tab. 6.5 einstufen:

Kunststoff	Polarität	Löslichkeit	Klebbarkeit (ohne Oberflächenbehandlung)
PE	unpolar	schwer löslich	nicht gegeben
PP	unpolar	schwer löslich	nicht gegeben
PTFE	unpolar	unlöslich	nicht gegeben
PS	unpolar	löslich	gut
PIB	unpolar	löslich	gut
PVC	polar	löslich	gut
PMMA	polar	löslich	gut
PA	polar	schwer löslich	bedingt
PET	polar	unlöslich	bedingt

Tabelle 6.5:   Klebeigenschaften von Thermoplasten

6.5.2 Vorbehandlung

Viele Oberflächen sind aufgrund von Verunreinigungen oder werkstoffspezifischen Eigenschaften ohne Vorbehandlungen für das Verkleben ungeeignet.

Vor jeder Klebung sollten haftungshemmende Verunreinigungen wie Schmutz, Öl, Fett oder Trennmittelrückstände von der Oberfläche entfernt werden durch waschaktive Substanzen, mechanische Oberflächenvorbehandlungen, wie **Schmirgeln**, **Bürsten**, **Strahlen** oder **Skelettieren** (dabei wird in eine erwärmte, weiche Fügeteiloberfläche eine Matrize eingepreßt und anschließend wieder abgezogen. Es entstehen viele abgerissene, verstreckte Zipfel).

Die **thermische Vorbehandlung** dient zur Bildung polarer Gruppen an der Fügeteiloberfläche. Sie wird vorzugsweise bei Polyolefinen angewandt, z.B. durch **Beflammen mit Stadt- oder Propangas**. Die **Plasma-Beflammung** wird bei PE, PTFE und POM angewendet.

Bei der **elektrischen Vorbehandlung im Corona-Verfahren** wird durch Ionen und Radikale eine Oxidation der Oberfläche bewirkt. Gegenüber der chemischen Säurevorbehandlung und der Corona-Entladung grenzt sich das **Niederdruck-Plasma-Verfahren** dadurch ab, daß

-   anstelle flüssiger Chemikalien Gase als reaktive Medien eingesetzt werden; es handelt sich demnach um einen "trockenen" Prozeß.

-   Das Verfahren wird im Vakuum bei Prozeßdrücken von 60-200 Pa (0,6-2,0 mbar) eingesetzt und ist daher ein diskontinuierlicher Prozeß.

Bei der **Corona**-Vorbehandlung wird zur Behandlung der Werkstücke an zwei Elektroden eine Hochfrequenz-Spannung angelegt und die Luft ionisiert. Die Teile, meist Folien, werden zwischen den Elektroden kontinuierlich durchgeführt und dabei mit Ionen beschossen, Bild 6.29.

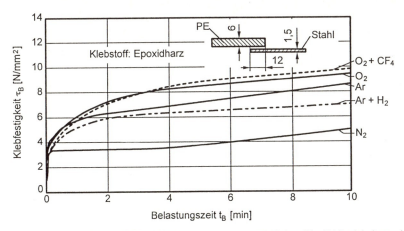

Bild 6.28: Klebfestigkeit von PE-Stahl-Klebungen mit einem EP-Klebstoff in Abhängigkeit von der Behand-
lungszeit des PE mit verschiedenen Plasmagasen

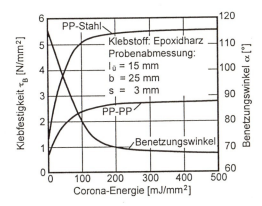

Bild 6.29: Einfluß der Corona-Energie auf den Benetzungswinkel und die Klebfestigkeit von PP-Stahl- und
PP-PP-Klebungen

Zur **chemischen Vorbehandlung Beizen** finden unterschiedliche Beizbäder, wie z. B.
Chromschwefelsäure, Phosphorsäure, Salzsäure und das Satinierbad, eine Anwendung. Für
PE und PA eignet sich die Vorbehandlung mit wäßriger Chromschwefelsäure bei 70-90 °C.
POM wird mit konzentrierter Phosphorsäure oder nach dem Satiner-Verfahren, bei dem es
sich um Lösungen von Toluolsulfonsäure in Dioxan und Perchlorethylen handelt, gebeizt.
Fluorpolymerisate werden mit aktiviertem Natrium, wie z.B. Lösungen von Natrium in flüssi-
gem Ammoniak, behandelt. Nach der Vorbehandlung ist ein Spülen und Trocknen der
Fügeteile erforderlich. Die Beizbäder werden aufgrund des Umwelt- und Arbeitsschutzes nur
ungern eingesetzt.

Haftvermittler bzw. **Primer** bestehen in den meisten Fällen aus verdünnten Lösungen der
Klebstoffgrundstoffe, die auch für die nachfolgende Klebung verwendet werden sollen, z. T.
werden ihnen auch Korrosionsinhibitoren zugesetzt. Sie müssen in sehr dünnen Schichten
(ca. 1 g/m^2) aufgetragen werden, da größere Auftragsmengen zu einer Verringerung der
Klebfestigkeit führen. Als Primer kommen vor allem Systeme auf Epoxidbasis zum Einsatz.

6.5.3 Festigkeit und konstruktive Gestaltung

Klebverbindungen können sehr unterschiedlich beansprucht werden. Man unterscheidet Belastungen auf Zug, Druck, Scherung, Schälen und Torsion, Bild 6.30.

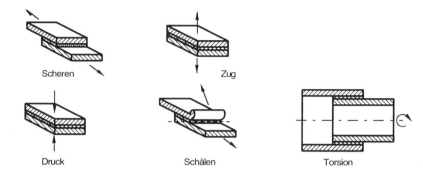

Bild 6.30: Unterschiedliche mechanische Beanspruchungsarten

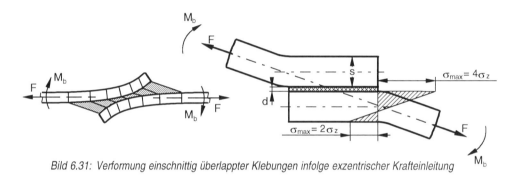

Bild 6.31: Verformung einschnittig überlappter Klebungen infolge exzentrischer Krafteinleitung

Werden einschnittig überlappte Klebungen auf Zug beansprucht, kommt es aufgrund der exzentrischen Krafteinleitung neben der Schubbeanspruchung zu Zugspannungen in der Klebstoffschicht, Bild 6.31. Diese konzentrieren sich auf die Überlappungsenden und wirken hier als Schälkräfte. Die Spannungsspitzen werden zusätzlich durch das unterschiedliche Dehnungsverhalten der Klebstoffschicht und der beiden Fügeteile verstärkt. In den Fügeteilen nimmt die Dehnung im fortlaufenden Fügeteil zu, zum Überlappungsende hin ab. Die Klebstoffschicht muß diese Dehnungsunterschiede der beiden Fügeteile ausgleichen.

Die Klebschicht- und die Fügeteildicke beeinflussen sich wechselseitig und müssen aufeinander abgestimmt werden, Bild 6.32.

Je größer die **Überlappungslänge** ist, um so stärker ist der Einfluß durch Verformungen und um so unterschiedlicher ist die Schubspannungsverteilung in der Klebschicht, Bild 6.33. Es gilt als grobe Faustformel:

> Überlappungslänge ~ 5-fache Fügeteildicke

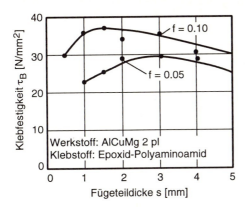

Bild 6.32: *Abhängigkeit der Klebefestigkeit von der Fügedicke bei einschnittig überlappten Klebungen*
f = Klebschichtdicke

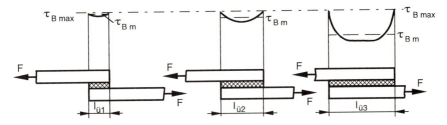

Bild 6.33: *Spannungsausbildung in Abhängigkeit von der Überlappungslänge*

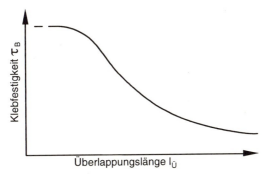

Bild 6.34: *Abhängigkeit der Klebfestigkeit von der Überlappungslänge*

Größere Überlappungslängen führen zu einer Reduzierung der Klebfestigkeit der mittleren Tragfähigkeit der Klebfläche, Bild 6.34.

Der Einfluß der **Überlappungsbreite** auf die Festigkeit von Klebverbindungen ist im Gegensatz zu der Überlappungslänge gering.

Die **Klebschichtdicke** hat einen starken Einfluß auf die Klebfestigkeit, Bild 6.35. Als günstigste Klebschichtdicke hat sich unter Zugrundelegung von Oberflächenrauheiten in der Größenordnung von 30-70 μm für die Praxis ein Bereich von 0,05-0,20 mm erwiesen.

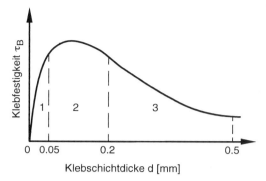

Bild 6.35: Abhängigkeit der Klebfestigkeit von der Klebschichtdicke

Der Einfluß der Klebschichtdicke läßt sich ebenfalls bei der Prüfung der Zeitstandfestigkeit einer Klebung ersehen. Bild 6.36 zeigt bei einer Belastung von 1000 N die Zeit bis zum Bruch einer Klebung in Abhängigkeit von der Klebschichtdicke bei dem Fügeteilwerkstoff AlCuMg F44 mit einem optimalen Bereich der Klebschichtdicke von 0,05-0,15 mm.

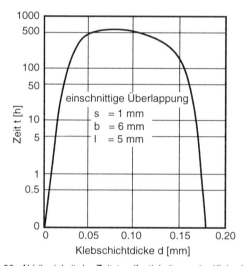

Bild 6.36: Abhängigkeit der Zeitstandfestigkeit von der Klebschichtdicke bei Al/EP bei 1000 N Dauerlast

Schälkräfte sollten bei der Gestaltung von Klebstoffverbindungen auf jeden Fall vermieden werden, da sie einen linienförmigen Kraftangriff darstellen. Ist dies nicht möglich, sind die Schälkräfte durch geeignete Maßnahmen zu verringern, Bild 6.37.

Ein Abbau der Spannungsspitzen ist durch ein Abschrägen der Fügeteile an den Überlappungsenden möglich. Wegen der ähnlichen Fügeteil- und Klebschichtfestigkeiten können besonders bei unverstärkten Kunststoffen neben der üblichen Überlappungsverbindung eine Reihe von Klebfugen-Geometrien angewendet werden, die auch eine Belastung unter Normalspannung zulassen. Eine andere Möglichkeit wären weichere Kleber an den Überlappungsenden, die die Höhe der Schubspannungsspitzen erniedrigen und bei Schälbeanspruchung die Spannungen auf eine größere Fläche verteilen, Bild 6.38.

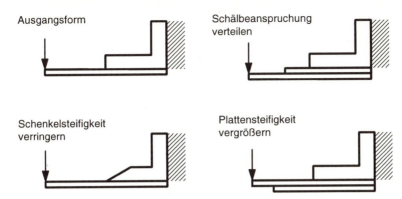

Bild 6.37: Maßnahmen zur Verringerung der Schälbeanspruchung

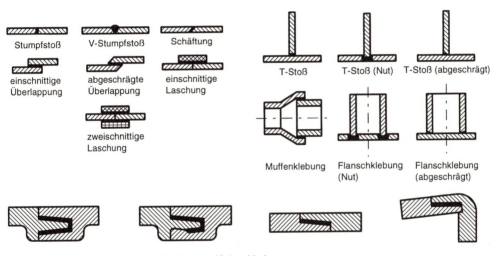

Bild 6.38: Gestaltungsmöglichkeiten von Klebverbindungen

Einfache **Laschenverbindungen** werden dort eingesetzt, wo eine Seite der Klebung glatt sein soll. Zweischnittig überlappte Laschen vermeiden Biege- und Schälkräfte. Abgeschrägte **Überlappungsverklebungen** erhöhen durch die Querschnittsanpassung die mechanische Belastbarkeit der Fügeteile, erfordern aber einen hohen Fertigungsaufwand. Mit **geschäfteten Verbindungen** sind besonders bei dicken Formteilen erhöhte Festigkeiten zu erreichen. Sie können aber nur bei dicken Formteilen angewendet werden. **Nutverbindungen** können durch zusätzlichen Form- und Kraftschluß die Festigkeit erhöhen. **Stumpfstöße** sind wegen der geringen Klebflächen meist nicht sinnvoll.

Bei der konstruktiven Gestaltung von Klebverbindungen sollten grundsätzlich folgende Kriterien beachtet werden:

- Klebflächen und Überlappungen sind ausreichend zu dimensionieren.

- Die Formgebung ist so auszurichten, daß die Klebschicht möglichst nur auf Scherung und/oder Druck beansprucht wird.

- Dabei sind Spannungskonzentration auf bestimmte Stellen der Klebverbindung zzu vermeiden.

- Schälbeanspruchungen sind zu vermeiden bzw. durch geeignete Maßnahmen auszugleichen.

- Die Klebverbindung ist möglichst steif auszulegen. Eine hohe Deformation der Fügeteile führt zu veränderten Belastungen in der Klebstoffschicht.

- Passungstoleranzen sind so zu wählen, daß sie vom Klebstoff ausgeglichen werden können.

- Die Klebstoffmenge ist genau zu dosieren.

- Höher beanspruchte Klebungen sind ggf. durch Form- und/oder Kraftschluß zu unterstützen.

- Ebene, gleichmäßige Klebschichtdicken ergeben eine gleichmäßige Spannungsverteilung.

In Bild 6.39 sind einige Beispiele guter und schlechter Klebkonstruktionen aufgezeigt.

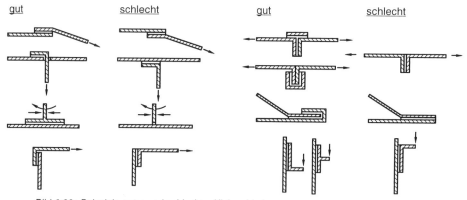

gut   schlecht   gut   schlecht

Bild 6.39: Beispiele guter und schlechter Klebverbindungen

Literatur zu Kapitel 6.5:

Habenicht, G.   Kleben, Grundlagen, Technologie, Anwendungen
Springer-Verlag, Berlin, 1986

N. N.   DVS: Kunststoffe, Schweißen und Kleben
Taschenbuch DVS-Merkblätter und Richtlinien, Bd.68/IV
DVS-Verlag, Düsseldorf, 1990

Matting, A.   Metallkleben
Springer-Verlag, Berlin, 1969

6.6 OUTSERT-TECHNIK

Mittels der Outsert-Technik können vielfältige Funktions- und Verbindungselemente in einem Arbeitsgang auf eine Blech-Trägerplatine aufgebracht werden, z.B. Lager, Anschläge, Schnappverbindungen, Biegefedern, Schraubenaugen, Gleitschienen und andere. Die Trägerplatine genügt erhöhten Anforderungen an Maßhaltigkeit, Steifigkeit und Festigkeit. Die Funktions- bzw. Verbindungselemente zeigen je nach Aufgabe hohe Zähigkeit, geringe Kriechneigung, hohe Maßhaltigkeit, günstiges Gleitverhalten, leichte Verformbarkeit, chemische Gebrauchstauglichkeit und Spannungsrißbeständigkeit. Den unterschiedlichen Anforderungen entsprechend werden Platinen meistens aus Stahlblech, die Funktionsteile jedoch aus höherwertigen Thermoplasten, wie POM oder PA, im Spritzgußverfahren hergestellt.

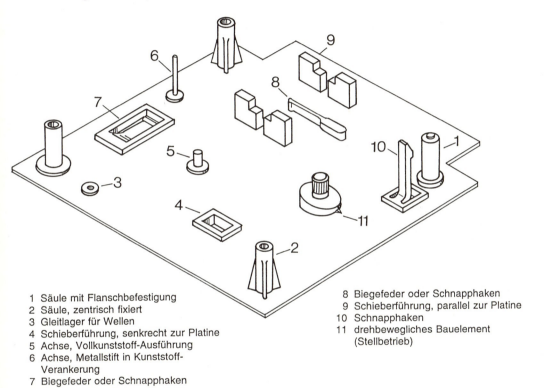

1 Säule mit Flanschbefestigung
2 Säule, zentrisch fixiert
3 Gleitlager für Wellen
4 Schieberführung, senkrecht zur Platine
5 Achse, Vollkunststoff-Ausführung
6 Achse, Metallstift in Kunststoff-
   Verankerung
7 Biegefeder oder Schnapphaken

8 Biegefeder oder Schnapphaken
9 Schieberführung, parallel zur Platine
10 Schnapphaken
11 drehbewegliches Bauelement
   (Stellbetrieb)

Bild 6.40: Elemente in der Outsert-Technik (Hoechst AG)

Da die verschiedenen Funktionsteile in einem Arbeitsvorgang im Spritzguß geformt und angebracht werden, entfallen Einzelmontagen und spanende Bearbeitungen. Bild 6.40 zeigt typische Elemente einer Outsert-Technik.

Bei der Outsert-Technik sind einige verarbeitungstechnische Hinweise und konstruktive Gestaltungsrichtlinien zu beachten. Platinen sollten entgratet sein, um eine Kerbwirkung auf die Funktionselemente zu vermeiden. Eine erhöhte Werkzeugwandtemperatur und ein Vorwärmen der Platinen verbessern durch vollständigere Kristallisation die Festigkeit und den Widerstand gegen Abscheren einzelner Funktionselemente. Bei Ausnutzung der höheren thermischen Schwindung des Kunststoffs können Einzelelemente verschieblich gestaltet

werden. Bei mehreren untereinander verbundenen Funktionspunkten wird diese Verschieb-
lichkeit jedoch aufgehoben. In diesem Fall besteht viel eher die Gefahr der Verwerfung der
Platine bzw. der Abscherung von Verknüpfungspunkten. Zur Vermeidung großer Schwindungskräfte sollen die Wanddicken der Outsert-Elemente möglichst etwa der zweifachen
Platinendicke entsprechen. Beispiele für ein Gleitlager zeigt Bild 6.41.

Bild 6.42 zeigt Beispiele für eine Vollkunststoffachse für Rollen und Hebel, Federn, An-
schlagbolzen oder Distanzhalter. Aussparungen am Fuß des Bauteils vermeiden Lunker-
stellen in Masseanhäufungen. Die Standsicherheit der Verankerung läßt sich durch Vergrößerung des Platinenbohrungsdurchmessers erreichen. Vergrößern von Flanschaußen-
durchmessern dagegen führt leicht zu deren Abheben von der Platine.

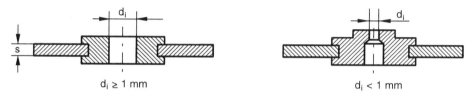

$d_i \geq 1\ mm$ $d_i < 1\ mm$

Bild 6.41: Gleitlagerausführungen in der Outsert-Technik

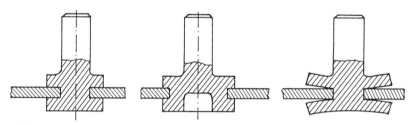

Bild 6.42: Achse oder Distanzhalter in Ganzpolymerwerkstoffbauweise (Hoechst AG)

Gleitführung   Schieber

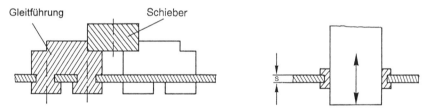

Bild 6.43: Schieberführung parallel und senkrecht zur Platine (Hoechst AG)

Bei Achsendurchmessern unter 3 mm empfiehlt es sich, Metallachsen in die Kunststoffver-
ankerung einzusetzen. Gleitführungen können parallel zur Platine und senkrecht dazu
ausgeführt werden. Ein wartungsfreies Gleit- und Reibverhalten erreicht man durch unterschiedliche Werkstoffpaarungen aus POM, PBT und PA.

Wegen des niedrigen E-Moduls der Kunststoffe lassen sich besonders günstig Biegefedern
und Schnappelemente formen. Diese können in Platinenebene und senkrecht dazu liegen,
Bild 6.40. Bei Schnappverbindungen ist auf eine genügend große Verformbarkeit zu achten,
um lokale Dehnungsüberhöhungen bei der Montage zu vermeiden.

Durch eine Dreipunktverankerung können Säulen und Aufnahmeaugen zentrisch fixiert werden, Bild 6.44. Die Zentrierungen entfallen bei Flanschbefestigung, z.B. zum Aufmontieren einer weiteren Platine. Bei der Verwendung von gewindeformenden Schrauben ist darauf zu achten, daß durch kleine Flankenwinkel, möglichst große Kernloch- und Außendurchmesser eine zwar zuverlässige und nicht dauernd zu hoch beanspruchte Verbindung erreicht wird.

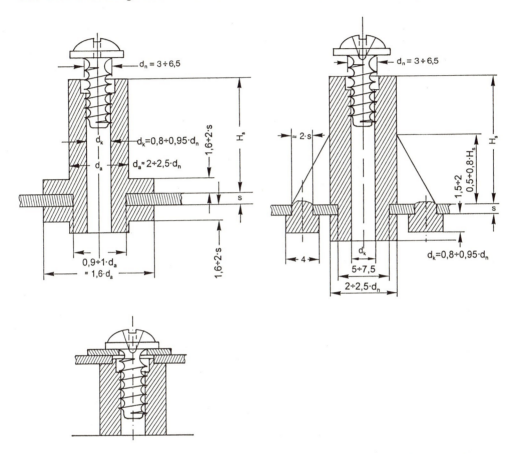

Bild 6.44: *Aufnahmeaugen mit (links oben) und ohne (rechts) zentrische Fixierung mit Angabe der wichtigsten Dimensionierungsmaße und mit Aufmontieren einer weiteren Platine (links unten) (Hoechst AG)*

Drehbewegliche Funktionsteile

Eine dünnwandige Flanschgestaltung erleichtert die **Drehbeweglichkeit** von Funktionsteilen wegen der geringeren Schwindung. Reicht die Beweglichkeit nicht aus, kann unmittelbar nach dem Entformen durch einen Expansionsstift der noch weiche, abkühlende Kunststoff aufgeweitet und die Beweglichkeit des Funktionsteils dadurch erhöht werden, daß durch die zunächst erfolgende elastische Rückfederung, der sich die thermische Schwindung überlagert, ein größeres Spiel entsteht. Grate im Stanzloch der Platine stören hier besonders. Durch nachträgliches Abkanten der Platine bzw. von Platinenteilen, kann so ein Winkeltrieb hergestellt werden, Bild 6.45.

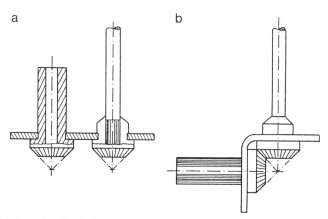

Bild 6.45: Winkeltrieb durch Abkanten der Platine (Hoechst AG)
  a: nach Spritzgießen
  b: nach Umbiegen der Platine

Literatur zu Kapitel 6.6:

Haack, U.   Präzisionsformteile in der Outsert-Technik
                                   Plastverarbeiter 35 (1984), 6, S. 29

N. N.   Hoechst: Technische Kunststoffe, C. 3.5, 4. Auflage
                                   Outsert-Technik mit ® Hostaform
                                   Hoechst AG, Frankfurt, 1992

6.7 UMSPRITZEN

Beim Mehrkomponenten-Spritzgießen können Bauelemente formschlüssig miteinander kombiniert werden. Durch Werkstoffauswahl und Temperatureinstellung lassen sich Formteilhälften gas- und flüssigkeitsdicht unlösbar miteinander verbinden. Ebenso können bewegliche Verbindungen, z.B. Kugel- oder Drehgelenke hergestellt werden.

VERBINDEN VON GEHÄUSEHÄLFTEN

Im Falle des festen Zwei-Schalen-Umspritzens werden verträgliche Werkstoffe mit etwa gleicher Schmelztemperatur und aufeinander abgestimmtem Schwindungsverhalten verwendet. Das Verfahren wird genutzt zum Verbinden bis zweieinhalbdimensionaler Flächenformen, die im Spritzguß alleine nicht mit vertretbarem Aufwand hergestellt werden können, oder zum Einmontieren von Elementen in dichte Kammern, Bild 6.46 rechts.

In zwei Fertigungsschritten werden zunächst die zwei Halbschalen mit einem Flansch im Bereich der Trennebene des späteren Hohlkörpers hergestellt. Im zweiten Schritt, dem Umspritzen der Bandage, werden die zwei Halbschalen in ein weiteres Werkzeug eingelegt, fixiert und im Bereich des Flansches mit einer C-förmigen Klammernaht umspritzt, Bild 6.46 links.

Eine dichte, kraft- und formschlüssige Verbindung ergibt sich, wenn die Schalen ausreichend warm sind und der zweite Werkstoff an den Schalen an der Verbindungsstelle einen möglichst adhäsiven Kontakt hervorruft. Ein direktes Anschmelzen ist problematisch, da der

Schmelzbereich kaum zu begrenzen ist und keinen Widerstand gegenüber der Umspritzung bietet, so daß die Klemmkräfte geringer bleiben. Der zu umspritzende Werkstoff muß ein abgestimmtes Schwindungsverhalten gegenüber dem Schalenwerkstoff haben, so daß einerseits eine ausreichende Vorspannung erzielt wird und andererseits sicher ist, daß durch die Schwindungskräfte keine zu hohen Eigenspannungen in der Umspritzung und keine unerwünschten Deformationen der zu verbindenden Teile entstehen. Da die Kontraktion der Umspritzung aus der Schmelze über einen größeren Temperaturbereich erfolgt, wird einer zu großen Schwindung durch Füll- oder Verstärkungsmittelzugabe oder durch Vorwärmen der zu verbindenden Teile entgegengewirkt.

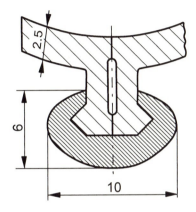 

Bild 6.46: links: umspritzter Flansch (Bayer AG)
           rechts: PKW-Heizungsventile, beide Gehäusehälften aus PA 66 mit PA-GF30 umspritzt,
                    flüssigkeitsdicht verbunden, Regulierscheibe aus POM

Bild 6.47: Fügen eines Y-Rohres durch Umspritzen und gleichzeitiges Anspritzen von Flanschen (Bayer AG)

HERSTELLUNG VON GELENKVERBINDUNGEN

Durch die Wahl weitgehend unverträglicher Werkstoffe mit unterschiedlicher Schmelztemperatur und Schwindung können bewegliche Verbindungen, z.B. Kugelgelenke, hergestellt werden. Die Herstellung erfolgt entweder in zwei verschiedenen Werkzeugen oder in einem Mehrstationenwerkzeug.

Bei einem Kunststoffkugelgelenk wird im ersten Verarbeitungsschritt die Kugel aus PA 66 mit MoS_2 spritzgegossen, Bild 6.48. Diese muß allerdings wegen der maßlichen Genauigkeitsanforderung spanend auf die genaue Kugelgeometrie nachgearbeitet werden. In einem zweiten Spritzgußwerkzeug wird die Kugelschale aus PBT-GF10 um diese Kugel herum gespritzt. Bei der Angußlage ist darauf zu achten, daß die Kugel nicht direkt angespritzt wird, um kein Anschmelzen zu riskieren. Das erforderliche Betriebslagerspiel wird durch die geringere Schwindung des Schalenwerkstoffs und durch Vorwärmen der Kugel auf 160°C erreicht.

Bild 6.48: Kugelgelenk aus PA 66 mit MoS_2 (Kugel) und PBT-GF 10 (Schale) (Kaboplastic, Hartheim)

Bild 6.49: 4-Wege-Ventil einer Hydrauliksteuerung aus PBT-GF3 (Kaboplastic, Hartheim)

Bild 6.49 zeigt als Beispiel einer nach diesem Verfahren hergestellten Gleitverbindung ein 4-Wege-Ventil für eine Hydrauliksteuerung. Die Stahlkugel ist geschliffen und verchromt; als Gehäusewerkstoff wird glasfaserverstärktes PBT-GF30 verwendet. In diesem Fall wird die Stahlkugel vor dem Umspritzen zwar ebenfalls auf etwa 100°C erwärmt, allerdings mit dem Ziel der Ausbildung einer möglichst kristallinen, glasfaserfreien und eigenspannungsarmen und damit tribologisch optimalen Gleitoberfläche.

Beim Herstellen von Gelenkverbindungen in Mehrstationen-Werkzeugen darf der zuerst verarbeitete Werkstoff durch den nachfolgenden nicht zu stark erwärmt werden, um ein Deformieren oder ein Anschmelzen des zweiten Werkstoffs zu vermeiden.

Der nachfolgend verarbeitete artfremde Werkstoff soll eine geringere Schmelztemperatur haben, um die Gefahr des Anschmelzens zu verringern. Der "innere" Werkstoff sollte eine größere Schwindung haben als der "äußere" Werkstoff, so daß beim Abkühlen kein Kraftschluß entsteht. Zur Verbesserung der Gleiteigenschaften können die Werkstoffe mit Gleitmitteln modifiziert werden.

Die Spielfigur mit beweglichen Körperteilen (Kopf, Arme und Beine) fällt als fertiges Produkt aus dem Werkzeug, Bild 6.50. Die Figuren werden in Heißkanal-Technik abfallfrei hergestellt. Die Werkzeughälfte auf der Einspritzseite steht fest und die schließende Werkzeughälfte wird 3 mal um 120° gedreht. An der 1. Station wird der Kopf aus PBT gespritzt. An der 2. Station wird der Rumpf aus PA 6-GF15 angespritzt. Der Kopf bleibt im Körper beweglich. An der 3. Station werden Arme, Beine und das Haarteil aus braunem POM hergestellt. Zwischen Kopf (PBT) und Haarteil (POM) entsteht feste formschlüssige Verbindung. Die geringere Schwindung des glasfaserverstärkten Rumpfes gegenüber dem Kopf aus PBT erhält die Drehbeweglichkeit. Die Glieder schwinden wiederum stärker auf die Rumpfanschlüsse, so daß die Arme und Beine kraftschlüssig schwer beweglich sind und eingestellte Positionen beibehalten können, da das POM zwar aufschwindet, aber keine Verbindung eingeht.

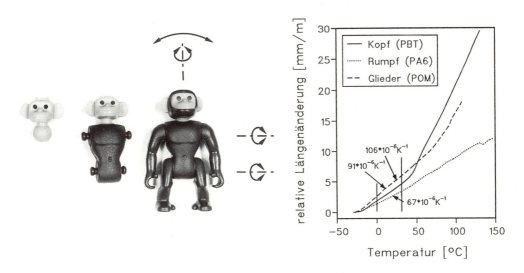

Bild 6.50: Schritte bei der Herstellung des Schimpansen mit Angabe der thermischen Ausdehnungskoeffizienten (Brandstätter, Zirndorf)
a) Kopf aus PBT,   b) Körper aus PA6 mit 15 % GF   c) Haarteil, Beine und Arme aus POM
d) therm. Ausdehnungskoeffizient

Der Luftausströmer für die Fahrzeuginnenlüftung wird in einem 3 Stationen-Werkzeug aus 7 Einzelteilen hergestellt, Bild 6.51. An der 1. Station werden die 5 Lamellen aus glasfaserverstärktem PBT geformt. An der 2. Station wird das Verbindungselement zur gleichsinnigen Führung der Lamellen aus PP hergestellt. An der 3. Station wird der Gehäuserahmen aus PP geformt und dabei über die Leitlamellen Lagerzapfen gespritzt. Die Verbindungsstange (PP) und die Lamellen (PBT) sowie der Gehäuserahmen (PP) und die Lamellen (PBT) sind gegeneinander gelenkig. Die Schmelztemperatur von PP liegt bei ca. 160 °C, die von PBT ca. 220 °C. Die seitlichen Schnappelemente zeigen an der Stelle höchster Belastung eine auffallende Querschnittsverringerung.

 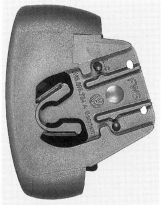

Bild 6.51: Luftauströmer, hergestellt in einem einzigen Spritzgußwerkzeug im Mehrkomponentenspritzguß mit seitlichen Schnappverbindungen (VW, Wolfsburg)

Literatur zu Kapitel 6.7:

Ehrenstein, G. W. und Erhard, G.	Konstruieren mit Polymerwerkstoffen Carl Hanser Verlag, München, 1983
Meier, H.	Mehrschalenspritzguß - die preiswerte Alternative zur Schmelzkerntechnik Bayer AG, AT I 914, 1994

6.8 SCHNAPPVERBINDUNGEN

Schnappverbindungen zählen zu den wirtschaftlichen und werkstoffgerechten Verbindungstechniken. Sie lassen sich besonders bei normalen Thermoplasten günstig anwenden. Vorteile sind geringe Montagezeiten und das Entfallen zusätzlicher Montageelemente. Sie können von leicht über schwer bis unlösbar ausgeführt werden. Lösbare Schnappverbindungen können schnell und ohne spezielle Vorrichtungen bei recyclingorientierten Konstruktionen demontiert und remontiert werden. Die Materialbelastung beim Schnappvorgang ist kurzzeitig hoch, nach dem Fügevorgang jedoch meistens nur noch gering. Sie eignen sich zum Verbinden von Kunststoffteilen, aber auch bei Bauteilen aus anderen Werkstoffen. Zusätzliche Kosten entstehen durch Aufwand bei der Werkzeuggestaltung. Sie eignen sich daher insbesondere bei großen Stückzahlen.

Bild 6.52: Beispiele für zu steife und daher bruchempfindliche Schnapphaken

Gemeinsam ist allen Schnappverbindungen, daß ein vorstehendes Element, z.B. ein Haken, Noppen oder Wulst bei der Montage kurzfristig ausgelenkt wird und in einer Vertiefung (Hinterschnitt) des Verbindungspartners einrastet. Bei der Gestaltung von Schnappverbindungen sind besonders die mechanische Beanspruchung des Schnapphakens beim Fügevorgang und der Kraftaufwand bei der Montage zu beachten.

Um die örtliche Dehnung auch bei großem Federweg in Grenzen zu halten, sollte sich die Verformung über einen größeren Bereich der Federelemente erstrecken. Bild 6.52 zeigt negative Beispiele, bei denen die Federelemente zu kurz und die Stellen höchster Beanspruchung zu starr ausgelegt sind.

6.8.1 Gestaltung

Die Vielzahl möglicher Ausführungen läßt sich auf 3 Grundformen zurückführen:

- Schnapphaken, vorwiegend auf Biegung beanspruchte, als federnde Haken,
- Torsionsschnappverbindungen, auf Schub beansprucht,
- Ringschnappverbindungen, überwiegend auf Normalspannungen beansprucht.

SCHNAPPHAKEN

Einseitig steife Einrastnocken mit gegenüberliegenden federnden Haken führen zu einer unverrückbaren und dennoch lösbaren Anordnung, Bild 6.53 oben links. Eine Zunahme der Wanddicke in Richtung der Einspannung verhindert verformungsbehinderte Brüche. Diese Konzeption bietet sich zum Verbinden von zwei ähnlichen Gehäusehälften an, die leicht wieder trennbar sind, Bild 6.53 oben mitte. Durch Schlitzen des Rohres erfolgt eine weitgehend reine Biegebeanspruchung der einzelnen Haken statt einer viel steiferen Umfangsdehnung, Bild 6.53 rechts.

Bei der nichtlösbaren Schnappverbindung einer Stadion-Bestuhlung kann das Lösen nur mit einem Spezialwerkzeug erfolgen Bild 6.54.

Durch günstige Werkzeuggestaltung kann ein Hinterschnitt oder Schieber im Werkzeug entfallen, ebenso bei genügend elastischer Auslenkung beim Entformen, Bild 6.55.

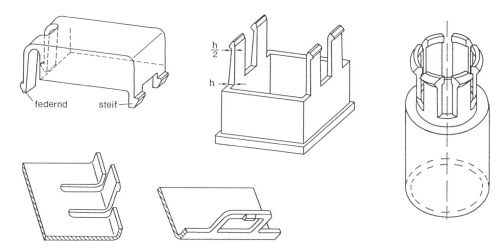

Bild 6.53: Beispiele für lösbare Schnapphaken

oben links: *Abdeckkappe mit zwei steifen und zwei federnden Schnapphaken*
oben mitte: *Baustein für Schaltwände mit vier Schnapparmen*
rechts: *unterbrochene Ringschnappverbindung*
unten links: *Vergrößerung der Schnapphakenlänge durch abgewinkelte Haken*
unten mitte: *torsions- und biegeweiche Hakenbefestigung*

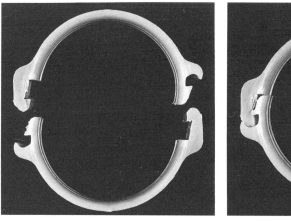

Bild 6.54: Nichtlösbare Schnappverbindung eines Stadion-Stuhlsitzes (Bayer AG)

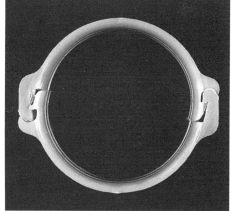

Bild 6.55: Fertigungsgerechte Ausführung des Schnapphakens
a: kompliziertes Werkzeug wegen Hinterschnitt   *b: Werkzeug ohne Schieber, direkte Entformung*

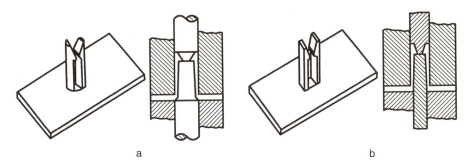

a   b

Bild 6.56: Schnapphaken mit kreisförmigem (a) und rechteckigem (b) Querschnitt und den zugehörigen Ausschnitten von Spritzgußwerkzeugen

Ein Schnapphaken mit halbkreisförmigem Querschnitt nutzt den Werkstoff weniger gut als bei einem Rechteckquerschnitt. Die wegen des zylindrischen Mantelprofils einfachere Fertigung ergibt jedoch deutlich geringere Herstellungskosten für das Spritzgußwerkzeug. Die Herstellung der Formhöhlung durch Funkenerosion und Fräsen bei dem rechteckigen Schnapphaken (b) beansprucht etwa 12 Stunden, das Werkzeug für den Haken mit rundem Querschnitt (a) durch Bohren und Schleifen etwa 3 Stunden, Bild 6.56.

TORSIONSSCHNAPPVERBINDUNGEN

Torsionsschnappverbindungen sind ein selten angewandtes aber elegantes, rationelles und leicht lösbares Verbindungsverfahren. Die Ausbildung des Schnapparmes als Doppelwippe einer überwiegend durch Torsion beanspruchten Achse gestattet durch eine Auslenkkraft Q ein leichtes Öffnen des Deckels. Torsionsarm und Schnapparmwippe sind mit dem Unterkasten in einem Schuß gespritzt, Bild 6.57.

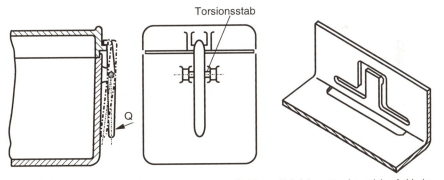

Bild 6.57: Torsionsschnappverbindungen an einem Gehäuse (links) bzw. torsionweiche Anbindung der Hakenwurzel (rechts)

RINGSCHNAPPVERBINDUNGEN

Eine Ringschnappverbindung verbindet zwei rotationssymmetrische Formteile nach dem Einrasten weitgehend entspannt, aber formschlüssig. Je nach Bemessen des Wulstes und seiner Winkel ist die Verbindung lösbar oder nichtlösbar. Wegen der Normalspannungsbeanspruchung in Umfangsrichtung ist das Montieren meist schwergängig. Typische Anwendungen sind Leuchten und Flaschendeckel, Bild 6.58.

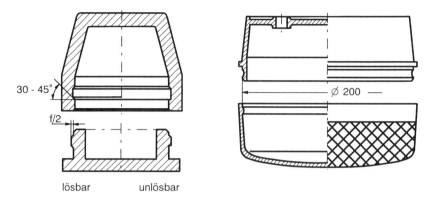

Bild 6.58: Ringschnappverbindungen
links: lösbare und nichtlösbare Ringschnappverbindung
rechts: Ringschnappverbindung bei einem Leuchten-Gehäuse

6.8.2 Berechnung und Dimensionierung

Die Auslegung von Schnappelementen erfolgt verformungsbezogen, Bild 6.59 und Bild 6.60. Als Hinterschnitt bezeichnet man die beim Einschnappvorgang auftretende Auslenkung. Dabei darf die zulässige Dehnung ε des verwendeten Werkstoffs nicht überschritten werden.

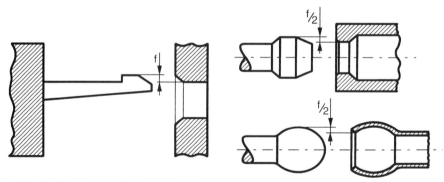

Bild 6.59: Hinterschnitt bei Schnappverbindungen

Teilkristalline und duktile amorphe Thermoplaste können beim einmaligen kurzzeitigen Einschnappen deutlich über die Grenze elastischer Verformung bis nahe an die Streckgrenze belastet werden. Als Richtwert gilt etwa 70 % der Streckdehnung. Bei spröden und glasfaserverstärkten Kunststoffen ohne Streckgrenze gilt etwa die Hälfte der Bruchdehnung als zulässig, Tab. 6.6. Bei wiederholter bis häufiger Betätigung sind Abminderungen um bis zu weiteren 60 % von den zulässigen Grenzwerten vorzusehen.

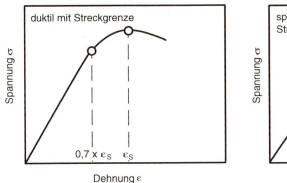 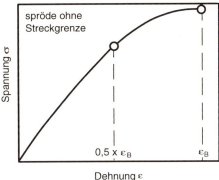

Bild 6.60: Bestimmung der zulässigen Dehnung beim Einschnappvorgang
    links: Werkstoff mit ausgeprägter Streckgrenze;
    rechts: glasfaserverstärkter Werkstoff ohne Streckgrenze

ungefüllte teilkristalline Thermoplaste	ε_{zul}	ungefüllte amorphe Thermoplaste	ε_{zul}	glasfaserverstärkte Thermoplaste	ε_{zul}
PE	8,0 %	PC	4,0 %	30 % GF-PA	2,0 %
PP	6,0 %	PC + ABS	3,0 %	30 % GF-PA trock.	1,5 %
PA feucht	6,0 %	ABS	2,5 %	30 % GF-PC	1,8 %
PA trock.	4,0 %	CAB	2.5 %	30 % GF-PBTP	1,5 %
POM	6,0 %	PVC	2.0 %	30 % GF-ABS	1,2 %
PBT	5,0 %	PS	1,8 %	45 % GF-PPS	1,0 %

Tabelle 6.6:   Richtwerte für zulässige Dehnung ε_{zul} von Schnappverbindungen bei kurzzeitiger Beanspruchung während des Fügevorgangs

SCHNAPPHAKEN

Die meisten Schnapphaken sind einseitig eingespannte Balken mit rechteckigem Querschnitt, Bild 6.61.

Um eine gleichmäßige Werkstoffbeanspruchung und damit optimale Werkstoffausnutzung zu erreichen, muß die Schnapparmdicke h oder die Breite b von der Einspannstelle aus verringert werden. Bewährt hat sich, die Schnapparmdicke h bis zum Hakenende gleichmäßig auf die Hälfte oder die Breite b auf ein Viertel kontinuierlich zu verringern. Besondere Aufmerksamkeit gebührt dabei der Einspannstelle. Die Berechnung des **Hinterschnitts** und der **Auslenkkraft** erfolgt nach Bild 6.62.

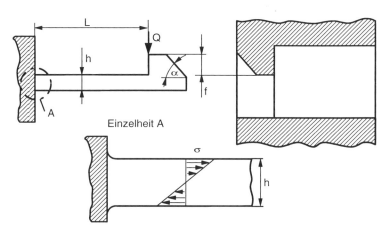

Bild 6.61: Darstellung eines einfachen Schnapphakens

Querschnittsform ⇨ / Ausführung ⇩	A Rechteck	B Trapez	C Kreisbogensegm.	D bel. Querschnitt
zulässige Auslenkung 1 — Querschnitt über der Länge konstant	$f \cdot 0{,}67 \cdot \dfrac{\varepsilon \cdot L^2}{h}$	$f \cdot \dfrac{a \cdot b^{1)}}{2a \cdot b} \cdot \dfrac{\varepsilon \cdot L^2}{h}$	$f \cdot C^{2)} \cdot \dfrac{\varepsilon \cdot L^2}{\rho_2}$	$f \cdot \dfrac{1}{3} \cdot \dfrac{\varepsilon \cdot L^2}{e_{3)}}$
2 — Alle Maße in y-Richtung, z.B. h oder Dr, nehmen auf die Hälfte ab	$f \cdot 1{,}09 \cdot \dfrac{\varepsilon \cdot L^2}{h}$	$f \cdot 1{,}64 \cdot \dfrac{a \cdot b^{1)}}{2a \cdot b} \cdot \dfrac{\varepsilon \cdot L^2}{h}$	$f \cdot 1{,}64 \cdot C^{2)} \cdot \dfrac{\varepsilon \cdot L^2}{\rho_2}$	$f \cdot 0{,}55 \cdot \dfrac{\varepsilon \cdot L^2}{e_{3)}}$
3 — Alle Maße in z-Richtung, z.B. b und a, nehmen auf ein Viertel ab	$f \cdot 0{,}86 \cdot \dfrac{\varepsilon \cdot L^2}{h}$	$f \cdot 1{,}28 \cdot \dfrac{a \cdot b^{1)}}{2a \cdot b} \cdot \dfrac{\varepsilon \cdot L^2}{h}$	$f \cdot 1{,}28 \cdot C^{2)} \cdot \dfrac{\varepsilon \cdot L^2}{\rho_2}$	$f \cdot 0{,}43 \cdot \dfrac{\varepsilon \cdot L^2}{e_{3)}}$
Auslenk - Kraft 1, 2, 3	$Q \cdot \overbrace{\dfrac{b \cdot h^2}{6}}^{W} \cdot \dfrac{E_s \cdot \varepsilon}{L}$	$Q \cdot \overbrace{\dfrac{h^2}{12} \cdot \dfrac{a^2 \cdot 4ab^{1)} \cdot b^2}{2a \cdot b}}^{W} \cdot \dfrac{E_s \cdot \varepsilon}{L}$	$Q \cdot W^{4)} \cdot \dfrac{E_s \cdot \varepsilon}{L}$	$Q \cdot W^{4)} \cdot \dfrac{E_s \cdot \varepsilon}{L}$

Bild 6.62: Berechnung des zulässigen Hinterschnitts f und der Auslenkkraft Q von Schnapphaken

f	=	Federweg (≙ Hinterschnitt)	
ε	=	Randfaserdehnung	
l	=	Hakenlänge	
h	=	Dicke am Einspannquerschnitt	
b	=	Breite am Einspannquerschnitt	
e	=	Randfaserabstand von der neutralen Faser	
W	=	axiales Widerstandsmoment	
E_s	=	Sekanten - E - Modul	
Q	=	Auslenkkraft	

Erläuterungen

1) Die Formeln gelten für den Fall, daß die kritische Beanspruchung (Zugbeanspruchung) in der schmalen Fläche (b) liegt. Tritt sie jedoch in der breiten Fläche (a) auf, sind a und b in der Formel zu vertauschen.

2) *Tritt die kritische Beanspruchung (Zugbeanspruchung) in der konvexen Oberfläche auf, ist C_2 aus 6.63 zu verwenden, tritt sie in der konkaven Oberfläche auf, ist entsprechend C_1 zu verwenden.*

3) *Es ist der Randfaserabstand e zu der Oberfläche zu benutzen, die die größte Zugspannung aufweist.*

4) *Das Widerstandsmoment ist für die Oberfläche zu bestimmen, die unter Zugspannung steht. $W = I/e$ ($I \triangleq$ axiales Trägheitsmoment, $I = \int y^2\, dA$).*

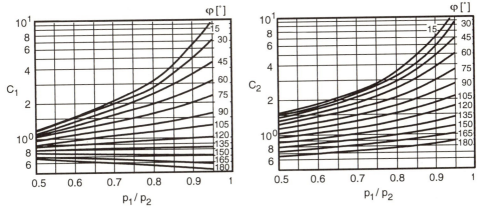

Bild 6.63: Diagramm zur Ermittlung von C_1 und C_2

Bei der Montage müssen die Fügekraft F, die Auslenkkraft Q und die Reibungskraft R überwunden werden.

Als Fügekraft F ergibt sich:

$$F = Q \cdot \tan(\alpha + \varrho) = Q \cdot \frac{\mu + \tan\alpha}{1 - \mu\,\tan\alpha}$$

mit:	*Q*	=	*Auslenkkraft*
	ϱ	=	*Reibwinkel mit $\mu = \tan\varrho$*

α = Schrägungswinkel

Bei lösbaren Verbindungen kann auch die Lösekraft analog zur Fügekraft bestimmt werden. In diesem Fall ist als Schrägungswinkel die Öffnungsneigung α' einzusetzen, Bild 6.64. Bei größeren Hinterschnitten und spröden Werkstoffen muß beachtet werden, daß der tatsächliche Fügewinkel durch die Hakenverformung vergrößert wird ($\alpha + \alpha^*$). Die Winkelkorrektur ergibt sich aus der Gleichung der Biegelinie.

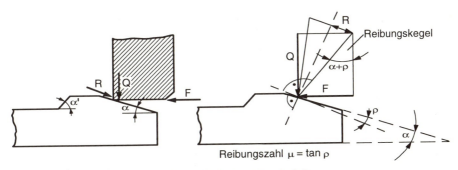

Bild 6.64: Zusammenhang zwischen Auslenkkraft Q und Fügekraft F

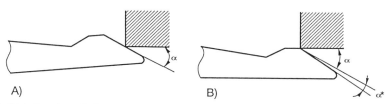

Bild 6.65: Winkelkorrektur: A) Fügebeginn, B) maximale Auslenkung

TORSIONSSCHNAPPVERBINDUNGEN

Bei Torsionsschnappverbindungen resultiert die Verformung aus einer Drillverformung, Bild 6.66. Der Torsionsstab wird auf Scherung beansprucht. Zwischen dem Torsionswinkel β und den Federwegen f_1 und f_2 besteht folgender Zusammenhang:

$$\sin \beta = \frac{f_1}{L_1} = \frac{f_2}{L_2}$$

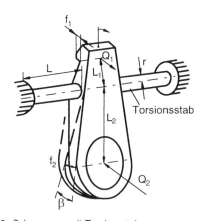

Bild 6.66: Schnapparm mit Torsionsstab

Der maximal zulässige Torsionswinkel β_{zul} wird durch die zulässige Scherung γ_{zul} begrenzt.

Allgemein gilt:

$$\beta_{zul} = \frac{W_t}{I_t} \cdot L \cdot \gamma_{zul}$$

dabei ergibt sich der Torsionswinkel β im Bogenmaß [rad]. Soll jedoch das Ergebnis im Winkelmaß [°] berechnet werden, ist der Faktor $180°/\pi$ einzumultiplizieren. Der zulässige Torsionswinkel β_{zul} ergibt sich dann in Abhängigkeit von der zulässigen Scherung γ_{zul}:

$$\beta_{zul} = \frac{180°}{\pi} \cdot \frac{W_t}{I_t} \cdot L \cdot \gamma_{zul} = \frac{180°}{\pi} \cdot C \cdot L \cdot \gamma_{zul}$$

mit:
W_t	=	Widerstandsmoment	γ_{zul}	=	zulässige Scherung
I_t	=	Flächenträgheitsmoment gegen Torsion	β_{zul}	=	zulässiger Torsionswinkel
L	=	Länge des Torsionsstabes	C	=	querschnittsflächenabhängige Konstante

Für kreisrunde Querschnitte mit einem Radius r, wie im angegebenen Beispiel, ist $W_1/l_1 = W_p/l_p = 1/r$, damit ergibt sich β_{zul}:

$$\beta_{zul} = \frac{180°}{\pi} \cdot \frac{L}{r} \cdot \gamma_{zul}$$

Für weitere Querschnitte ist C in Bild 6.67 angegeben.

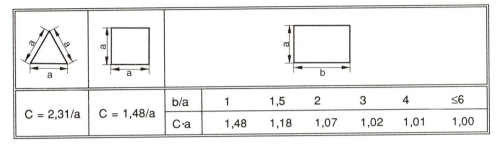

		b/a	1	1,5	2	3	4	≤6
C = 2,31/a	C = 1,48/a	C·a	1,48	1,18	1,07	1,02	1,01	1,00

Bild 6.67: C-Werte zur Berechnung von Torsionsstäben

Die zulässige Scherung γ_{zul} beträgt bei Kunststoffen etwa:

$$\gamma_{zul} = (1 + \nu) \cdot \varepsilon_{zul} \approx 1,35 \cdot \varepsilon_{zul}$$

mit: ε_{zul} = zul. Dehnung ν = Querkontraktionszahl

Zur Auslenkung des Schnapparmes um den Betrag f ist ein bestimmtes Moment M_t erforderlich, welches über einen Hebelarm l_i mit der Auslenkkraft Q_i aufgebracht wird. Der Torsionswinkel β ergibt sich aus dem Verhältnis von Auslenkung f_1 und dem Abstand zum Drehpunkt l_1. Beachtet werden muß, daß β im Bogenmaß eingesetzt wird:

$$M_t = Q_i \cdot L_i = \frac{l_t \cdot G}{L} \cdot \frac{180°}{\pi} \cdot \arcsin \frac{f_1}{L_1}$$

mit: Q_i = Auslenkkraft G = Schubmodul ($G = 0,37 \cdot E_s$; bei $\nu = 0,35$)
       L_i = dazugehöriger Hebelarm β = Torsionswinkel in rad
       l_t = Flächenträgheitsmoment gegen Torsion

Bei Torsionsstäben muß die doppelte Auslenkkraft aufgebracht werden.

RINGSCHNAPPVERBINDUNGEN

Weder bei der Entformung aus dem Spritzgießwerkzeug noch beim Einschnappvorgang sollte die zulässige Verformung überschritten werden. Da die Streckdehnung von Kunststoffen bei erhöhter Temperatur abnimmt, ist der schwerer zu erfassende Werkzeug-Entformungsvorgang der kritischere. Der zulässige Hinterschnitt f_{zul} bei Ringschnappverbindungen wird ebenfalls durch die maximal zulässige Dehnung ε_{zul} begrenzt:

$$f_{zul} = \varepsilon_{zul} \cdot d$$

Dabei wird meistens angenommen, daß einer der Fügepartner sich starr verhält. Trifft dies nicht zu, ist die tatsächliche Materialbeanspruchung entsprechend kleiner. Die Schnappwulst weitet nämlich das Rohr über einen größeren Bereich auf, Bild 6.69. Entsprechend erstreckt sich auch die Spannungsverteilung über einen größeren Bereich der Wulstumgebung.

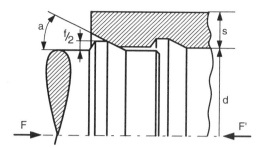

F = Fügekraft
F' = Lösekraft
f = Hinterschnitt
α = Schrägungswinkel
s = Wanddicke
d = Durchmesser an
    der Fügestelle

Bild 6.68: Ringschnappverbindungen

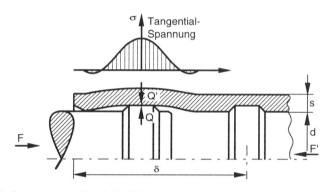

Bild 6.69: Spannungsverteilung beim Fügevorgang, starre Welle, Außenrohr aus Kunststoff

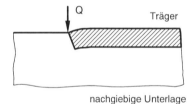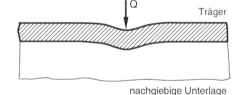

Bild 6.70: Nachgiebig gebetteter Träger

Den Berechnungen liegt die "Theorie des nachgiebig gebetteten unendlich langen Trägers" zugrunde, wobei zwei Extremfälle unterschieden werden, Bild 6.70:

- Die Kraft Q greift am Trägerende an (Schnappnut am Rohrende).
- Die Kraft Q greift weit vom Trägerende an (endferne Schnappnut).

Für die Querkraft Q einer endnahen **Ringschnappverbindung** gilt vereinfacht:

$$Q = f \cdot d \cdot E_s \cdot X_{N,W}$$

mit: f = Hinterschnitt d = Durchmesser an der Fügestelle
      E_s = Sekanten-Modul X = Geometriefaktor

Die Fügekraft beträgt:

$$F = Q \cdot \frac{\mu + \tan\alpha}{1 - \mu \cdot \tan\alpha}$$

mit: μ = Reibungszahl
α = Schrägungswinkel

Der Geometriefaktor X_N für eine starre Welle und ein nachgiebiges Außenrohr:

$$X_N = 0,62 \cdot \frac{\sqrt{(d_a/d - 1) / (d_a/d + 1)}}{[(d_a/d)^2 + 1] / [(d/d_i)^2 - 1] + \nu}$$

mit: d_a = Innendurchmesser der Hohlwelle d = Durchmesser an der Fügestelle
ν = Querkontraktionszahl

für ein starres Außenrohr und eine nachgiebige Welle:

$$X_W = 0,62 \cdot \frac{\sqrt{(d/d_i - 1) / (d/d_i + 1)}}{[(d/d_i)^2 + 1] / [(d/d_i)^2 - 1] - \nu}$$

Als **endfern** gilt eine Schnappverbindung, wenn der Abstand δ vom Bohrungsanfang nicht kleiner als δ_{mind} wird:

$$\delta_{mind} \approx 1,8 \sqrt{d \cdot s}$$

mit: d = Fügedurchmesser
s = Wanddicke

In diesem Fall sind Querkraft und Fügekraft F theoretisch viermal größer als bei der endnahen Ausführung. Praktische Untersuchungen haben aber gezeigt, daß die tatsächlichen Fügekräfte kaum dreimal größer sind

$$F_{endfern} \approx 3 \cdot F_{endnah}$$

6.8.3 Konstruktionshinweise

ABMINDERUNGSFAKTOR

Bei der Auslegung von Schnappverbindungen ist neben den werkstoffbezogenen Einflüssen besonders die Art der Beanspruchung, Temperatur und Umwelt zu berücksichtigen.

Für das Produkt aus Abminderungsfaktor A und Sicherheitsbeiwert S beim kurzzeitigen Fügen bei Raumtemperatur genügt meist ein Gesamtbeiwert $A \cdot S = 1,5$. Bei langzeitig einwirkender Beanspruchung und erhöhten Temperaturen ergeben sich Werte von 4 bis 10.

NACHGIEBIGKEIT BEIDER FÜGEPARTNER

Meistens wird der steifere von beiden Fügepartnern als starr angenommen und der nachgiebigere als um den vollen Hinterschnitt verformt. Können sich jedoch beide Fügepartner verformen, wird jede einzelne Verformung geringer, wie auf Bild 6.71 graphisch dargestellt. Zunächst wird die Auslenkkraft jedes einzelnen Fügepartners unter der Annahme bestimmt, der andere sei starr. Überlagert man die "Federkennlinien" der Fügepartner, gibt der Schnittpunkt beider Linien die tatsächliche Auslenkkraft Q und die Federwege (Verformungen) f_1 und f_2 an. Mit Hilfe dieser Größen können nun die günstigeren geringeren Einzeldehnungen und die Fügekraft berechnet werden.

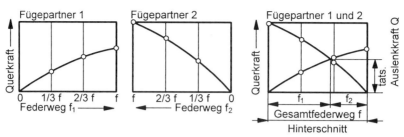

Bild 6.71: Graphische Bestimmung der Verformungen f_1 und f_2 und der tatsächlichen Auslenkkraft Q bei Nachgiebigkeit beider Fügepartner

Literatur zu Kapitel 6.8:

Beitz, W.	Demontagefreundliche Schnappverbindungen VDI-Berichte Nr. 493 (1983), S. 113-123
Endemann, U.	Optimale Schnappverbindungen Kunststoffe 84 (1994) 4, S. 455-462
N. N.	Praxisinformation - Schnappverbindungen aus Kunststoffen, KU 46040, Bayer AG, 1990
N. N.	Hoechst AG: Berechnen von Schnappverbindungen mit Kunststoffteilen, B.3.1, Hoechst AG, Frankfurt, 1983
Oberbach, K. und Schauf, D.	Schnappverbindungen aus Kunststoff, Teil 1: Gestaltung und Berechnungsgrundlagen; Teil 2: Berechnungs- und Einsatzbeispiele Verbindungstechnik (1977) 6, S. 41-46 und 7/8, S. 29-33

6.9 FILMGELENKE

Der vergleichsweise niedrige Elastizitätsmodul der Kunststoffe gestattet es, beim Fertigungsprozeß durch gezielte Formgebung ein Verbindungselement herzustellen, das homogen aus dem gleichen Werkstoff besteht wie das eigentliche Formteil. Der niedrige Elastizitätsmodul bedeutet eine leichte Verformbarkeit bei gleichzeitig niedrigen Spannungen. Unterstützt wird dieses durch die im Vergleich zur Dicke mehrfache Länge der Filmgelenke. Als Verarbeitungsverfahren bieten sich vor allem der Spritzguß und das Blasen sowie bedingt die Extrusion an.

Beim Spritzguß stellt ein Filmgelenk senkrecht zur Strömungsrichtung ein Hindernis dar. Wegen der Querschnittsverjüngung wird die Schmelze im Gelenkbereich beschleunigt, so daß eine für die mechanischen Eigenschaften günstige Molekülorientierung in Richtung der Biegeverformung entsteht. Allgemein wird mit hohen Schmelze- und Werkzeugtemperaturen gearbeitet, um in den Formteilbereichen hinter dem Gelenk eine vollständige Füllung zu erreichen und durch erhöhten Nachdruck Einfallstellen zu vermeiden. Durch nachträgliches Prägen, z.B. bei 80-140° bei PP, kann die Orientierung und damit die mechanische Festigkeit weiter verbessert werden. Als Werkstoffe eignen sich besonders die dünnflüssigeren und leichter verstreckbaren teilkristallinen Thermoplaste. Durch Füll- und Verstärkungsstoffe werden die dynamischen Eigenschaften verringert, durch Elastomermodifikationen im allgemeinen jedoch verbessert. Bei der Werkzeuggestaltung sollte darauf geachtet werden, daß die Fließfront möglichst parallel zu dem Gelenkband liegt. Bild 6.72 zeigt, wie dieses durch die Angußwahl erreicht wird, bzw. Bindenähte im Gelenkband selbst durch unterschiedliche Wanddicken oder Fließhilfen vermieden werden können.

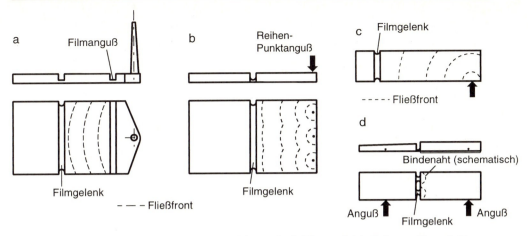

Bild 6.72: *Fließfront parallel zur Filmgelenkrichtung durch Filmanguß (a), Reihenpunktanguß (b), ausreichenden Abstand des Angusses (c) bzw. Bindenaht außerhalb des Filmgelenks bei unterschiedlichem Querschnitt der Fließkavitäten (d)*

Das Filmgelenk soll eine vielfache Breite bezogen auf die Dicke aufweisen, ca. das 3- bis 10fache. Die Dimensionierung erfolgt gegen eine maximal zulässige Randfaserdehnung $\varepsilon_{b\,zul}$:

$$\varepsilon_{bzul} < \frac{K}{E_s \cdot A \cdot S}$$

mit: K = *Kurzzeitbemessungsfestigkeit* A = *Werkstoffabminderungsfaktor*
      E_s = *Sekanten-E-Modul zu K* S = *Sicherheitsfaktor (1,1 ÷ 1,2)*

Da häufig ein Belastungsbiegemoment nicht vorgegeben ist, sondern eher der Krümmungsradius, läßt sich die Randfaserdehnung entsprechend den in Bild 6.73 dargestellten geometrischen Bedingungen aus den Krümmungsradien oder der Filmgelenkbreite berechnen.

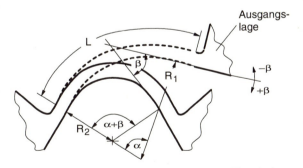

Bild 6.73: *Geometrische Bezeichnungen beim Biegen eines Filmgelenkes*

Aus den geometrischen Abmessungen läßt sich unter Berücksichtigung einer Verformung von $\pm\,\beta$ die vorhandene Randfaserdehnung $\varepsilon_{b\,vor}$ bestimmen:

$$\varepsilon_{bvor} = \frac{h}{2}\left(\frac{\alpha}{L} - \frac{\alpha \pm \beta}{L}\right)$$

Bei der Dimensionierung muß die vorhandene Randfaserdehnung bei Biegung, $\varepsilon_{b\,vor}$ kleiner/-gleich der zulässigen Dehnung $\varepsilon_{b\,zul}$, sein:

$$\varepsilon_{bvor} \le \varepsilon_{bzul}$$

Die Radien R_1 und R_2 ergeben sich aus den Winkeln und der Länge L:

$$R_1 = \frac{L}{\alpha}; \qquad R_2 = \frac{L}{\alpha \pm \beta}$$

mit: $\sphericalangle\alpha$, $\sphericalangle\beta$ im Bogenmaß (rad).

Umrechnung von $\alpha°$, $\beta°$ in α, β (rad): $360° = 6,28$ rad; $1° = 0,01745$ rad.

Bei Schaltfedern aus POM für Quarz wird durch ein Filmgelenk $(0,15 \pm 0,005$ mm) die Federkraft zur leichteren Montage erniedrigt, Bild 6.74. Erwähnenswert ist bei diesem 0,0028 g schweren Teil, daß es mit einem Griff hergestellt wird, der nach der Montage abgebrochen wird.

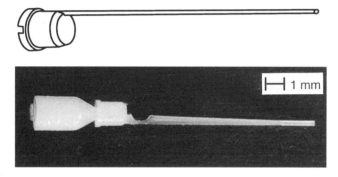

Bild 6.74: *Schaltfeder einer Quarzuhr aus POM im Vergleich zur früheren Metallausführung (Beiter, Dauchingen)*

Literatur zu Kapitel 6.9:

N. N.   Hoechst AG: Technische Kunststoffe, Filmgelenke B. 3.5
                                    1990

Schmidt, H.   Filmgelenk aus verstärktem PP und aus POM
                                    Plastverarbeiter 34 (1983) 9, S. 774-780

6.10 KLIPSE

Klipse sind einfach und schnell montierbare Elemente zur Befestigung bzw. Fixierung von Anbauteilen, z.B. Türinnenverkleidungen, Dämmstoffe, Zierleisten, Stoßstangenverkleidungen usw. Die eher nietähnlichen Verbindungselemente unterscheiden sich aufgrund ihrer Montage und Verankerung in Schnapp-, Spreiz- oder Schraub-Klipse.

Schnapp-Klipse nach dem Prinzip der Schnappverbindungen bestehen aus federnden Schafthälften, die bei der Montage zusammengedrückt werden, danach auseinanderspreizen und die zu verbindenden Bauteile zusammenklemmen, Bild 6.75. Bevorzugte Werkstoffe sind PA, POM und vereinzelt PP.

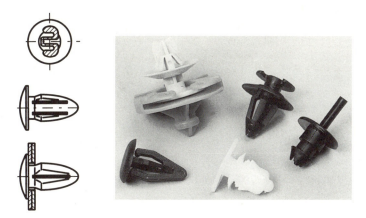

Bild 6.75: Prinzip und Beispiele eingesetzter Schnapp-Klipse

Spreiz-Klipse sind Hohlniete, die durch Spreizstifte aufgeweitet werden. Das Übermaß der Spreizstifte bewirkt eine Pressung des Klipses gegen die Bohrlochwandung, zusätzlich zu einer formschlüssig wirkenden, konischen Hinterschneidung, Bild 6.76 links. Es gibt ungeschlitzte, zwei- oder mehrfach geschlitzte Ausführungen, die wie die Schnapp-Klipse einseitig montiert werden. Die Verbindung kann u.U. nach Durchschlagen der Stifte und dem Herausnehmen der Niete wieder gelöst werden.

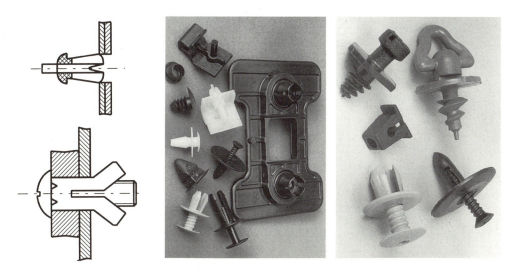

Bild 6.76: Spreiz-Klipse (links); gewindeformende Kunststoffschrauben und Schraub-Klipse (rechts)

Eine Variante des Spreiz-Klips ist der **Schraub-Klips** mit einem als Schraube ausgeführten Spreizstift, der durch Eindrücken oder Eindrehen den Niet spreizt, bzw. durch Herausdrehen eine Demontage ermöglicht. Gespritzte Schrauben bewirken meist nur eine Verdrängung, während bei metallischen Schrauben der Niet zusätzlich gestaucht wird und einen formschlüssigen Wulst ausbildet.

Zur Befestigung von Innenraumankleidungen in weiche Untergründe werden auch selbstformende Kunststoffschrauben verwendet, die mit relativ großer Steigung und Gewindetiefe
mit wenigen Umdrehungen formschlüssig verankert werden, Bild 6.76 rechts.

Literatur zu Kapitel 6.10:

Milberg, J. und Riese, K.   Automatische Montage von Klipsen durch Industrieroboter
                                   Flexible Automation (V.), 1986

6.11 NIETEN UND BÖRDELN

Formschlüssiges Verbinden auch unterschiedlicher Werkstoffe kann durch Nieten und Bördeln
erfolgen. Der umzuformende Werkstoff muß aus einem Thermoplast bestehen. Das Umformen
erfolgt durch in Wärme umgewandelte Ultraschallenergie. Eine vollkommen gleichmäßige
Plastifizierung des umzuformenden Kunststoffs ist nicht zu erreichen, so daß zumindest im
Umformbereich mit Orientierungen und Eigenspannungen zu rechnen ist. Eine Voraussetzung
für eine feste, genaue Verbindung ist ein geringes Durchmesserspiel von 0,1 bis 0,2 mm der
gefügten Teile, um die seitlichen Druckkräfte im Niet und dadurch hervorgerufene Belastung
im aufzunietenden Bauteil nicht zu groß werden zu lassen. Es muß daher evtl. mit zusätzlichen
Niederhaltern gearbeitet werden. Scharfe Kanten von eingenieteten oder umbördelten harten
Werkstoffen können zu Kerbspannungen führen und sollten vermieden werden. Bild 6.77 zeigt
Beispiele für eine Vernietung, Bild 6.78 für eine Bördelung einer Platte aus anderem Werkstoff.

Bild 6.77: Schnitt durch Vernietungen

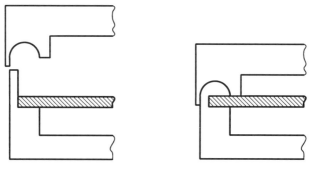

Bild 6.78: Verbördelung einer Platte

Literatur zu Kapitel 6.11:

N.N.   BASF-Kunststoffe B 604d;
                                   Fügeverbindungen in der Kunststofftechnik;
                                   1989

6.12 PRESSVERBINDUNGEN

Die Preßverbindung ist eine einfache und kostengünstige Methode zur kraft- bzw. reibschlüssigen Verbindung zweier Konstruktionselemente. Sie dient zur Befestigung von Bauteilen oder zur Übertragung von Kräften und Momenten, wobei durch ein Passungs-Übermaß eine aufgezwungene Formänderung in Spannungen umgesetzt wird, die den Kraftschluß ermöglicht. Anwendungen gibt es bei Gleitlagern, Wellen/Naben-Verbindungen und in der Insert-Technologie. Folgende Einzelprobleme müssen berücksichtigt werden:

- Relaxation der Preßspannung, besonders bei erhöhten und wechselnden Temperaturen,

- erhöhte Wärmespannungen bei Metallpartnern bei Einsatz bei tiefen Temperaturen,

- Preßspannung muß unterhalb der Zeitstandfestigkeit liegen,

- Empfindlichkeit gegenüber Spannungsrissen wegen permanenter Zugspannungen,

- bei kraftschlüssiger Verbindung nimmt die Reibungszahl mit zunehmendem Preßdruck ab. Erhöhung der Reibungszahl durch Aufrauhen des Metallpartners,

- Eigenspannungen aus der Fertigung (Vorwärmen des Partners beim Spritzgießen).

Für Preßverbindungen eignen sich besonders Teile aus PA, POM, PBT, PET, bedingt nur PE-HD und PP. Die Einsatztemperaturen liegen bei den technischen Thermoplasten grob zwischen -40 °C und +60 °C, bei Glasfaserverstärkung bis +85 °C, und sind allein von den mechanischen und den thermischen Eigenschaften abhängig. Amorphe Werkstoffe, wie PS, SAN oder PC, eignen sich aufgrund ihres spröden und spannungsrißempfindlichen Verhaltens weniger. Für die konstruktive Auslegung sind zu berücksichtigen:

- das zu wählende Über- bzw. Untermaß,

- der Oberflächenzustand des Metallpartners,

- die zeitabhängige Pressung,

- die Einpreßkraft,

- die Ausziehkraft,

- das übertragbare Drehmoment.

Bei den reibschlüssigen Preßverbindungen wird zwischen dem Preßsitz einer Kunststoffbuchse in einem Metallgehäuse (z.B. Lagerbuchsen) und einer metallischen Welle in einem Kunststoffteil (z.B. Zahnrad, Rolle, Mitnehmer usw.) unterschieden, Bild 6.79. Beim Preßsitz,

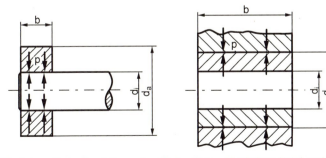

Bild 6.79: Schematische Darstellung einer Wellen/Naben-Verbindung (links) und einer Verbindung zwischen Kunststoffbuchse/Metallgehäuse (rechts) mit Geometriedefinition

Kunststoff in Metallgehäuse, wird die Buchse mit einer Fase von ca. 1,5 bis 2 mm Breite mit einem Winkel von 30° axial eingepreßt. Zu große Rauheiten ($R_t \geq 4$ µm) führen meist zum Zerspanen des Kunststoffs und reduzieren das wirksame Untermaß.

Beim Preßsitz Kunststoffbuchse/Metallwelle wird die Buchse erwärmt, ausgedehnt und nahezu kraftfrei auf die Welle geschoben. Dieses Verfahren ist besonders bei größeren Abmessungen zweckmäßig. Durch die mit der Abkühlung auftretende Schrumpfung entsteht die Pressung auf der Welle. Die benötigte Temperaturerhöhung der Nabe beträgt:

$$\Delta T = \frac{1}{\alpha(t)} \cdot \frac{\Delta d}{d}$$

mit: ΔT = Temperaturdifferenz $\alpha(t)$ = temperaturabhängiger Längenausdehnungskoeffizient der Nabe
        Δd = Untermaß d = Wellendurchmesser

Bei der Berechnung der Spannungen in einer Preßverbindung wird in erster Näherung ein zweiachsiger Spannungszustand bei elastischem Werkstoffverhalten vorausgesetzt.

PRESSVERBINDUNG STAHLWELLE/KUNSTSTOFFNABE

Beim Aufpressen einer Nabe auf eine Metallwelle werden die Verformungen vom Kunststoffteil aufgenommen. Die **Radialspannungen** σ_R sind am Außenrand der Nabe gleich Null, am Innenrand als Druckspannung maximal:

$$\sigma_R = -p$$

mit: σ_R = Radialspannung
        p = Pressung in der Fuge

Die **Tangentialspannung** σ_T erreicht ihren Höchstwert in der Fuge und nimmt nach außen hin ab, jedoch nicht bis auf Null:

$$\sigma_{T\,innen} = p \cdot \frac{a^2 + 1}{a^2 - 1} \; ; \qquad \sigma_{T\,außen} = p \cdot \frac{2 \cdot a^2}{a^2 - 1}$$

mit: $\sigma_{T\,innen}$ = Tangentialspannung in der Fuge
        $\sigma_{T\,außen}$ = Tangentialspannung am Nabenrand
        a = Radien- bzw. Durchmesserverhältnis = d_a/d_i

Bei dünnwandigen Naben ($a \leq 1,2$) genügt eine mittlere Zugspannung σ_{Tm}. Andererseits ist mit einem Radienverhältnis $a \geq 2,5$ keine wesentliche Pressungssteigerung zu erreichen, so daß bei großem Radienverhältnis mit $a = 2,5$ gerechnet wird.

$$\sigma_{T\,m} = p \cdot \frac{r_m}{s} < \sigma_{zul}$$

mit: r_m = mittlerer Radius der Nabe
        s = Wanddicke

Aus den Radial- und Tangentialspannungen in der Fuge wird eine Vergleichsspannung σ_V berechnet:

$$\sigma_V = \sqrt{\sigma_T^2 + \sigma_R^2 - \sigma_T \cdot \sigma_R}$$

Durch Einsetzen wird

$$\sigma_{V\,HMH} = p \cdot \frac{\sqrt{3 \cdot a^4 + 1}}{a^2 - 1} < \sigma_{zul}$$

Die maximale Pressung in der Fuge beträgt dann:

$$p = \frac{\Delta d_w \cdot E}{d_i \left(\dfrac{a^2 + 1}{a^2 - 1} + \nu \right)}$$

mit: ν = Querkontraktionszahl Δd_w = wirksames Untermaß

Das wirksame Untermaß Δd_w berechnet sich aus der Differenz des Untermaßes der Nabe Δd und den im Betriebszustand auftretenden Temperaturschwankungen ΔT, die Durchmesserschwankungen Δd_T der Nabenbohrung hervorrufen:

$$\Delta d_w = \Delta d - \Delta d_T$$

mit: $$\Delta d_T = \alpha(t) \cdot d_i \cdot \Delta T$$

Das Untermaß der Nabe Δd wird näherungsweise:

$$\Delta d = K \cdot \sqrt{d}$$

mit der Werkstoffkonstanten K: A = 0,02; B = 210 und n = 1,85

$$K = A + \left(\frac{B}{E_{t,T}} \right)^n$$

Bei Temperaturen unterhalb 20 °C ist zu prüfen, ob das zulässige Untermaß Δd_{Grenz} nicht überschritten wird:

$$\Delta d_{Grenz} = K \cdot d^{\,0,7} \geq \Delta d_w$$

Die **Lösekraft** der Verbindung in axialer Richtung ist der Flächenpressung, der Reibungszahl und der Passungsfläche proportional:

$$F_H = \frac{\Delta d_W \cdot \pi \cdot b \cdot \mu \cdot E}{\dfrac{a^2 + 1}{a^2 - 1} + \nu} = \pi \cdot d_i \cdot b \cdot p \cdot \mu$$

mit: μ = Haftreibungszahl b = Länge des Preßsitzes
  E = E-Modul

Das zum **Verdrehen** der Nabe notwendige Drehmoment M_{dH} beträgt:

$$M_{dH} = F_H \cdot \frac{d_i}{2}$$

Die **Aufweitung der Nabe** Δd_a infolge des Untermaßes ist:

$$\Delta d_a = \Delta d \cdot \frac{2 \cdot a}{a^2 \cdot (1 + \nu) + (1 - \nu)}$$

Die Kunststoffe relaxieren unter Last. Mit der Zeit nehmen die Haftkraft und das Verdrehmoment ab. Dieses wird durch den Relaxationsmodul $E_R(t)$ berücksichtigt, bezogen auf die durch das Untermaß hervorgerufene Verformung $\varepsilon = \Delta d/d$. Da ausreichende Daten hierfür fast nie vorliegen, ist mit dem Kriechmodul $E_c(t)$ aus dem einachsigen Zugversuch zu rechnen. Dieser führt zu etwas geringeren Werten, die daher als untere Grenzwerte anzusehen sind.

Die Verankerungsfestigkeit läßt sich durch einen zusätzlichen Formschluß erheblich steigern, in dem z.B. auf die Stahlwelle ein Kreuz- oder Längsrändel aufgebracht wird. Bei Kreuzrändeln besteht beim Einpressen die Gefahr, daß das wirksame Untermaß durch Abschaben reduziert wird. Achsparallele Längsrändel werden deshalb bevorzugt, Bild 6.80.

Zur näherungsweisen Auslegung sollte das Untermaß der Nabe Δd etwa so groß wie die Rändelteilung t gewählt werden.

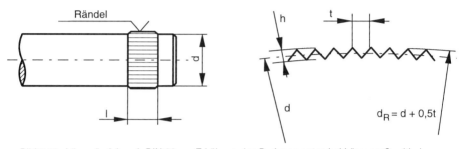

Bild 6.80: Längsrändel nach DIN 82 zur Erhöhung des Drehmomentes bei Längspreßverbindungen

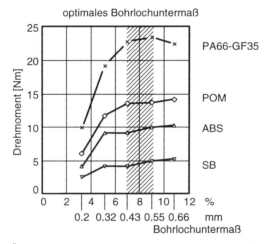

Bild 6.81: Übertragbares Drehmoment einer längsgerändelten Preßsitzverbindung unmittelbar nach dem Fügen als Funktion des Bohrlochuntermaß ($d_{Welle} = b_{Preßsitz} = 6\ mm$)

Die Ausreißkraft ist der Länge des Preßsitzes direkt proportional, Bild 6.82. Bei langzeitiger Belastung nehmen die Werte ebenso wie das Drehmoment erfahrungsgemäß um ca. 30 - 40% ab.

Unmittelbar nach dem Fügen beträgt das Drehmoment bei **Schubversagen** der Fuge:

$$M_d \approx \frac{d_R^2 \cdot \pi \cdot b}{2} \cdot \tau$$

mit: d_R = Rändeldurchmesser der Welle
      b = Länge des Preßsitz
      τ = Schubfestigkeit

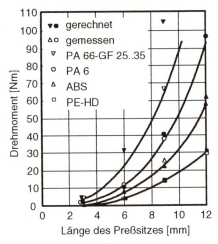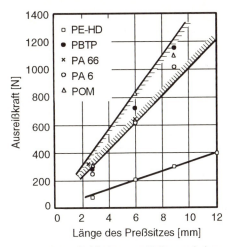

Bild 6.82: links: *Übertragbares Drehmoment von längsgerändelten Stahlbolzen unmittelbar nach dem Fügen in Abhängigkeit der Länge des Preßsitzes (d_r = 6 mm)*

            rechts: *Ausreißkraft von längsgerädelten Stallwellen (d_{Welle} = 6 mm; Δd = 0,5 mm) in Abhängigkeit der Länge des Preßsitzes*

Unter der Voraussetzung, daß kein Schubversagen eintritt, sondern sich die Nabe beim Verdrehen der Welle aufweitet, ist das übertragbare Drehmoment proportional zur Zahnüberdeckung h und dem Zahnflankenwinkel α. Das zum Verdrehen notwendige Moment setzt sich dann aus einem zeitabhängigen, kraftschlüssigen und einem zeitunabhängigen, formschlüssigen Anteil zusammen. Der zeitabhängige Anteil beschreibt den reinen Pressungsanteil mit dem effektiven Übermaß

$$\Delta\, d_{eff} = \Delta d - 2 \cdot h$$

Der zeitunabhängige Anteil berücksichtigt das elastische Aufweiten der Nabe durch die Relativverschiebung entlang der Zahnflanken. Es ergibt sich für das Drehmoment:

$$M_d(t) = \frac{\pi \cdot d \cdot b \cdot \cot \frac{\alpha}{2}}{\dfrac{a^2 + 1}{a^2 - 1}} \left(2 \cdot h \cdot E + \Delta d_{eff} \cdot E_R(t)\right)$$

Eine Variante der Welle/Nabe-Preßverbindung ist der **Klemmsitz**. Durch Verspannen einer Schale aus Kunststoff, z.B. mittels Schrauben, Klemmringe usw., kann das Bauteil auf der Welle fixiert und in Drehrichtung oder Achsrichtung verschoben werden.

Die Verbindungen sind so auszulegen, daß die angreifenden Kräfte geringer sind als die Summe der Reibkräfte F_H: $$F_H = \sum F_N \cdot \mu \geq F_A$$

bzw. das Haftdrehmoment M_{dH}: $$M_{dH} = F_H \cdot \frac{d}{2} \geq F_T \cdot l$$

mit: F_N = *Normalkraft* F_T = *Tangentialkraft*
       F_A = *Axialkraft* l = *Hebelarm*

Bei gleichmäßiger Verteilung der Flächenpressung p beträgt die Haftkraft F_H:

$$F_H = p \cdot \pi \cdot d \cdot b \cdot \mu$$

Generell ist festzustellen, daß sich bei Preßverbindungen der Einfluß der Spannungsrelaxation bei Raumtemperatur weniger auf die Haftfestigkeit auswirkt als der Einfluß der Wärmedehnung bei Temperaturerhöhung. Temperaturerhöhungen um 20 °C können die Haftkraft bei reinen Reibschlußverbindungen um ca. 30 % verringern.

PRESSVERBINDUNG KUNSTSTOFFWELLE/KUNSTSTOFFNABE

Sind bei einer Preßverbindung Welle/Nabe beide Fügepartner aus Kunststoff, muß bei der Berechnung der Pressung die Relaxation in der Welle und in der Buchse berücksichtigt werden:

$$p = \frac{\Delta d}{d_i} \cdot \frac{1}{C}$$

mit

$$C = \frac{a^2 + 1}{a^2 - 1} \left(\frac{1 + \nu}{E_1\,(t)} + \frac{1 - \nu}{E_2\,(t)} \right)$$

mit: $E_1\,(t)$ = *Relaxations- oder Kriechmodul des Nabenwerkstoffs*
       $E_2\,(t)$ = *Relaxations- oder Kriechmodul des Wellenwerkstoffs*

PRESSVERBINDUNG KUNSTSTOFFBUCHSE/METALLGEHÄUSE

Wie bei der Preßverbindung zwischen Stahlwelle und Kunststoffnabe sollte zur Vermeidung überhöhter Einpreßkräfte beim Preßsitz zwischen Kunststoffbuchse und Metallgehäuse das relative Untermaß $\Delta d/d$ nicht direkt proportional zum Durchmesser sein, Bild 6.83.

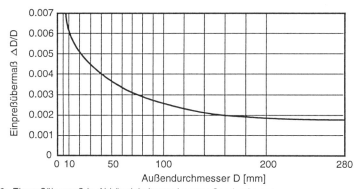

Bild 6.83: Einpreßübermaß in Abhängigkeit vom Lageraußendurchmesser

Die Spannungen in der Buchse sind reine Druckspannungen, wobei die Radialspannungen am Außendurchmesser d_a maximal und am Innendurchmesser d_i gleich Null sind:

$$\sigma_{R\ au\beta en} = -p \qquad \text{und} \qquad \sigma_{R\ innen} = 0$$

Für die Tangentialspannungen gilt:

$$\sigma_{T\ au\text{\ss}en} = -p\,\frac{a^2+1}{a^2-1}; \qquad \sigma_{T\ innen} = -p\,\frac{2\cdot a^2}{a^2-1}$$

mit

$$a = \frac{r_a}{r_i} = \frac{d_a}{d_i}$$

Die Pressung zwischen Lagerbuchse und Bohrung beträgt

$$p = -\frac{\Delta d \cdot E(t;T)}{d_a\left(\dfrac{a^2+1}{a^2-1} - \nu\right)}$$

Die größte Vergleichsspannung nach der Gestaltsänderungsenergie-Hypothese ist dann:

$$\sigma_V = p \cdot \frac{\sqrt{a^4+3}}{a^2-1} < \sigma_{zul}$$

oder als mittlere Spannung σ_m in der Buchse:

$$\sigma_m = -p \cdot \frac{d_a + d_i}{4\,s_K}$$

mit: s_K = Wanddicke der Kunststoffbuchse

Für die **Einpreßkraft F_E** muß berücksichtigt werden:

$$F_E = |p| \cdot d_a \cdot \pi \cdot b \cdot \mu$$

Da die Buchse infolge der Druckbelastung zusammengepreßt wird, verringert sich der Innendurchmesser und somit u.U. das erforderliche Lagerspiel bei Gleitbuchsen. Die **Verringerung des Innendurchmessers** Δd_i beträgt:

$$\Delta d_i = \Delta d \cdot \frac{2\cdot a}{a^2 \cdot (1-\nu) + (1+\nu)}$$

Bei sehr dünnwandigen Buchsen besteht die Gefahr des Beulens beim Montieren. Die pressungsbedingte Verkleinerung des Innendurchmessers bzw. die Beulgefahr läßt sich durch Schrägschlitzen der Buchse vermeiden, dann ist der Sitz allerdings nicht mehr fest.

Im Hinblick auf eine Temperaturbelastung verhält sich die Anordnung Kunststoff-Buchse/-Metall-Gehäuse wesentlich ungünstiger als eine Metall-Welle/Kunststoff-Nabe-Verbindung. Bei Temperaturerhöhung wird die Wärmedehnung der Buchse entsprechend der Differenz der Temperaturausdehnungskoeffizienten behindert. Die sich dadurch aufbauenden Spannungen können wegen der erhöhten Temperatur relativ schnell relaxieren. Beim Abkühlen ist die Kontraktion der Buchse nicht behindert, so daß sich das effektive Einpreßübermaß verringert. Bei wiederholtem, genügend großen Temperaturwechsel kann das zu einem negativen Übermaß, also zum Lösen der Buchse vom Gehäuse führen.

Tabelle 6.7 enthält Richtwerte des relativen Übermaßes $\Delta d/d \cdot 100\ \%$ für verschiedene Kunststoffe in Abhängigkeit des Fügedurchmessers. Als Fügedurchmesser ist bei der Preßverbindung Kunststoff-Nabe/Metall-Welle der Wellenaußendurchmesser, bei der Preßverbindung Kunststoff-Buchse/Metall-Gehäuse der Buchsen-Außendurchmesser anzunehmen.

Werkstoff	Fügedurchmesser		
	bis 5 mm	5 bis 30 mm	über 30 mm
POM POM gleitmod. PP PP+Talkum	≤ 5	≤ 3	0,5 ... 1,0
PA 6, PA 66	≤ 2,5	≤ 1,5	≤ 0,5
PP-GF 30	≤ 2,0	≤ 2,0	≤ 1,0
POM-GF 25	≤ 1,0	≤ 1,0	≤ 0,5
PA 6-GF 30	≤ 1,0	≤ 1,0	≤ 0,5

Tabelle 6.7:   Relatives Übermaß Δd/d · 100 % für verschiedene Kunststoffe bei Welle/Nabe und Buchse/Gehäuse-Preßverbindung

UMSPRITZTE NABEN

Durch direktes Umspritzen einer Metallwelle oder -nabe wird ein Preßsitz erreicht, der durch die vergleichsweise große Schwindung des Kunststoffs entsteht. Auch hier kann die Belastbarkeit durch zusätzliche Formschlußelemente (Nuten, Rändel) erhöht werden. Die Berechnung der Pressung erfolgt analog der Preßverbindung, wobei anstelle des relativen Übermaßes das Schwindmaß Δs eingesetzt wird:

$$p = \frac{\Delta s \cdot E}{\frac{a^2 + 1}{a^2 - 1} + \nu}$$

Da die Größe der Schwindung nicht genau bestimmt werden kann, ist die berechnete Schwindspannung als Anhaltswert zu betrachten. Es ist jedoch sicher, daß durch die Verarbeitungs-Schwindspannung eine höhere Pressung zustande kommt als bei einem aufgeschrumpften oder aufgeschobenen Preßsitz. Zusätzlich treten auch Relaxationsvorgänge auf. Weil das Metallteil zum Umspritzen in das Spritzgußwerkzeug eingelegt und auf Werkzeugtemperatur erwärmt werden muß, ist dieses Verfahren teurer und auf kleinere Abmessungen begrenzt.

Bei hochbelasteten Zahnrädern erfolgt die Kraftübertragung auf die Welle mit umspritzten Metallnaben, die zur Erhöhung der Axialbelastbarkeit mit einem symmetrisch angeordneten Umfangswulst und für hohe Verdrehsicherheit mit Längsnuten versehen sind, Bild 6.84, bzw. Formschlußelementen an der Metallwelle, Bild 6.85.

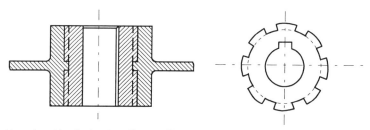

Bild 6.84: Umspritzte Metallnabe eines Kunststoffzahnrades

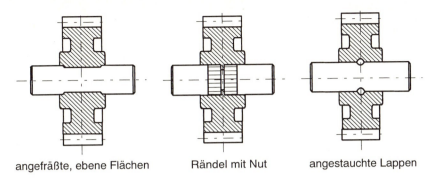

angefräßte, ebene Flächen   Rändel mit Nut   angestauchte Lappen

Bild 6.85: Umspritzte Formschlußelemente

Für die Berechnung der Anziehkräfte und Momente gelten die Gleichungen der Preßverbindung Welle/Nabe.

FORMSCHLUSSVERBINDUNG STAHLWELLE/KUNSTSTOFFNABE

Zusätzlich zum Reibschluß können durch Paßfedern oder Vielnutprofile die übertragbaren Momente wesentlich erhöht werden. Bei axial verschiebbaren Naben erfolgt die Momentenübertragung ausschließlich über den Formschluß der Nut, wodurch die Kunststoffnabe auf Flächenpressung beansprucht wird, Bild 6.86.

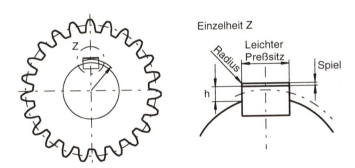

Bild 6.86: Ausführung der Nut bei Paßfederverbindungen

Da z.B. bei Zahnrädern aus Kunststoff die Umfangskraft ein unerwünschtes Aufweiten der Nabe bewirken kann, ist die Verwendung von Vielnutprofilen, bei dem alle Nuten gleichmäßig tragen, vorzuziehen, was die Kosten jedoch erhöht. Die **mittlere Flankenpressung** p_m beträgt:

$$p_m = \frac{M_d}{i \cdot r_m \cdot h \cdot b} < p_{zul}$$

mit: M_d =   Drehmoment i =   Nutenzahl
       r_m =   Radius von Wellenmitte bis Flankenmitte h =   tragende Flankenhöhe
       b =   tragende Flankenbreite

Als Wert für die zulässige Flächenpressung p_{zul} hat sich die halbe Zugfestigkeit σ_z (Bemessungsspannung) bewährt:

$$p_{zul} = \sigma_z / 2$$

Es ist ebenso möglich, die Paßfeder direkt in die Nabe anzuformen, wodurch das übertragbare Moment um ca. 50% reduziert wird. Durch nachträgliches Warmeinpressen von entsprechend profilierten Blechstanzteilen kann die Belastbarkeit der Kunststoff-Paßfeder wieder erhöht werden.

Literatur zu Kapitel 6.12:

Erhard, G. und   Die Preßverbindung von gerädelten Bolzen mit Kunststoff-
Strickle, E.   Bauteilen
                        Konstruktion, Elemente, Methoden (1976) 9, S. 58-60

Schmidt, H.   Preßverbindungen bei Kunststoff-Teilen
                        Kunststoffe 66 (1986) 2, S. 90-97

Literatur zu Kapitel 6 gesamt:

Erhard, G. und   Maschinenelemente aus thermoplastischen Kunststoffen
Strickle, E.   Bd. 1: Grundlagen und Verbindungselemente
                        Bd. 2: Lager und Antriebselemente, 2. Auflage
                        VDI-Verlag, Düsseldorf, 1974 und 1985

Erhard, G.   Konstruieren mit Kunststoffen
                        Carl Hanser Verlag, München, 1992

7 Maschinenelemente

Eine richtige Auslegung von Bauteilen und besonders von Maschinenelementen aus Kunst-stoffen setzt voraus, daß man klare Vorstellungen über das Versagensverhalten hat und sich dessen bewußt ist, daß die Verarbeitung bei Kunststoffen einen sehr großen Einfluß auf die Eigenschaften des Fertigteils hat.

7.1 GLEITLAGER

Das Reibungs- und Verschleißverhalten beruht immer auf der Wechselwirkung zwischen den beiden Gleitpartnern und den Bewegungsparametern. Die Partner sind entweder beide aus Kunststoff oder ein Partner besteht aus Metall, meistens gehärtetem Stahl.

Gleitelemente aus Kunststoffen haben eine Reihe von Vorteilen:

- Trockenlauf (auch im Vakuum),

- chemische Beständigkeit,

- hohe gestalterische Vielfalt und Integrationsfähigkeit,

- thermische und elektrische Isolierung,

- mechanische Dämpfung.

Beim Auslegen der Gleitlager sind vorallem vier Fälle zu unterscheiden, Bild 7.1:

- Gleitverschleiß,

- Laufflächenschmelzen,

- Lagerdeformation bis zum partiellen Lagerschmelzen.

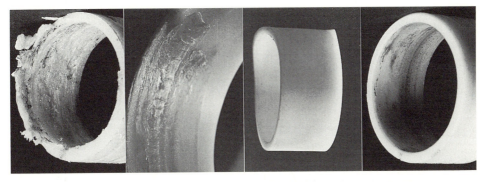

Verschleiß   mechanische   Gleitflächen-   Lager-
                       Überlast   schmelzen   schmelzen

Bild 7.1:   Versagensformen von Gleitlagern

7.1.1 Reibung und Verschleiß

PAARUNG METALL - KUNSTSTOFF

Kraftschlüssig relativ zueinander bewegte Werkstoffpaarungen unterliegen Reibungs- und Verschleißerscheinungen. Die zwei Haupteinflußfaktoren bei der Festkörperreibung sind Adhäsion und Deformation in der Kontaktfläche. Die Reibungszahl setzt sich dementsprechend aus einem adhäsiven Anteil, der proportional zur realen Kontaktfläche und um so höher ist, je höher die Polarität und je glatter die Oberfläche der Partner ist, und einem deformativen Anteil, der um so höher ist, je größer die Rauheit und damit die Eindringtiefe ist, zusammen, Bild 7.2.

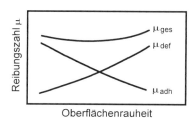

Bild 7.2:   Einfluß der Oberflächenrauheit des metallischen Partners auf den adhäsiven und deformativen Anteil der Reibungszahl (nach Erhard)

Bei Kunststoff-Kunststoff-Paarungen ist die Rauheit ohne Bedeutung, bei Kunststoff-Metall-Paarungen dagegen entscheidend. Dabei werden unabhängig von der Art des Kunststoffs die günstigen Gleitbedingungen dann erreicht, wenn die Rockwellhärte HRC der Oberfläche des metallischen Gleitpartners größer als 50 ist. Weist der Metallpartner eine niedrigere Oberflächenhärte auf, brechen in größerem Umfang Rauheitsspitzen ab, betten sich teilweise in die Kunststoffgleitfläche ein und wirken wie ein Schleifmittel, so daß sich sowohl der Metall- wie auch der Kunststoffverschleiß erhöhen. Kunststoffe sind unterschiedlich rauheitsempfindlich und haben dementsprechend eine unterschiedliche optimale Rauheit. Eine optimale Rauheit des Metallpartners gestattet ein gleichmäßiges Gleiten (stick-slip-freie Bewegung) bei kleinstmöglichem Verschleiß, Tab. 7.1. Die Rauheit des Kunststoffpartners ist zumindest bei den Dimensionen im Maschinenbau von untergeordneter Bedeutung. Die dargestellten Verhältnisse gelten für technisch trockene d.h. ungeschmierte Paarungen und können durch Schmiermittel überdeckt oder modifiziert werden.

Werkstoff	optimale Rauheit R_z [μm]
PA 66; PA 6; PI	1,5 bis 3
POM; POM/PTFE; POM und PA mit Graphit oder MoS_2; PA 66/PE	1 bis 2
PTFE mit Zusatzstoffen; PA 12; PA 11; GF-PA; GF-POM	0,5 bis 1
HDPE; PET	< 0,5
PTFE	< 0,2 und R_t < 0,5

Tabelle 7.1:   Optimale Oberflächenrauheit für die metallischen Gleitpartner, HRC>50 (BASF)

Für PA, POM, PEHD, PEKEKK mod. und PI mod. sind in Bild 7.3 die Reibungszahl und die
Gleitverschleißrate in Abhängigkeit von der Rauheit dargestellt. Der Einfluß der Flächenpressung macht sich vor allem beim Verschleiß bemerkbar.

Allgemein gilt, daß mit zunehmendem Molekulargewicht die Reibungszahl geringfügig, die
Gleitverschleißrate aber stark abnimmt. Bei nicht geschmiertem Polyamid nimmt die Reibungszahl von $\mu = 0,6$ (trocken) etwa linear mit dem Wassergehalt auf $\mu = 0,4$ (naß) ab. Die
Gleitverschleißrate beträgt im Zustand luftfeucht etwa die Hälfte des Wertes beim Zustand
trocken und nur ein Drittel vom Zustand naß.

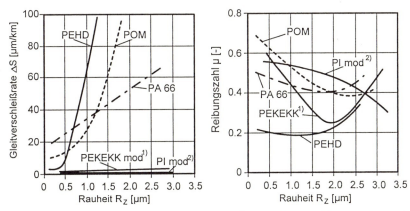

Bild 7.3: Einfluß der Rauheit auf Reibungszahl und Gleitverschleißrate (Verschleißintensität) (BASF,
Song, Szameitat); R_z = aus Einzelrauheiten arithmetisch gemittelte Rauhheit
[1] PEKEKK + 10% Graphit + 10% PTFE + 10% C-Fasern; [2] PI + 15% Graphit + 10% PTFE

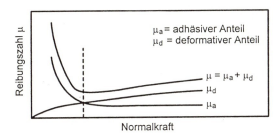

Bild 7.4: Abhängigkeit der Reibungszahl von der Normalkraft

Ähnlich wie von der Rauheit hängt die Reibungszahl von der **Normalkraft** ab, Bild 7.4. Bei
niedrigen Lasten überwiegt bei der Reibungszahl der adhäsive Anteil, der mit zunehmender
Lasthöhe deutlich abfällt. Die Reibungszahl steigt nach einem Minimum wieder an und wird
dann von dem geringfügig mit der Höhe der Last ansteigenden deformativen Anteil bestimmt.
Das Minimum ist als Übergang von einer mehr elastischen in eine mehr viskoelastische
(energieverbrauchende) Verformung gekennzeichnet. Die Gleitverschleißrate ist dagegen
direkt proportional zur Flächenpressung, Tab. 7.2. Bei niedrigen Lasten kann sie überproportional sein, solange keine gleichmäßige Berührung der Kontaktflächen erreicht ist, Bild 7.2.

Im technisch interessanten Bereich ergibt sich für die wichtigen Gleitlagerwerkstoffe PA 66 kaum
eine Abhängigkeit der Reibungszahl von der **Gleitgeschwindigkeit**. In den ersten Kilometern

einer Gleitstrecke steigt die Reibungszahl an, da sich der Kunststoffabrieb in den Rauheitstälern absetzt, diese glättet und somit die Reibungszahl erhöht. Grundsätzlich gilt, daß der Abrieb die Funktion von Wälzkörpern wie in einem Wälzlager bzw. die Funktion des Schmiermittels bei einem Gleitlager übernimmt. Dieses optimale Abriebvolumen ist z.B. bei PET, PEHD und PTFE sehr gering; deshalb zeigen diese Stoffe bereits bei extrem geringer Rauheit einen Anstieg der Gleitreibungszahl. Bei PA und POM liegt die optimale Rauhheit für die Gleitreibungszahl bei ca. $R_z = 2$ μm, die durch Glattwalzen oder Schleifen erreicht wird, während die Werte für PE, PET und PTFE mit $R_z < 1$ μm ein aufwendigeres Hohnen oder Läppen voraussetzen.

Kunststoff		Gleitverschleißrate ΔS [μm/km]		
	$R_{z\,opt}$	p=5 N/mm²	p=10 N/mm²	p=15 N/mm²
PEHD	<0,5	3	7	10
PET	<0,2	4	10	13
PI	1,5 ÷ 3	10	23	40
PA 66	1,5 ÷ 3	24	50	70
PA 12	0,5 ÷ 1	30	60	90
POM	1 ÷ 2	36	70	105
PTFE	< 0,2	260	-	-
PEKEKK (30% CF)	2 ÷ 3	3	7	-
PEKEKK mod.[1]	2 ÷ 3	2	4	6

Tabelle 7.2: Gleitverschleißrate verschiedener Kunststoffe in Abhängigkeit von der Flächenpressung, ungeschmiert (nach Erhard, Beringer, Song und Szameitat)
[1] mod = 10% Graphit, 10% PTFE, 10% C-Fasern

Da Kunststoffe schlechte Wärmeleiter sind, hat die Gleitfläche häufig eine höhere Temperatur als das gesamte Lager. Während die Gleitfläche als Ort der Wärmeentstehung die Reibungszahl und den Verschleiß bestimmt, wird durch die Lagertemperatur in erster Linie die mechanische Belastbarkeit der Gleitpaarung festgelegt. Die thermische Grenze der Lauffläche ist erreicht, wenn der Verschleiß temperaturabhängig plötzlich stark ansteigt, Bild 7.5.

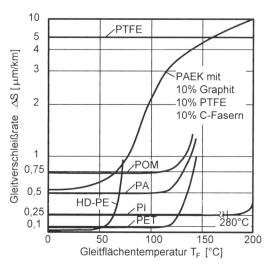

Bild 7.5: Gleitverschleißrate in Abhängigkeit von der Gleitflächentemperatur, trocken (nach Hachmann, Strickle und Beringer)

PAARUNG KUNSTSTOFF - KUNSTSTOFF

Für die Paarung Kunststoff/Kunststoff kann die Gleitreibungszahl μ_{Dm} aus der Adhäsionsarbeit W_{ab} zwischen den beiden Partnern berechnet werden:

$$\mu_{Dm} = 0.12 + 4.8 \cdot 10^{-6} \cdot e^{0.13\,W_{ab}}$$

mit

$$W_{ab} = 2 \cdot \sqrt{\sigma_1^d \cdot \sigma_2^d} + 2 \cdot \sqrt{\sigma_1^p \cdot \sigma_2^p}$$

mit: $\sigma_{1,2}$ =   *Oberflächenspannungen der beiden Partner*
      d =   *dispersiver Anteil* p =   *polarer Anteil*

Bild 7.6 stellt die Beziehung dar.

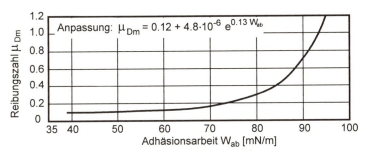

Bild 7.6:   *Reibungszahl μ in Abhängigkeit von der Adhäsionsarbeit (nach Erhard)*

Zur Gleitverschleißrate bei der Paarung Kunststoff/Kunststoff gibt es wenig Ergebnisse. Bei der Paarung ungleicher Kunststoffe kann erwartet werden, daß der Partner mit der höheren Kohäsionsenergie weniger verschleißt wird.

STICK-SLIP

Bei Gleitreibung wird häufig ein Ruckgleiten (Stick-Slip) beobachtet. Dieses tritt auf, wenn die statische Reibungszahl (Ruhereibungszahl) größer ist als die dynamische (Gleitreibungs-zahl) bzw. wenn in einem schwingungsfähigen System die Reibungszahl mit zunehmender Gleitgeschwindigkeit abnimmt ($d\mu/dv < 0$). Bei verschiedenen Reibpaarungen kann dieses bei langsamen Gleitgeschwindigkeiten (z.B. v < 0,5 m/s bei PA 66 ungeschmiert gegen Stahl) auftreten und beim gleichen System bei deutlich höherer Gleitgeschwindigkeit mit $d\mu/dv > 0$ wieder verschwinden. Bei trockener Reibung kann bei der Relativ-Verschiebung in den Grenzflächen eine bestimmte Mindestgeschwindigkeit nicht unterschritten werden. Dies erklärt die ruckartige Bewegung eines Körpers (Stick-Slip oder Ruckgleiten), wenn er zunächst langsam gezogen wird. Bei jedem Ruck wird die Haftreibungskraft überwunden. Der Körper bewegt sich ein Stück mit der erforderlichen Mindestgeschwindigkeit weiter und ruht dann wieder, bis der nächste Ruck ihn ereilt. Bei Ölschmierung tritt dieser Unterschied nicht auf. Bereits eine geringe Kraft reicht dann aus, die Grenzflächen gegeneinander zu verschieben. Eine Abhilfe ist die Ausrüstung der Grenzfläche mit oberflächenaktiven Substanzen, Schmie-rung, Abrieb durch rauhe, harte Partner, niedrigere Last oder die Wahl anderer Kunststoffe. Bild 7.7 zeigt die Abhängigkeit der Reibungszahl von der Gleitgeschwindigkeit für PA 66.

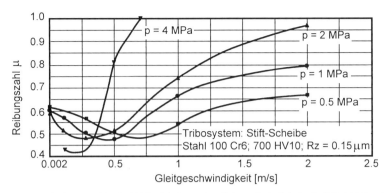

Bild 7.7: Reibungszahl μ in Abhängigkeit von der Gleitgeschwindigkeit v bei PA 66 lf (nach Beringer, Song)

SCHMIERUNG

Eine Schmierwirkung kann durch Abriebpartikel, Öle und Fette und bedingt durch Wasser erfolgen. Die beste Wirkung haben Öle. Sie erniedrigen Reibung, Verschleiß und vor allem Wärme. Wasser wirkt ebenfalls überwiegend kühlend. Durch die Schmierwirkung wird die Lebensdauer z. T. erheblich erhöht. Die Beständigkeit der Öle und Fette ist häufig geringer als die der Kunststoffe. Schmiermittel, besonders Wasser, können die Einsatztemperaturen durch Erniedrigen der Beständigkeit der Kunststoffe herabsetzen, Tab. 7.3.

Zusätze	Vorteile	Nachteile
Fasern	Höhere Druckfestigkeit, geringere Kriechneigung; maßhaltiger, höhere Verschleißfestigkeit bei C- als bei G-Fasern	Verschleiß des Gleitpartners durch freigelegte Fasern, anisotrop
Graphit, MoS$_2$	Geringe Erhöhung der Steifigkeit und Wärmeleit- fähigkeit bzw. Absenkung der Reibungszahl, Verbesserung der Verschleißfestigkeit bei unpo- laren Kunststoffen	Abnahme der Zähigkeit; unter adhäsiven Gleitbedin- gungen keine Verbesserung der Gleiteigenschaften, teuer
Kreide, Glaskugeln, globuläre Füllstoffe	Etwas höhere Druckfestigkeit, isotrope Schwindung, geringe Verbesserung von Reibung und Verschleiß bei unpolaren Matrices	Abnahme der Zähigkeit
PTFE, PEHD	"unpolarer Festschmierstoff", Vermeidung von Stick-Slip	Wirksam bei hohen Gleitflä- chentemperaturen und als Abriebpartikel
Öl (unpolar)	Erniedrigung von Reibung, Verschleiß und Wär- me. Vermeidung von Stick-Slip, deutlich höhere Lebensdauer bei PA - je nach Stabilisierung - (100 ÷ 150 °C); POM < 100 °C; PBTP < 110 °C; PE < 60 °C	Wirkt besonders bei adhäsi- ven Gleitbedingungen, Ab- bau der Öle, Verharzung
Fett	Steigerung der Lebensdauer; bevorzugt Schmie- rung bei Einbau; Temperaturgrenzen ähnlich Öl	Bindung von Staub und Partikeln; kann schmirgelnd wirken

Tabelle 7.3: Zusätze und Wirkungen bei Gleitsystemen mit Kunststoffen (nach Erhard/Strickle)

7.1.2 Auslegung von Gleitlagern

Die Berechnung von Gleitlagern, Quer- und Längslager, erfolgt nach drei Kriterien:

- im Lager und an der Gleitfläche auftretende Temperaturen,

- mechanische Belastbarkeit,

- Verschleiß.

TEMPERATURBERECHNUNG

Bei der Lagertemperatur ist zwischen einer mittleren Temperatur des Lagers und der Gleitflächentemperatur am Ort der Wärmeentstehung zu unterscheiden.

Die **mittlere Lagertemperatur T_{LQ} eines Querlagers** (Welle-Buchse) in °C ergibt sich zu:

$$T_{LQ} = \left(\frac{T_U + \dfrac{318{,}3 \cdot p \cdot v^\kappa}{K} \cdot \mu \cdot \varrho_1}{1 + \dfrac{318{,}3 \cdot p \cdot v^\kappa}{K} \cdot a} - T_U \right) \cdot f + T_U$$

mit:
T_U	=	*Umgebungstemperatur [°C]*	p	=	*mittlere Flächenpressung [N/mm²]*
v	=	*Gleitgeschwindigkeit [m/s]*	μ	=	*Reibungszahl*
ϱ_1	=	*Rauheitswert*	κ	=	*Kennwert für rotierende und oszillierende Lagerbewegung*
f	=	*Korrekturfaktor zur Berücksichtigung der Einschaltdauer*			

*K berücksichtigt die Wärmeableitung in Abhängigkeit von der Lagerwanddicke s_K und der Lagerbreite b: $K = 0{,}18/s_K$
+ 1,36 · b; a berücksichtigt $\mu = f(Temp)$.*

Ausgehend von einer mittleren Umgebungstemperatur T_u als mittlerer Lagertemperatur zu
Belastungsbeginn ergibt sich eine Temperaturerhöhung aufgrund der Lagerbelastung, der
geometrischen Abmessungen und Einbaubedingungen des Lagers, der Flächenpressung, der
Gleitgeschwindigkeit und der temperaturabhängigen Reibungszahl μ, die im wesentlichen von
den Schmierbedingungen bzw. beim Trockenlauf von der Rauheit R_z des Metallpartners
abhängt. Werden Gleitflächen durch **Schmiermittel**, wie Öle oder Fette, voneinander getrennt

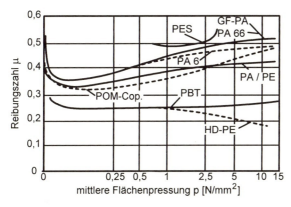

Bild 7.8: Reibungszahl in Abhängigkeit von der mittleren Flächenpressung. Gleitpartner Stahl HRC = 54
bis 56, R_z = optimal nach Bild 7.3 und Tab 7.1

oder auch nur benetzt, wird das Gleit-Reib-Verhalten von den Eigenschaften des Schmiermittels bestimmt. Bei Ölschmierung wird $\mu \approx 0{,}05$, bei Fettschmierung $\mu \approx 0{,}1$. Bei technisch trockenen Gleitflächen ist die Reibungszahl abhängig von der Flächenpressung, Bild 7.8.

Der Faktor ϱ_1 berücksichtigt bei der Temperaturberechnung den Verlauf der Bearbeitungsriefen auf der Welle. Bei gleicher Richtung von Bearbeitungsriefen und Drehbewegung werden die Werte aus Tab. 7.4 eingesetzt. Weicht der Verlauf ab, wird $\varrho_1 = 1$. Bei Öl- und Fettschmierung wird $\varrho_1 = 1$ gesetzt.

Die Temperaturberechnung gilt nur für übliche Maschinenbaulager, bei denen das Lagergehäuse aus Metall besteht und eine gute Wärmeableitung gewährleistet ist. Der Faktor a berücksichtigt den bei hochmolekularem PE bzw. PA-PE-Mischungen sich mit zunehmender Gleitflächentemperatur ergebenden Abfall der Reibungszahl. Er beträgt $a = 33 \cdot 10^{-4}$ bei PA/PE und $a = 7 \cdot 10^{-4}$ bei PE, sonst beträgt $a = 0$.

R_z (µm)	PA 66, PA 6		PA 66 mit PEHD		POM		PBT		PEHD hm	
	ϱ_1	ϱ_2	ϱ_1	ϱ_2	ϱ_1	ϱ_2	ϱ_1	ϱ_2	ϱ_1	ϱ_2
< 0,5	1,1	1,0	1,1	1,0	1,1	0,9	1,0	0,8	1,0	0,8
0,5 bis 1	1,2	0,9	1,1	1,9	1,1	0,6	0,9	0,6	0,9	0,4
1 bis 2	1,2	0,8	1,1	0,7	1,1	0,3	0,85	0,4	0,85	0,2
2 bis 4	1,1	0,8	1,0	0,6	1,0	0,2	0,85	0,3	0,85	0,2
4 bis 6	1,1	0,8	0,95	0,6	0,9	0,2	0,8	0,3	0,8	0,2

Tabelle 7.4: Richtungs-Korrekturfaktoren für Gleitreibungszahl ϱ_1 und dem Gleitverschleiß ϱ_2 bei trockener Reibung

Der Kennwert κ berücksichtigt die Lagerbewegung:

$\kappa = 1{,}4$ rotierendes Querlager,

$\kappa = 1{,}3$ oszillierendes Querlager, Schwenkwinkel $\alpha > 45°$,

$\kappa = 1{,}2$ oszillierendes Querlager, Schwenkwinkel $25° \leq \alpha \leq 45°$,

$\kappa = 1{,}0$ oszillierendes Querlager, Schwenkwinkel $\alpha < 25°$, und für Längslager.

Da sich die Lager erst nach einer Betriebsdauer von etwa 60 min thermisch stabilisiert haben, ist bei intermittierender Beanspruchung die Einschaltdauer ED zu berücksichtigen, und zwar durch den Faktor $f = 0{,}35 + 0{,}0137\,ED - 0{,}75 \cdot 10^{-4}\,ED^2$, wobei ED die Einschaltdauer in % (min je h bezogen) bedeutet.

Die **Temperatur im Längslager** T_{LL} in °C beträgt:

$$T_{LL} = \left(\frac{10^4 \cdot p \cdot v \cdot \mu \cdot \varrho_1}{2/s_K + d_{La}^2/(d_{La}^2 - d_{Li}^2)} \right) \cdot f + T_U$$

mit: v = mittlere Gleitgeschwindigkeit [m/s]
  s_K = Wanddicke [mm]
  $d_{La,i}$ = äußerer bzw. innerer Durchmesser des Lagers [mm]

Da die Wärme an der Gleitfläche entsteht, an der auch der Verschleiß auftritt, ist eine Abschätzung der **Gleitflächentemperatur T_F** notwendig. Sie beträgt bei Quer- und Längslagern:

$$T_F = T_U + (1{,}15 + \frac{T_L}{170}) \, (T_L - T_U)$$

mit: T_L = mittl. Lagertemperatur

Da bei der Temperaturberechnung davon ausgegangen wird, daß die Reibungszahl nur von der Flächenpressung, der Rauheit der Metallwelle und der Schmierung, nicht aber von der Temperatur abhängt, andererseits von bestimmten Gleitflächentemperaturen an sich die Reibungszahl mit zunehmender Temperatur ändert und so einen thermisch instabilen Zustand hervorruft, gibt es **zulässige Lagertemperaturen $T_{f\,zul}$**, bis zu denen mit thermisch stabilen und überschaubaren Verhältnissen gerechnet werden kann, Tab. 7.5.

Kunststoff	$T_{f\,zul}$ [°C]
PA 66	95
PA 66/PE-mod.	105
PA 6	95
POM-Co.	120
PBT	120
PEHD hm	55
PA 6 GF (35 % Gew.-%)	95
PA 66 GF (35 % Gew.-%)	95
PE	55
PET	120
PBT	120
PTFE	220
PI	280
PEI	210
PES	140
PSU	140
PPS	240
PAEK (PEEK, PEKEKK)	250
LCP	250
BMI	250

Tabelle 7.5: Zulässige Gleitflächentemperatur verschiedener Thermoplaste

MECHANISCHE BELASTBARKEIT

Um eine Wärmeableitung weniger zu behindern und die Maßhaltigkeit leichter einhalten zu können, sollte die **Lagerwanddicke s_K** etwa betragen:

$$s_K \sim 0{,}4 \cdot \sqrt{d_w}$$

mit: dw = Wellendurchmesser [mm]

Aufgrund des zeit- und temperaturabhängigen Deformationsverhaltens der Kunststoffe ist die zulässige Lagerbelastung durch eine konstruktiv maximal zulässige Verformung begrenzt. Bei ungefaßten Quer- und Längslagern wird aufgrund umfangreicher Erfahrungen eine Verformungsgrenze $\varepsilon = 2\ \%$ angenommen, Bild 7.9. und Bild 7.10

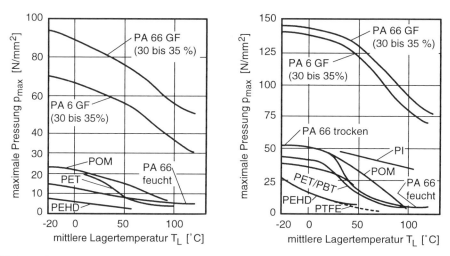

Bild 7.9: Zulässige Pressung in Abhängigkeit der mittleren Lagertemperatur für gefaßte Lager, ε ≤ 2%
(nach Erhard/Strickle)
links: kurzzeitig; rechts: langzeitig-dauernd, > 1000 h

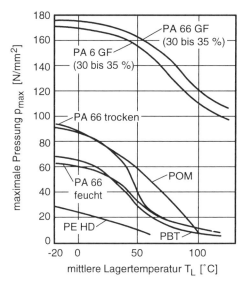

Bild 7.10: Maximal zulässige Pressung in Abhängigkeit von der mittleren Lagertemperatur für gut gefaßte Lager
(nach Erhard/Strickle)

Nach etwa 1000 h Belastungsdauer sind die zeitabhängigen Formänderungen weitgehend
abgeschlossen.

Die Verformungsmöglichkeiten bei gefaßten Lagern sind erheblich behindert. Es ergeben sich
daher deutlich höhere Belastbarkeiten, Bild 7.10.

Die Pressungen im Lager werden nach Hertz berechnet, obwohl dessen Gleichungen für
elastisches Materialverhalten und somit für geringe Kontaktflächen gelten. Mit hinreichender

Genauigkeit gilt dies nur bis zu einem Verhältnis von projizierter Oberfläche des Druckkörpers zur tatsächlichen Berührungsfläche bei Querlagern:

$$2 \cdot B < d_w / 6$$

mit: B = *halbe Breite der rechteckigen Druckfläche*
d_w = *Wellendurchmesser*

Die Hertzschen Gleichungen gelten bis zu einer **maximalen Lagerlast F**:

$$F \leq 0,012 \cdot E_L \cdot b \cdot h_0$$

mit: E_L = *Rechen-E-Modul; bei PA: $E_L/E_0 = 1,6$; bei POM, PBT, PEHD: $E_L/E_0 = 1$; bei PA - GF: $E_L/E_0 = 1,25$*
E_0 = *E-Modul [N/mm²]*
b = *Lagerbreite [mm]*
h_0 = *Fertigungsspiel [mm] ~ $d_{Li} - d_w$*

Die Temperaturabhängigkeit des E-Moduls kann auch aus der Änderung der maximalen Pressung in Bild 7.9 entnommen werden.

$$E_L(T) = E_{20°C} \cdot p_{max\,T} / p_{max\,20°C}$$

Das Fertigungsspiel h_0 des Lagers wird nach der Gleichung S. 207 berechnet. Ist die Lagerlast F größer als der oben berechnete Betrag, so daß die Hertzschen Gleichungen nicht mehr gelten, muß eine Druckverteilung angenommen werden, die von einer großen Berührungsfläche zwischen Welle und Lagerschale ausgeht, Bild 7.11. Bei der Einsenkung Δh ergibt sich folgende **Berührungsflächenbreite**:

$$2 \cdot B = d_w \cdot \sqrt{1 - \left[\frac{1}{(\frac{2 \cdot \Delta h}{h} + 1)^2}\right](1 + \frac{h}{d_L})}$$

Sinnvoll ist

$$2 \cdot B = 0,7 \div 0,8 \cdot d_w$$

Die bei einer Belastung F auftretende **größte Pressung** $p_{max\,c}$ beträgt:

$$p_{max\,c} = \frac{F \cdot (n^2 - 1)}{d_w \cdot b \cdot n \cdot \cos \beta}$$

mit:

$$\beta = \arcsin \frac{2 \cdot B}{d_w}$$

und

$$n = 90 / \beta$$

Da die maximal zulässigen Flächenpressungen p_{zul} für eine Lagerwanddickenverformung $\varepsilon = 0,02$ berechnet wurden, ergibt sich annähernd für alle niedrigeren Belastungen eine **Lagereinsenkung**

$$\Delta h = \frac{p_{max} \cdot \varepsilon \cdot s_K}{p_{zul}}$$

Aus der Lagerbelastung und den gegebenen geometrischen Größen unter Berücksichtigung des Temperatureinflusses, kann $p_{max\,c}$ explizit nicht berechnet werden, so daß iterativ vorgegangen wird. Δh wird näherungsweise aus der obigen Gleichung und $p_{max} = p \, \pi/2$ entsprechend Bild 7.11 vorgegeben. Mit Hilfe der Gleichung für die Berührungsflächenbreite wird $p_{max\,c}$ berechnet. Durch mehrmaliges Iterieren wird die erforderliche Genauigkeit erreicht.

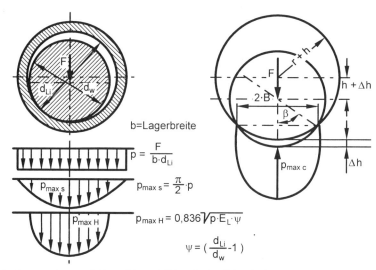

Bild 7.11: *Zusammenhang zwischen mittlerem Flächendruck p (links oben), maximaler Pressung nach Sinusverteilung $p_{max\,s}$ (links mitte), nach HERTZ $p_{max\,H}$ (links unten) und nach Cosinusverteilung $p_{max\,c}$ (rechts)*

VERSCHLEISSBERECHNUNG

Im Gegensatz zur Belastbarkeit, bei der auch der ruhende Zustand mit in die Berechnung einbezogen wird, ist bei der Verschleiß- wie bei der Temperaturberechnung nur der Zustand der Bewegung zu berücksichtigen.

Der **Gesamtverschleiß** ΔS_{ges} ergibt sich aus einem **druckabhängigen** Anteil ΔS_P, einem **rauheitabhängigen** Anteil ΔS_{Rz} und einen **temperaturabhängigen** Anteil ΔS_T. Für gefaßte und nichtgefaßte Lager läßt er sich wie folgt berechnen:

$$\Delta S_{ges} = S_0 \cdot \underbrace{\frac{p}{p_0}}_{\widetilde{\Delta S_p}} \cdot \underbrace{\Delta S \cdot \varrho_2 \cdot \gamma}_{\widetilde{\Delta S_{Rz}}} \cdot \underbrace{\left[(1 - \frac{T_F}{T_0}) + 400^{\frac{T_F - T_0}{T_0}} \right]}_{\widetilde{\Delta S_T}}$$

Für die hier betrachteten Kunststoffe gelten folgende Hilfswerte, Tab. 7.6:

	S_0 [μm/km]	T_0 [°C]	γ
PA 66	0,48	120	0,7
PA 66/PE mod	0,5	120	0,7
PA 6	0,58	120	0,6
POM	0,8	120	0,8
PEHD hm	0,038	80	1
PBT	1	120	1
PA 66-GF35	nicht berechenbar	nicht berechenbar	nicht berechenbar
PA 6-GF35	nicht berechenbar	nicht berechenbar	nicht berechenbar

Tabelle 7.6: *Hilfswerte zur Berechnung des Gesamtverschleißes*

Die Gleitverschleißrate ΔS ergibt sich in Abhängigkeit von der durchschnittlichen Rauheit R_z aus Bild 7.3. Als Basiswert dient der im Versuch bestimmte Verschleiß S_0, der bei einem Bezugspressung $p_0 = 10$ N/mm^2 und einer für das Gleitverhalten optimalen werkstoffabhängigen Rauheit R_z gemessen wird. Ab der Temperatur T_0 steigt der Verschleiß im Lager erheblich an. Da bei einer gedrehten Welle für ein Querlager die Oberflächenrauheit im allgemeinen in Achsrichtung, also senkrecht zu den Bearbeitungsriefen und damit senkrecht zur Gleitrichtung, angegeben wird, in Gleitrichtung aber eine wesentlich geringere Rauheit vorliegt, wird dies durch den Richtungsfaktor ϱ_2 korrigiert, Tab. 7.4. Die Werte gelten bei gleichem Verlauf von Bearbeitungsriefen und Gleitrichtung. Weichen beide voneinander ab, wird $\varrho_2 = 1$.

Beim Gleiten eines Kunststoffs auf einer Stahloberfläche erfolgt ein Glätten der Stahlgleitfläche durch Abtragen der scharfen Metallhügel und/oder Ausfüllen der Täler mit Abrieb. Durch beide Effekte erfolgt ein Glätten der Stahlgleitfläche. Nach dem Einlaufen wird der Verschleiß deutlich abnehmen. Besonders günstig wirken sich hierbei Stoffe mit sog. eingelagerten Schmierstoffen, wie PA mit Zusätzen von PE oder POM mit Zusätzen von PTFE aus. Diese Zusätze wirken gleichsam als Schmiermittel und erniedrigen den Verschleiß. Dieser Glättungseffekt wird bei der Verschleißrechnung durch den Glättungsfaktor γ berücksichtigt.

LEBENSDAUERBERECHNUNG

Ein Gleitlager aus Kunststoff wird im praktischen Betrieb gewöhnlich dann unbrauchbar, wenn die Wellenverlagerung einen zulässigen Wert überschreitet. Da diese Wellenverlagerung von der Verformung des Lagers aufgrund der auftretenden Belastung der thermischen Ausdehnung und dem Verschleiß begrenzt wird, wird die Lebensdauer L in Stunden von gefaßten und nicht gefaßten Querlagern nach folgender Beziehung berechnet:

$$L = \frac{1000 \cdot (\Delta D - \Delta h - h_0 / 2)}{3{,}6 \cdot \Delta S_{ges} \cdot v}$$

mit: ΔD = zul. Wellenverlagerung [mm] $\quad\Delta h$ = berechnete Verformung (bei gefaßten Lagern = 0)
ΔS_{ges} = berechneter Verschleiß [μm/km] $\quad v$ = Gleitgeschwindigkeit [m/s]
h_0 = Fertigungsspiel [mm]

Der Verschleiß ergibt sich nach der Gleichung auf S. 206. Da die maximal zulässigen Flächenpressungen für eine Lagerwanddicken-Verformung $\varepsilon = 0{,}02$ berechnet wurden, ergibt sich für alle niedrigen Belastungen eine Lagereinsenkung Δh nach der Gleichung S. 205.

Da p_{zul} bei ungefaßten Lagern neben der Temperatur auch von der Belastungszeit abhängt, sobald diese weniger als 1000 h beträgt, die Lebensdauer aber erst mit oben aufgeführter Gleichung berechnet wird, wird zunächst zur Bestimmung von p_{zul} mit der jeweils angegebenen gewünschten Betriebsdauer gerechnet. Ergibt sich L < 1000 h wird p_{zul} und damit Δh bzw. L neu berechnet. Dieser Rechengang wird iterativ mehrmals wiederholt.

Da die Kunststoffe einen vergleichsweise großen thermischen Ausdehnungskoeffizienten α aufweisen und die Polyamide zusätzlich eine Maßänderung ε_f aufgrund von Feuchtigkeitsaufnahme zeigen, wenn sie im Einbauzustand trocken waren, ist bei der Berechnung von vornherein ein notwendiges **Fertigungsspiel** h_0 zu berücksichtigen:

$$h_0 = (0{,}008 \div 0{,}015) \sqrt{d_w} + 2\, s_K\, [\varepsilon_f + \alpha\,(T_L - 20°C)] + \frac{D_ü - D_L}{D_L}\,(d_L + 3\,s_K)$$

mit: $D_ü$ = Lagerübermaß [mm] d_w = Wellendurchmesser [mm]
D_L = Lagerbohrung [mm] s_K = Lagerwanddicke [mm]
α = Therm. Ausdehnungskoeffizient [°C^{-1}] d_L = Lagerinnendurchmesser ~ d_w [mm]
ε_f = Feuchtefaktor [/] T_L = mittlere Lagertemperatur [°C]

Das Grundspiel $(0,008 \div 0,015) \sqrt{d_w}$ muß unter ungünstigen Bedingungen vorhanden sein, damit das Lager nicht klemmt. Je höher die Führungsansprüche sind und je kleiner der Lagerdurchmesser ist, umso mehr wird der niedrigere Wert angestrebt. Eine Spielveränderung durch Einpressen wird berücksichtigt. Man rechnet grob mit einer Spielverringerung von 50 % des Einpreßübermaßes. Das Ziel der Berechnung ist die Bestimmung einer zulässigen Lebensdauer unter den gegebenen Bedingungen mit folgenden Werten:

| | $\alpha \cdot 10^5$ [1/°C] | ε_f | |
		lf.	n
PA 66	8,5	0,006	0,028
PA 66/PE mod.	8,5	0,006	0,03
PA 6	8,5	0,005	0,03
POM Co.	10	-	0,0035
PBT	6	-	0,001
PEHD hm	20	-	-
PA-GF 35	3	$\parallel$ 0,0015; $\perp$ 0,0025	

Tabelle 7.7:   Therm. Ausdehnungskoeffizient- (α) und Feuchtefaktor (ε_f) bei 3-5 mm Wanddicke

Beim Einpressen der Lager besteht die Gefahr, daß die Spannungen besonders bei erhöhten Temperaturen relaxieren und so zu einer Zunahme der Lagerdicke über die elastische Einpressverformung führen. Dadurch wird das Lagerspiel bis zum Aufklemmen auf die Welle verringert und gleichzeitig die Entstehung der Reibungswärme in der Gleitfläche verstärkt. In solchen Fällen können Lager bis zur Hälfte weniger Last tragen als bei einem spannungsarm/frei eingesetzten Lager.

Literatur zu Kapitel 7.1:

Beringer, H.P.	persönliche Mitteilungen
Detter, H.	Der Reibungswiderstand und die Beanspruchung von feinmechanischen Lagern im Trockenlauf bei kleinen Gleitgeschwindigkeiten Feinwerktechnik 74 (1970) 11, S. 461-465
Ehrenstein, G. W. und Walger, H.-G.	Berechnung von Kunststoff-Gleitlagern mit EDV Kunststoffe 65 (1975) 10, S. 702-709
Erhard, G. und Srickle, E.	Gleitelemente aus thermoplastischen Kunststoffen Kunststoffe 62 (1972) 1, S. 2-9; 4, S. 232 und 5, S. 282-288
Erhard, G.	Zum Reibungs- und Verschleißverhalten von von Polymerwerkstoffen Diss. Universität Karlsruhe, 1980
Hachmann, H. und Strickle, E.	Polyamide als Gleitlagerwerkstoffe Konstruktion 16 (1964) 4, S. 121-127
Hertz, H.	Über die Berührung fester elastischer Körper und über die Härte Gesammelte Werke, Bd. 1, Barth, Leipzig, 1895
N. N.	Polypenco-Kunststofftechnik: Konstuktionshinweise Bergisch-Gladbach, 1994

Song, J.	Reibung und Verschleiß eigenverstärkter Polymerwerkstoffe Diss. Uni (GH) Kassel, 1990
Song, J.	Friction and Wear of Reinforced Thermoplastics in Friedrich, K. (Ed.) Advances in Composites Tibology, Elsevier, Amsterdam, 1992
Szameitat, M.; Ehrenstein, G. W. und Koch, M.	Hochleistungspolymere als Gleitlagerwerkstoffe in Symposium "Neue Werkstoffe in Bayern", Tagungshandbuch, 18.-19.04.1994
VDI-Richtlinie 2541	Gleitlager aus thermoplastischen Kunststoffen VDI-Verlag, Düsseldorf, 1975

7.2 ROLLEN

7.2.1 Laufrollen

Kunststoffe eignen sich für Laufrollen, bei folgende Kriterien:

- geringe Lasten,
- Laufruhe,
- hohe Dämpfung,
- Wartungsfreiheit,
- geringes Gewicht,
- elektrische und thermische Isolierung,
- Chemikalienbeständigkeit,
- Gestaltungsvielfalt (hohe Integration).

Als Werkstoffe eignen sich besonders PA 6, Gußpolyamid, PA 66, POM, PEHD sowie als weichere Kunststoffe, bevorzugt für Bandagen und Laufkränze, thermoplastische und vernetzte Elastomere. Grundformen von Laufrollen sind die Massiv-, die Bandage-, die Steg- und die Spurkranzrolle, Bild 7.12.

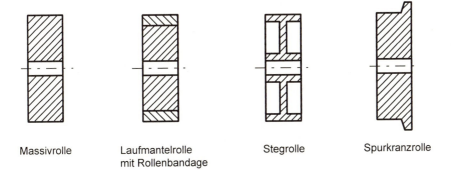

Massivrolle   Laufmantelrolle   Stegrolle   Spurkranzrolle
                   mit Rollenbandage

Bild 7.12: Beispiele für Laufrollen aus Kunststoffen

Als Versagensformen sind bei Laufrollen zu unterscheiden:

- Abplattung bei statischer Überlastung, besonders nach eigendämpfungsbedingter vorheriger Erwärmung im Betrieb,

- Verschleiß, besonders wenn neben der Rollbewegung Gleit- bzw. Schlupfvorgänge durch Antrieb bzw. Bremsen auftreten,

- Grübchen und Risse in Gegenwart von Schmiermitteln an der Lauffläche durch Erweitern oberflächlicher Anrisse bei Schubbelastung (Antrieb, Abbremsen), wenn Schmiermittel in die Risse eindringen und bei Überrollen unter Druck geraten,

- Ermüdungsrisse an konstruktiven Übergängen, z.B. Steg/Laufbahn durch dynamische Belastung,

- Ablösen von Bandagen, wenn diese zu dünn sind und die maximale Pressung am Übergang Bandage-Grundkörper auftritt,

- Schmelzeaustritt, meist seitlich, bei mechanischer Überlastung und aufgrund schlechter Wärmeableitung, der an der Stelle höchster Pressung auftretenden Erwärmung.

Laufrollen unterliegen bei typischer Betriebsweise abwechselnd dynamischer und statischer Belastung. Die Grenzbelastbarkeit wird bei wälzgelagerten Laufrollen an der zylindrischen Lauffläche ermittelt. Bei gleitgelagerten Laufrollen ist die spezifisch höher belastete Gleitlagerstelle zu beurteilen. Die nur für elastische Werkstoffe abgeleiteten Hertzschen Beziehungen werden dabei auf einen viskoelastischen Kunststoff angewendet.

Laufrollen zeigen verschiedene typische Versagensformen, Bild 7.13. Neben der reinen mechanischen Überlast eines durchgedrückten, mittleren Steges ohne seitliche Abstützung, ist vorallem die unterhalb der Lauffläche auftretende Erwärmung am Ort höchster Hertz'scher Pressung eine Versagensursache. Zunächst führt die Erwärmung zu einer unzureichenden Abstützung der Lauffläche und zur Bildung von Ermüdungsrissen in der Lauffläche. Bei zu starker Erwärmung wird die Schmelze seitlich ausgequetscht.

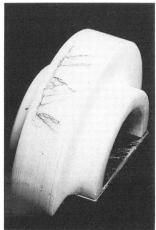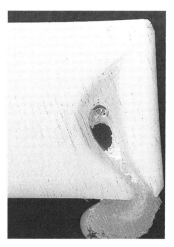

Bild 7.13: Versagensformen von Laufrollen
links: Durchdrücken eines Mittelsteges
mitte: Dauerbrüche auf Lauffläche über innerer Erweichung
rechts: Aufschmelzen unterhalb der Lauffläche mit Schmelzeaustritt (nur bei PA und POM)

STATISCHE BELASTUNG

Bei der statisch belasteten Rolle interessiert die sich während der Stillstandzeit einstellende Abplattung δ_o, die u.a. die spätere Laufruhe beeinflußt. Die Flächenpressung p_H beträgt nach Hertz:

$$p_H = \sqrt{\frac{F \cdot E'}{2\pi \cdot R \cdot b \cdot (1-\nu^2)}}$$

mit: F = Rollenlast [N] E' = Ersatz-Modul
        R = Ersatz-Radius ν = Querkontraktionszahl

Bei verschiedenen E-Moduln und Radien ergeben sich als Ersatz-Modul E bzw. Ersatz-radius R:

$$\frac{1}{E'} = \frac{1}{2} \cdot \left(\frac{1}{E_1} + \frac{1}{E_2}\right)$$

mit: E_1, E_2 = E-Moduln der sich berührenden Körper

und

$$\frac{1}{R} = \frac{1}{R_1} + \frac{1}{R_2}$$

mit: R_1, R_2 = Radien der Laufrollen, bei Ebene $R_2 = \infty$

Bei konstanter Last und Umgebungstemperatur ergibt sich für eine Paarung Rolle/Ebene im Vergleich zu Rolle/Rolle ein Flächenpressungsverhältnis.

$$\frac{p_{HI}}{p_{HII}} = \sqrt{\frac{R_2}{R_1 + R_2}}$$

mit: p_{HI} = Hertzsche Pressung für die Paarung Rolle/Ebene
        p_{HII} = Hertzsche Pressung für die Paarung Rolle/Rolle

Die Berechnung der Hertzschen Pressung ist notwendig, um einerseits das Bauteil auslegen zu können und andererseits die Abplattung δ_o zu ermitteln. Für die Auslegung muß die ermittelte Belastung mit einer werkstoffspezifischen zulässigen Belastung verglichen werden.

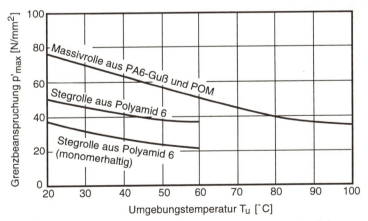

Bild 7.14: Temperaturabhängige Grenzbeanspruchung von Rollen bei statischer Belastung gegen Stahl (nach Erhard/ Strickle)

Die oben berechnete Flächenpressung p_H entspricht nicht der tatsächlich auftretenden Flächenpressung, da mit dem E-Modul bei Raumtemperatur gerechnet wird. Die Abhängigkeit von Temperatur, mechanischer Belastung und Geometrie wird in der an Rollen gemessenen Grenzbeanspruchung berücksichtigt, Bild 7.14.

Es muß gelten:

$$p_H \leq p'_{max}$$

Die Pressung führt an der Kontaktstelle zu einer Abplattung δ_o, Bild 7.15.

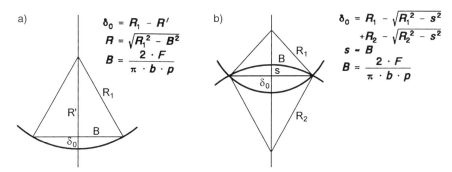

Bild 7.15: Abplattung bei Paarung Rolle/Stahlplatte (links) und Rolle/Rolle (rechts) (nach Beck/ Brünings)

Die Abplattung δ_o für Rolle/Ebene beträgt:

$$\delta_o = R_1 - \sqrt{R_1^2 - 0{,}405 \cdot \left(\frac{F}{b \cdot p_H}\right)^2}$$

für Rolle/Rolle:

$$\delta_o = R_1 + R_2 - \sqrt{R_1^2 - 0{,}405 \cdot \left(\frac{F}{b \cdot p_H}\right)^2} - \sqrt{R_2^2 - 0{,}405 \cdot \left(\frac{F}{b \cdot p_H}\right)^2}$$

Die sich bei statischer Belastung einstellende Abplattung soll beim Einsetzen eines Rollvorganges langsam egalisiert werden. Die für ein Rückverformen einer beliebigen Anfangsabplattung δ_0 bis zu einer Restabplattung δ notwendige Zeit t beträgt bei 23°C:

$$t = a \left(e^{q \cdot \delta} - e^{q \cdot \delta_0} \right)$$

Um t in Stunden zu erhalten, sind δ bzw. δ_0 in µm einzusetzen. Als Restabplattung δ sind bei ausreichender Laufruhe Rollen mit D > 30 mm im Geschwindigkeitsbereich v = 0,5 bis 3 m/s, δ = 30 bis 50 µm zulässig. Die hierbei noch vorhandene Ungleichförmigkeit beim Rollen unterscheidet sich nur wenig vom gleichmäßigen Abrollen einer nicht unter statischer Last verformten Laufrolle. Die last- und geschwindigkeitsabhängigen a-Werte betragen:

$$a = e^{-3.5 \cdot 10^4 (F - \beta)} + \gamma$$

mit $\qquad\qquad \beta = 8460 - 1160 \cdot v^{1.13} ; \qquad\qquad \gamma = 7 - 6.3 \cdot v^{0.05}$

und $\qquad\qquad\qquad q = 1{,}4 \cdot 10^{-3} (v - 10)$

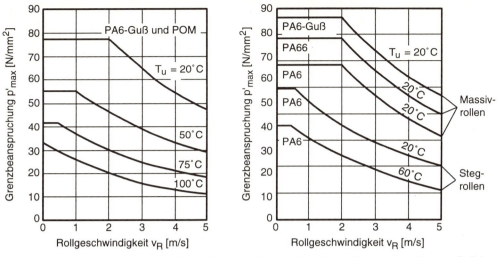

Bild 7.16: Grenzbeanspruchung p'_{max} bei mechanischer und thermischer Belastung der Paarung Rolle/-
Stahlplatte (links) und Rolle/Rolle (rechts) (nach Erhard/Strickle)

Bei höheren Temperaturen tritt eine raschere Abnahme ein. Eine grobe, näherungsweise
Abschätzung für erhöhte Temperaturen und andere Kunststoffe kann über das spannungs-
und temperaturabhängige Kriechmodulverhältnis unter den Randbedingungen einer Belastung
mit p_H erfolgen:

$$t_{Temp} = \frac{E_{c,\,23°}}{E_{c,\,Temp}} \cdot t_{23°C}$$

wobei die Zeit für $E_{c,\,Temp.}$ iterativ über $t_{Temp.}$ angenähert wird.

DYNAMISCHE BELASTUNG

Dynamisch beanspruchte Laufrollen werden durch übermäßige plastische Verformung der
Lauffläche oder durch Aufschmelzen des Werkstoffs in Laufflächennähe, hervorgerufen durch
die Walkarbeit, unbrauchbar. Die maximale Temperatur tritt je nach Betriebsbedingungen
unterhalb der Lauffläche im Inneren der Rolle auf. Verformtes Volumen V, Pressung p und
Frequenz f bestimmen die Verlustarbeit. Ein solcher aus den Versuchswerten gebildeter
V·f·p = C-Wert in Ncm/s hängt nur noch von Umgebungstemperatur und Rollgeschwindig-
keit ab und gilt für beliebige Rollendurchmesserverhältnisse, da bei sich ändernden Krüm-
mungen V· p annähernd konstant bleibt, Bild 7.17.

Für ungefedert eingebaute Laufrollen, bei denen die zusätzliche dynamische Belastung beim
Überrollen von Unebenheiten größer als die Rollenlast ist, sind die zulässigen C-Werte um
das 1,5-fache niedriger als bei gefederten Rollen, deren zusätzliche dynamische Belastung
beim Überrollen von Unebenheiten deutlich kleiner als die Rollenlast ist. Die zusätzliche dynamische
Belastung rührt hier hauptsächlich von der nicht gefederten Masse (Rolle mit Aufhängung) her.

Der V· f· p = C-Wert beträgt:

$$C = k \cdot \frac{F^2}{b} \cdot f$$

Hierin ist k ein empirischer Temperaturfaktor in cm²/N, die Rollenlast F in N, die Rollenbreite
b in cm und die Frequenz f in s⁻¹ zu setzen. Der Faktors k beträgt:

$$k = 1.3 \cdot 10^{-6} + 2.0 \cdot 10^{-10} \cdot T^2$$

Daraus ergibt sich eine zulässige Rollenlast bei dynamischer Beanspruchung:

$$F = \sqrt{\frac{C \cdot B}{k \cdot f}}$$

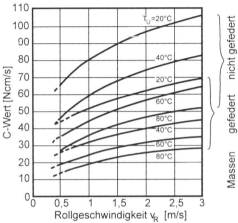

Bild 7.17: Grenzwerte C für dynamisch belastete Rollen (nach Beck/Brünings)

7.2.2 Kugellager mit Laufringen aus POM

Um einen besonders leichten, geräuscharmen und wartungsfreien Lauf zu erzielen, wurden Kugellager mit ganz oder nur äußeren Laufringen aus POM entwickelt. Anwendungsgebiete sind in der Möbelindustrie, Schubladen, Teleskopschienen und andere Auszüge zur Erhöhung des Komforts, Bild 7.18.

Eine Berechnung der Außenringe unterteilt sich in die Berechnung der inneren Rollenbahn bei ihrem Kontakt mit den in Kunststoffkäfigen gefaßten Metallkugeln und der äußeren Lauffläche des Außenrings mit der Laufunterlage.

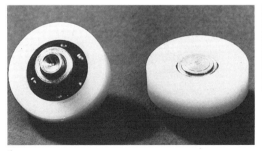

Bild 7.18: Kugellager mit Außenring aus POM (links) und Ganz - POM - Kugellager (rechts)

INNERE ROLLBAHNEN

Die kritische Belastung der Lauffläche tritt im Ruhezustand auf, wenn dauernd die gleiche Stelle der inneren Rollbahn punktförmig mit einer Lagerkugel belastet wird. Solange die Umfangsgeschwindigkeit der Lager unter 1 m/s bleibt, ist die statisch zulässige Belastung als Beanspruchungsgrenze anzusehen. Die Berechnung bezieht sich nur auf die Flächenpressung zwischen der Kugel und der inneren Rollbahn des Außenrings. Ein Lager büßt dann seine Funktionstüchtigkeit ein, wenn der bleibende Eindruck der Kugel in der Rollbahn mehr als 0.1 mm beträgt. In diesem Fall kommt es zu deutlichen Störungen im Rundlauf, allerdings ohne Bruchversagen.

Die maximale Flächenpressung p_H [N/mm^2] beträgt in Anlehnung an Hertz:

$$p_H = \frac{1}{w^{2/3}} \cdot \frac{1,85}{\mu \cdot \nu} \cdot \sqrt[3]{\left(\sum \varrho\right)^2} \cdot \frac{5 \cdot F}{z}$$

mit: w = *Korrekturglied für Paarung verschiedener Werkstoffe*
       $\mu\nu$ = *Kennwerte zur Charakterisierung der Druckverteilung zwischen Kugel und Laufrille*
       $\Sigma\rho$ = *Summe der reziproken Radien der Krümmungsebenen*
       F = *Belastung des Lagers [N]*
       z = *Zahl der Kugeln*

Das Korrekturglied w ergibt sich aus E-Moduln und den Querkontraktionszahlen:

$$w = \frac{1}{2} \cdot \frac{E_{St}}{(1-\nu_{St}^2)} \left[\frac{1-\nu_1^2}{E_1} + \frac{1-\nu_2^2}{E_2} \right]$$

Die Indizes *st* stehen für Stahl, *1* für einen Partner (hier ebenfalls Stahl) und *2* für einen anderen Partner, hier POM. Bei Stahl und POM als Partner wird

$$w \approx 97000/E_2$$

Der E-Modul E_2 von POM ist zeit- und temperaturabhängig.

Während die Kugeln in allen Richtungen gleiche Krümmungsradien r_{22} aufweisen, ergeben sich für die Rille des Laufrings zwei Haupt-Krümmungsradien r_{31} und r_{32}, Bild 7.19. Das Vorzeichen der Krümmungsradien ist positiv, wenn die Krümmung des betrachteten Körpers (z.B. bei den Kugeln) konvex, dagegen negativ, wenn sie konkav ist (wie bei der Rille

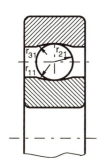 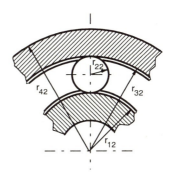

Bild 7.19: Krümmungsradien an einem Kugellager

des Laufrings). Die Summe der reziproken Werte der Hauptkrümmungsradien ($\rho=1/r$) beträgt für ein Kugellager im Berührungsbereich Innenring/Kugel:

$$\sum \rho = -\,\rho_{11} + \rho_{12} + \rho_{21} + \rho_{22}$$

Im Berührungsbereich Außenring/Kugel:

$$\sum \rho = \rho_{21} + \rho_{22} - \rho_{31} - \rho_{32}$$

wobei der Innenring häufig gleich als metallische Achse ausgeführt wird.

ÄUSSERE LAUFFLÄCHE

Die Belastbarkeit p_H der äußeren Lauffläche des Laufrings gegenüber der Laufbahn beträgt:

$$p_H = 86.1 \cdot w^{-\frac{1}{2}} \cdot \sqrt{\frac{\Sigma \rho}{2} \cdot \frac{F}{l_w}}$$

l_w ist die Breite des Laufrings. Wenn die Laufbahn eben ist, wird $\Sigma \rho = \rho_{42}$, d.h. gleich dem reziproken Wert des äußeren Radius des Kugellagers. Normalerweise wird die Grenze der Belastbarkeit der äußeren Lauffläche nicht erreicht, es kommt vielmehr zum vorzeitigen Versagen der inneren Lauffläche.

7.2.3 Seilrollen

Aus Kunststoffen, meistens Polyamid, gefertigte Seilrollen weisen gegenüber solchen aus Grauguß im Gebrauchsverhalten erhebliche Unterschiede auf. Bedingt durch den niedrigeren E-Modul des Kunststoffs kommt es zu einer geringeren Flächenpressung an der Auflage. Daraus folgt:

- geringere mechanische Belastung der äußeren Litzen der Seile und damit weniger Einzeldrahtbrüche,
- höhere Wechselbiegefähigkeit der Seile und damit 2- bis 4-fach höhere Lebensdauer (PA gegenüber GG),
- Gewichtsersparnis, besonders bei beweglichen Kranen und Kabinen,
- Verlagerung des Versagens des Seiles in dessen Inneres, wo Litzen durch Gleitbewegungen aufeinander geschädigt werden,
- bessere Notlaufeigenschaften, besonders bei unzureichender Schmierung,
- bei von innen versagenden Seilen schwierigere Kontrolle eines Schadens und dessen Fortschritts. Abhilfe ist das Einsetzen gelegentlicher Metallrollen, die das Versagen wieder nach außen verlagern.

Die bevorzugten Seilrollenwerkstoffe sind PA und PUR. An sie werden besondere Anforderungen an die mechanisch-dynamische Festigkeit in einem weiten Temperaturbereich gestellt, zudem eine hohe Witterungs- und Schmierstoffbeständigkeit. Besonders hochviskose Schmierstoffe neigen dazu, Fremdstoffe aufzunehmen und abrasiv zu wirken. Wegen der Neigung zur Feuchtigkeitsaufnahme und der damit verbundenen Maßänderungen sind hochkristalline Guß-Polyamide vorteilhaft. Neben den oben genannten Vorteilen der niedrigeren Pressungen führt eine der Seilform angepaßte Form der Laufrille zu einer größeren und gleichmäßigeren Auflage der Seile. Bei Seilschlupf kann es zu verstärkten Rillenverschleiß kommen. Bei offenen Seilen sollte daher der Umfang der Seilauflage nicht im ganzzahligen Verhältnis zum Durchmesser stehen, um lokal gleichbleibende Verschleißstellen zu vermeiden, Bild 7.20. Ein mittlerer Verschleißwert für PA-Rollen ist 0,1 µm/km.

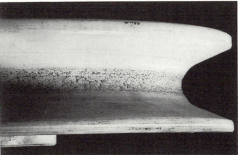

Bild 7.20: Seilrollenverschleiß
  links: offenes Seil mit gleichbleibender Auflage
  rechts: gleichmässige Auflage bei geschlossenem Seil

Seilrollen werden spanend aus Halbzeug oder im Spritz- oder Gießverfahren hergestellt. Während im Spritzverfahren Maximalwanddicken von 20 mm möglich sind, werden aus extrudierten Rundprofilen und PA-Gußhalbzeug Laufrollen oder eingelegte Laufrollenfutter spanend hergestellt. Metallische Stützkörper stabilisieren die Einlagen und dienen als seitliche Führungsflanke. Bei hohen Belastungen besteht bei zu dünnen Bandagen die Gefahr des Loswalkens und Durchdrückens. Um Stoßstellen als Schwachpunkte und lockere Fügestellen zu vermeiden, werden geschlossene Bandagen auf 60 - 80 °C erwärmt und auf Tragkörper aufgezogen.

Bei der Berechnung von Seillaufrollen wird zwischen einem verschlossenen und einem offenen Seil unterschieden, Bild 7.21. Verschlossene Seile weisen eine viel gleichmäßigere Auflage auf als offene, bei denen die einzelne Litze sich viel ausgeprägter in die Kunststoffoberfläche eindrückt.

Eine Berechnung einer Kunststoff-Seilrolle bei einem verschlossenen Seil mit kleinen Seilablenkwinkel geht von der Ermittlung einer elipsenförmigen Druckfläche aus, die eine Pressung p ergibt. Diese Pressung sollte die zulässige Pressung nicht überschreiten. Da eine schlüssige analytische Berechnung nicht möglich ist, werden belastungssystembezogene Grenzwerte für wenige Werkstoffe ermittelt. Auch wenn Seilrollen etwas geschwindigkeitsempfindlicher sind als massive Laufrollen ist es möglich, deren meistens viel sorgfältiger ermittelten Belastungsgrenzen in Bild 7.16 als Grenzbelastungen heranzuziehen. Als Versagensgrenze wird eine plastische Seilrillenverformung von ca. 0,2 mm angesehen. Dabei tritt noch kein katastrophales Versagen ein.

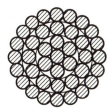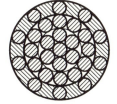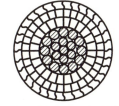

offenes Spiralseil   halbverschlossenes Spiralseil   vollverschlossenes Spiralseil

Bild 7.21: offenes (links) und geschlossenes Seil

Die Pressung p einer Seilrolle beträgt:

$$p = \frac{0,28}{\psi} \cdot \sqrt[3]{E^2 \cdot F \cdot \left[\frac{2}{d} - \frac{1}{\rho} - \frac{1}{r} + \frac{2}{D}\right]^2}$$

mit: E = E-Modul des Seilrollenkunststoffs   r = Rillenhalbmesser
      F = Seilquerkraft   D = Seilrolleninnendurchmesser
      d = Seildurchmesser   ψ = Hilfsgröße
      ρ = Seilkrümmungshalbmesser

Die Hilfsgröße ψ ergibt sich aus einem Hilfswinkel ϑ:

$$\psi = 1 + \frac{1}{12,9}\,[\ln(1 - \cos\vartheta)]^2$$

der Hilfswinkel ϑ aus:

$$\cos\vartheta = \frac{\dfrac{2}{d} + \dfrac{1}{\rho} - \dfrac{1}{r} - \dfrac{2}{D}}{\dfrac{2}{d} - \dfrac{1}{\rho} - \dfrac{1}{r} + \dfrac{2}{D}}$$

Bei einem offenen Drahtseil geht man davon aus, daß mehrere Litzen aufliegen und die gleiche Querkraft übertragen wird:

$$p = 0,18 \cdot \sqrt[3]{E^2 \cdot \frac{F}{d_l^2} \cdot \left[1 - \frac{d_l}{2 \cdot r} + \frac{d_l}{D}\right]^2} \cdot \sqrt[3]{\frac{X}{Z}}$$

mit: d_l = Litzendurchmesser
      Z = Litzenzahl
      X = Hilfsfaktor

Der Hilfsfaktor X muß kleiner/gleich der Litzenzahl Z sein, wird er größer als Z, wird er gleich Z gesetzt. Bei einer Flächenpressung von 100 N/mm^2 beträgt er 6, bei 200 N/mm^2 = 4 und größer 300 N/mm^2 = 2.5.

Wird die Seilrolle als Umlenkrolle eingesetzt und von einem offenen Seil umschlungen, wird die Pressung

$$p = 0,84 \cdot \sqrt{E \cdot F \cdot \left[\frac{(2 \cdot r - d_l)}{2 \cdot r \cdot d_l \cdot D}\,\frac{X}{Z}\right]}$$

Literatur zu Kapitel 7.2:

Beck, K. und   Belastungsgrenzen von Laufrollen aus ® Ultraform
Brünings, W.-D.   Industrie-Anzeiger 97 (1975) 79, S. 1716-1720

Erhard, G. und   Laufrollen aus PA; Werkstoffblatt 541 Gruppe K
Strickle, E.   Carl Hanser Verlag, München, 1971

Ehrenstein, G. W.   Kugellager mit Außenringen aus POM
                       Plastvearbeiter 23 (1972) 11, S. 777-779

Schmidt, H.   Rollen aus Hostaform. Verformungsverhalten und Versagens-
                       kriterien
                       Konstruktion 25 (1973), S. 211-219

Severin, D.   Tragfähigkeit von Kunststoffrädern unter Berücksichtigung
Kühlken, B.   der Eigenerwärmung
                     Teil 1: Konstruktion 43 (1991) 2, S. 65-71;
                     Teil 2: Konstruktion 43 (1991) 4, S. 153-160

7.3 ZAHNRÄDER

Zahnräder übertragen schlupfrei Bewegungen und Kräfte bzw. Momente. In der Feinwerktechnik überwiegt die Übertragung von Bewegungen. Dementsprechend kommen auch spielfreie, reibungsarme oder laufruhige Sonderverzahnungen zur Anwendung. Der Modul solcher Zahnräder liegt meist unter 1 mm. Das derzeit wohl kleinste Zahnrad aus Kunststoff (POM) wird direkt über einem Punktanguß in eine Einfachform gespritzt. Die technischen Daten sind: Kopfkreisdurchmesser $1{,}32^{0}_{-0{,}01}$ mm, 8 Zähne (Modul 0,14 mm), Durchmesser der Sackbohrung $0{,}27^{0}_{-0{,}01}$ mm, Gewicht 0,00056 g, Zahndicke $0{,}15^{0}_{-0{,}01}$ mm.

Dagegen steht im Maschinenbau (m > 1 mm) i.a. die Frage der Kraftübertragung im Vordergrund. Das größte nach dem Gießverfahren aus PA6 einteilig hergestellte Zahnrad mit einer Zähnezahl z = 76, einem Modul m = 33 mm mißt 2508 mm im Teilkreisdurchmesser.

Zahnräder versagen aufgrund mechanischer Überlastung des Zahnfußes, Aufschmelzungen und Verschleiß im Bereich des Wälzkreises und davon ausgehenden Rissen, Bild 7.22. Bei PA und PBT dominieren Zahnflankenschäden, geschmiert und trocken. Bei POM- und schnellaufenden PA-Zahnräder überwiegen Zahnfußbrüche.

Bild 7.22: Versagensformen von Kunststoff-Zahnrädern

oben links: *thermische Überlast*
oben rechts: *Verschleiß*
unten links: *Zahnfußbrüche*
unten mitte: *Grübchenbildung und Schmelzstrukturen am Wälzkreis*
unten rechts: *Zahnflankenriß*

7.3.1 Werkstoffe

Folgende teilkristalline Thermoplasten haben praktische Bedeutung:

- Polyamide (PA),
- Polyoximethylen (POM),
- Polybutylentherephthalat (PBT),
- Hochmolekulares bzw. eigenverstärktes Polyethylen (PEHD),
- Polyurethane (PUR), thermoplastisch und elastomer.

Eine Kurzglas- und Kohlenstoffasernzugabe steigert vorallem die statische Festigkeit und den Elastizitätsmodul dieser Matrixwerkstoffe. Im dynamischen Betrieb besteht die Gefahr höheren Verschleißes, die durch Schmierung gemindert werden kann.

Reibungsminderne Zusätze werden in letzter Zeit zunehmend untersucht. Sie sind für schnell-laufende Zahnräder oder überwiegend gleitbeanspruchte Zahnradarten (Schrauben-, Schnek-kenräder) sowie HT-Thermoplaste geeignet.

Zahnräder aus Duroplasten werden spanend aus Schicht-Halbzeugen oder aus Preßmassen hergestellt.

PAARUNGSWERKSTOFFE

Die höchste Tragfähigkeit und Lebensdauer von Kunststoff-Zahnrädern wird bei der Paarung mit Stahlzahnrädern mit gehärteten Flanken erreicht, wobei wegen der höheren Verschleiß-beanspruchung das treibende Ritzel möglichst aus Stahl ist. Entsprechend wird bei der Paa-rung Kunststoff/Kunststoff ebenfalls für das Ritzel der verschleißfestere Werkstoff gewählt.

SCHMIERUNG

Ein großer Vorteil von Kunststoff-Zahnrädern ist die Möglichkeit eines grundsätzlich schmie-rungsfreien Betriebes. Durch Schmieren wird die Tragfähigkeit und Lebensdauer erheblich erhöht, wobei eine Ölschmierung außer verringerter Reibung und reduziertem Verschleiß auch eine bessere Wärmeabfuhr bewirkt, Tab. 7.8.

Grenztemperatur in ° C bei Kontakt mit Schmieröl legiert (API-SE)	PA66 hitze-stabilisiert (A4H)	PA66 wärme-stabilisiert (A3W), PBT, (B4550)	PA66 stabili-siert (A3K), POM (H2320)	PA66-GF hitze-stabilisiert (A3HG5)	PA/PE (A3R) PE-HD (5261Z)
	120	110	100	150	< 60

Tabelle 7.8: Richtwerte für die thermischen Einsatzgrenzen einiger Kunststoffe für Zahnräder in Kontakt mit Öl über 1000 h (nach Erhard)

Eine **einmalige Fettschmierung** beim Einbau steigert die Lebensdauer. Bei Umfangsge-schwindigkeiten > 4 m/s wird das Schmiermittel i.a. von den Zahnflanken weggeschleudert. Es besteht die Gefahr, daß sich Fett und äußerer Staub zu einer verschleißfördernden "Schmirgelpaste" verbinden.

Wasser, **Ölemulsionen** und andere Chemikalien sind eher Kühl- als Schmiermittel, mit Ausnahme bei sehr glatten, teuren Stahlpartnern (> 0,3 μm).

Als allgemeine Kenngrößen für die Zahnradberechnung sind zu nennen:

Das **Drehmoment**
$$M_d = 9550 \cdot \frac{P}{n}$$

mit: P =   *Leistung [KW]*
       n =   *Drehzahl [min^{-1}]*

Die **Umfangskraft**
$$F_u = 2 \cdot 10^3 \, \frac{M_d}{d_0}$$

mit: d_0 =   *Teilkreisdurchmesser [mm]*

Die **Umfangsgeschwindigkeit**
$$v = \frac{d_0 \cdot \pi \cdot n}{60 \cdot 10^3}$$

7.3.2 Wärmebilanz

Für das grundsätzliche Vorgehen bei der Auslegung von Zahnrädern und ähnlichen Maschinenelementen schlägt Erhard ein Vorgehen nach Bild 7.23 vor. Die durch Reibung und viskoelastische Verformung entstehende Wärme wird mit den Wärmemengen verglichen, die aus dem System abgeführt werden. Dabei muß zwischen einer mittleren Körpertemperatur und einer mittleren Oberflächentemperatur unterschieden werden. Die mittlere Körpertemperatur ist dann für Bruch- und Deformationsversagen zuständig, während die mittlere Oberflächentemperatur für Oberflächenschäden verantwortlich ist.

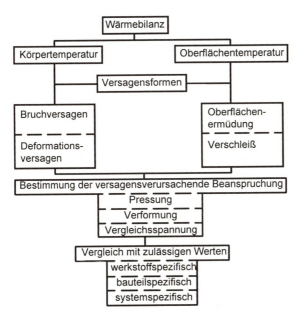

Bild 7.23: Vorgehen bei der Berechnung von Maschinenelementen (nach Erhard)

Der Vorschlag basiert auf der Temperaturberechnung von Hachmann und Strickle, die davon ausgeht, daß die bei stationärem Zustand während des Eingriffs entstehende Wärmemenge Q_1 gleich der Wärmemenge Q_2 ist, die an den Getriebeinnenraum abgegeben wird, und damit gleich der Wärmemenge Q_3 ist, die nach außen durch das Getriebegehäuse abgegen wird. Die Wärmeabfuhr über die Welle wird nicht berücksichtigt. Für die entstehende Wärmemenge Q_1 wird die Verlustleistung einer 20 °-Nullverzahnung näherungsweise angesetzt:

$$Q_1 = 3{,}54 \cdot P \cdot \mu \cdot \frac{i+1}{z_1 + 5 \cdot i}$$

mit: P = Leistung [kW] i = Übersetzungsverhältnis z_1/z_2
      μ = Reibungszahl z_1, z_2 = Zähnezahl Ritzel bzw. Rad

Q_2 ist die Wärmemenge, die vom Zahnrad in den Getriebeinnenraum übergeht:

$$Q_2 = A_1 \cdot \alpha_W (T_{z_1, z_2} - T_i)$$

mit: A_1 = Wärmeaustauschfläche [m²] α_w = Wärmeübergangskoeffizient [W/m²K]
      T_z = Zahnradtemperatur [°C] T_i = Temperatur im Getriebeinnern [°C]

Da die wärmeaustauschende Oberfläche A_1 nicht genau bekannt ist, wird ein experimentell zu bestimmender Faktor k_1 eingeführt

$$A_1 = k_1 \cdot m \cdot z \cdot b$$

und α_W wird über ein Ersatzmodell einer mit der Umfangsgeschwindigkeit v längs angeströmten ebenen Platte von der Länge m π abgeschätzt.

$$\alpha_W = \frac{1}{20} \cdot \frac{\lambda_L}{m} \left(\frac{v \cdot m}{a}\right)^{0{,}75}$$

mit: λ_L = Wärmeleitzahl von Luft [W/mk] v = Umfangsgeschwindigkeit [m/s], s.S. 221
      m = Modul [mm] a = Temperaturleitzahl von Luft [m²/s]

Die durch die Getriebeoberfläche A_2 abgeführte Wärmemenge Q_3 wird analog zu Q_2 berechnet, wobei der Wärmeübergangskoeffizient α_W durch einen experimentell ermittelten Faktor k_3 ersetzt wird.

$$Q_3 = A_2 \cdot k_3 (T_i - T_U)$$

Die Gleichsetzung von Q_1, Q_2 und Q_3 führt mit λ_L = 0,028 W/mK, a = 0,094 m²/h und unter Beachtung der Einschaltdauer bei intermittierendem Betrieb durch Korrekturfaktor f zu folgender, leicht handhabbaren Zahlenwertgleichung für die Zahnradflanken- bzw. Zahnfußtemperatur:

$$T_{z1, z2} = T_u + 136 \cdot f \cdot P \cdot \mu \cdot \frac{i+1}{z_1 + 5 \cdot i} \left[\frac{17100 \cdot k_2}{b \cdot z_{1,2} \cdot (v \cdot m)^{3/4}} + 7{,}33 \cdot \frac{k_3}{A_2} \right]$$

mit: Index 1 gilt für das Ritzel und Index 2 für das Rad
       P = Leistung [kW] i = Übersetzungsverhältnis z_1/z_2
       z = Zähnezahl b = Zahnbreite [mm]
       v = Umfangsgeschwindigkeit [m/s] m = Modul [mm]
       f = Einschaltkorrekturfaktor A_2 = Getriebeoberfläche [m²]

$k_3 = 0$ offene Getriebe, freier Luftzutritt,
$k_3 = 0{,}043$ bis $0{,}129$ [m² K/W]   teilweise offene Getriebe,
$k_3 = 0{,}172$ [m² K/W]   geschlossene Getriebe.

Für Zahnräder aus PA ist einzusetzen:

$k_2 = 0$ *bei v ≤ 1 m/s und bei Ölschmierung*

$k_2 = 2,4$ *Paarung PA/PA*   } *zum Abschätzen der Zahnfußtemperatur T_Z*
$k_2 = 1,0$ *Paarung Stahl/PA*   }

$k_2 = 10$ *Paarung PA/PA*   } *zum Abschätzen der Flankentemperatur T_F*
$k_2 = 7$ *Paarung Stahl/PA*   }

Die Reibungszahlen sind:

$\mu = 0,04$ *Getriebe mit Dauerschmierung*
$\mu = 0,07$ *Getriebe mit Ölschmierung*
$\mu = 0,09$ *einmalige Fettschmierung bei Montage*

trocken:

$\mu = 0,2$	*Stahl/PA*	$\mu = 0,2$	*POM/POM*	$\mu = 0,4$	*PA/PA*
$\mu = 0,18$	*Stahl/POM*	$\mu = 0,18$	*POM/PBT*	$\mu = 0,25$	*PA/POM*
$\mu = 0,18$	*Stahl/PBT*	$\mu = 0,13$	*PBT/PBT*	$\mu = 0,35$	*PA/PBT*

Bei intermittierendem oder aussetzendem Betrieb wird die Endtemperatur durch die Pausen reduziert. Zur rechnerischen Abschätzung bei Stirnradgetrieben aus Kunststoffen wird der dimensionslose Korrekturfaktor f eingeführt:

$$f = 0.052 \cdot ED^{0.64}$$

Die relative Einschaltdauer ED ergibt sich aus der Belastungszeit t innerhalb der Spieldauer t' in %.

$$ED = \frac{t}{t'} \cdot 100$$

7.3.3 Tragfähigkeit

ZAHNFUSS

Eine rein analytische Zahnfußfestigkeitsberechnung mittels zulässiger Werkstoffkennwerte ist nicht möglich. Es wird daher die auftretende Zahnfußspannung mit experimentell ermittelten zeit- und temperaturabhängigen Grenzwerten verglichen. Dabei ist die Schmierungsart für Zahnfußbruch nicht lebensdauerbestimmend.

Die zulässige Zahnfußspannung σ_F darf maximal der experimentell an Zahnrädern im Prüfstand ermittelten lastspielzahl- und temperaturabhängigen **Zahnfußfestigkeit** σ_{FN} geteilt durch einen Sicherheitsfaktor S sein:

$$\sigma_F = \frac{F_u}{b \cdot m_n} \cdot K_A \cdot Y_F \cdot Y_\varepsilon \leq \frac{\sigma_{FN}}{S}$$

mit: F_u = *Umfangskraft [N]*

      m_n = *Normalmodul [mm]*

      b = *Zahnbreite, bei unterschiedlicher Zahnbreite maximal $b = b_{min} + m_n$ [mm]*

      K_A = *Anwendungsfaktor, erfaßt zeitlich veränderliche, gegenüber dem Nenndrehmoment erhöhte Belastung. Richtwerte und Rechenanweisungen für Lastkollektive enthält DIN 3990. Bei konstanter Nennlast $K_A = 1$.*

      Y_F = *Formfaktor zur Berücksichtigung der Zahnform in Abhängigkeit von der Zähnezahl z und dem Profilver-schiebungsfaktor x, siehe Bild 7.24*

      Y_ε = *Überdeckungsfaktor, der die Lastverteilung auf mehrere Zähne erfaßt. **Ohne Profilverschiebung** gilt nach DIN 3990: $Y_\varepsilon = 1/\varepsilon_\alpha$; mit $\varepsilon_\alpha = \varepsilon_{\alpha z1} + \varepsilon_{\alpha z2}$; für $\varepsilon_{\alpha z1,2}$ gilt $\varepsilon_{\alpha z1,2} = 1/(1 + 2,95\, z_{1,2}^{-0,78})$ dabei ist die Grenzzähne-zahl $z_{min} = 14$ zu beachten*

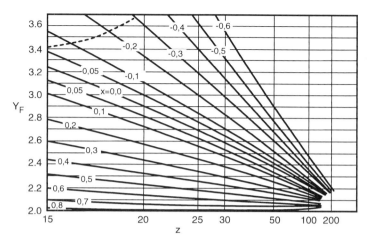

Bild 7.24: Zahnformfaktor Y_{Fa} für Außenverzahnung in Abhängigkeit von Profilverschiebung x und Zähnezahl z nach DIN 3990

Mit Profilverschiebung gilt:

$$Y_\varepsilon = \frac{2 \cdot \pi}{z_1 \cdot (\tan \alpha_{E1} - \tan \alpha_{A1})}$$

sowie:

$$\tan \alpha_{A1} = \tan \alpha_{tw} \cdot \left(1 + \frac{z_2}{z_1}\right) - \tan \alpha_{A2} \cdot \left(\frac{z_1}{z_2}\right)$$

Aus Bild 7.25 werden $\tan \alpha_{E1}$ abhängig von der Hilfsgröße $D_1 = d_{K1}/d_{G1}$, $\tan \alpha_{A2}$ abhängig von $D_2 = d_{K2}/d_{G2}$ und der Wälzwinkel α_{tw} bzw. $\tan \alpha_{tw}$ im Stirnschnitt für Geradstirnräder entnommen. Dabei sind d_K = Kopfkreisdurchmesser, d_G = Grundkreisdurchmesser und x = Profilverschiebung.

Die Zahnfußfestigkeit ist besonders bei PA bei hohen Drehzahlen und bei POM bei Schmierung relevant. Andernfalls treten Flankenschäden auf. Die Zahnfußtemperatur wird nach der Gleichung für Stirnradgetriebe berechnet.

Zahnfußfestigkeitskurven in Abhängigkeit von der Lastspielzahl für PA 6 und PA 6-GF unter Ölschmierung unterscheiden sich um ± 5 % von denen für PA 66, so daß diese mit hinrei-

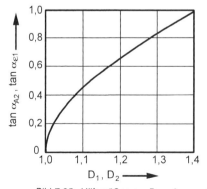
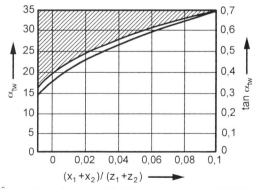

Bild 7.25: Hilfsgrößen zur Berechnung des Überdeckungsfaktors bei Profilverschiebung nach DIN 3990

chender Genauigkeit verwendet werden können. Bemerkenswert ist dabei, daß die bei statischer Beanspruchung bestehende festigkeitsmäßige Überlegenheit von PA GF beim geschmierten Zahnrad verloren geht.

Die berechnete Zahnfußspannung σ_F wird mit der Zahnfußfestigkeit σ_{FN} (Temp.) verglichen, Bild 7.26. Die Mindestsicherheit sollte 1,25 bis 2 betragen.

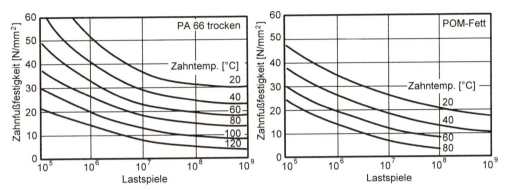

Bild 7.26: *Zahnfußfestigkeit σ_{FN} für Zahnräder in Abhängigkeit von der Lastspielzahl (nach Hachmann/Strickle)*
links: PA 66, spanend hergestellt, Trockenlauf
rechts: POM, spanend hergestellt, Fettschmierung

ZAHNFLANKEN

Die Berechnung der Flankentragfähigkeit erfolgt analog der Hertzschen Pressung σ_H. Sie darf nicht größer sein als die zulässige, bauteilspezifisch an Prüfzahnrädern ermittelte Flankenpressung σ_{HP}.

$$\sigma_H = Z_H \cdot Z_E \cdot Z_\varepsilon \sqrt{K_A \cdot \frac{z_1 + z_2}{z_2} \cdot \frac{F_u}{d_o \cdot b}} \leq \frac{\sigma_{HN}}{S}$$

mit: Z_H = **Flankenformfaktor** zur Berücksichtigung der Zahnflankenkrümmung

$$Z_H = 1/\cos \alpha_t \cdot \sqrt{1/\tan \alpha_{tw}} \cdot \tan \alpha_{tw} \quad \text{siehe Bild 7.25}$$

mit: α_t = *Stirneingriffswinkel*

Z_E = **Elastizitätsfaktor** bei unterschiedlicher Elastizität der Werkstoffe

$$Z_E = \sqrt{\frac{0,6 \cdot (E_1 \cdot E_2)}{(E_1 + E_2)}}$$

Der Temperatureinfluß auf den E-Modul ist aus Bild 7.27 zu entnehmen.

Z_ε = **Überdeckungsfaktor**, wird für Gerad- und Schrägverzahnung sicherheitshalber gleichgesetzt.

$$Z_\varepsilon = \sqrt{\frac{4 - (\varepsilon_{\alpha z 1} + \varepsilon_{\alpha z 2})}{3}}; \quad \varepsilon_{\alpha z 1,2} = \frac{1}{1 + 2,95 \cdot z_{1,2}^{-0,78}}$$

K_A = **Anwendungsfaktor** siehe s. S. 223

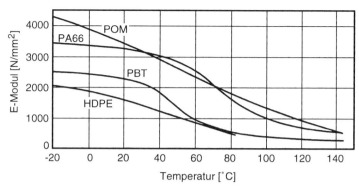

Bild 7.27: Semiempirisch ermittelter E-Modul für Kunststoff-Zahnradwerkstoffe in Abhängigkeit von der Temperatur nach VDI 2545

Die Grenzflankenpressung σ_{HP} für verschiedene Kunststoffe und Schmierungsarten ist in Bild 7.29 dargestellt. Für Zahnräder aus PA 6 kann mit $\sigma_{HP\,PA\,6} = 0,8 \cdot \sigma_{HP\,PA\,66}$ gerechnet werden. Der Sicherheitsfaktor S sollte normalerweise 2, bei genauer Verzahnung 1,4 betragen.

ZAHNVERFORMUNG

Bei der Auslegung von Zahnrädern aus Kunststoffen muß neben der Zahnfuß- und der Zahnflankentragfähigkeit noch die Zahnverformung berücksichtigt werden. Die Verformung der Zähne unter Last (auch im Stillstand unter Last) wirkt beim Übergang vom unbelasteten zum belasteten Zahn wie ein Teilungsfehler.

Die Verformung f_k als Verschiebung des Zahnkopfes in Umfangsrichtung beträgt:

$$ f_k = \frac{3 \cdot F_u}{2 \cdot b \cdot \cos \alpha_t} \cdot \varphi \cdot \left(\frac{\psi_1}{E_1} + \frac{\psi_2}{E_1} \right) $$

mit: α_t = *Stirneingriffswinkel*
       $\varphi, \psi_{1,2}$ = *Beiwert aus Bild 7.28*
       $E_{1,2}$ = *Elastizitätsmodul. Bei dynamischem Betrieb aus Bild 7.27, bei statischer Langzeitbelastung Kriechmodul*

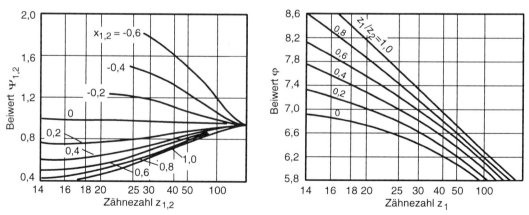

Bild 7.28: Beiwerte $\psi_{1,2}$ und ϕ in Abhängigkeit von der Zähnezahl z und dem Profilverschiebungsfaktor (nach Hachmann/Strickle)

Bei einer Paarung Kunststoff/Stahl wird $\psi_{St} / E_{St} = 0$.

Die zulässige Zahnverformung ergibt sich aus den Anforderungen an das Laufgeräusch und die Lebensdauer. Durch Messungen wurde festgestellt, daß das Laufgeräusch ab $f_K = 0,4$ mm deutlich anzusteigen beginnt. Als weitere Grenze wird $f_k > 0,1 \cdot m$ mit m als Modul angegeben.

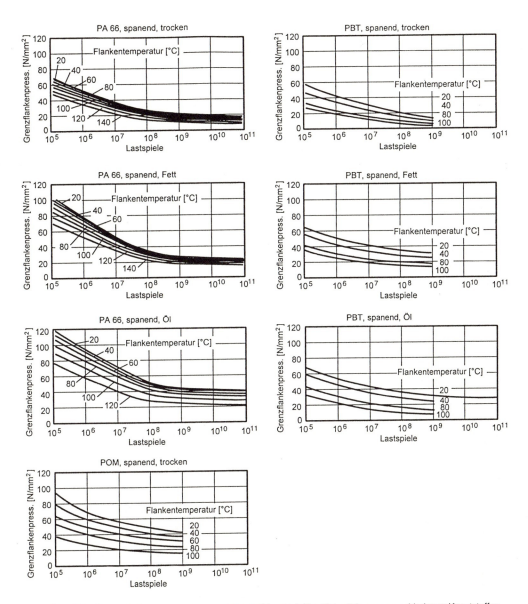

Bild 7.29: Grenzflächenpressung σ_{HN} von spanend hergestellten Zahnräder aus verschiedenen Kunststoffen mit unterschiedlicher Schmierung (nach Beck, Brünings, Erhard, Hachmann, Strickle und Weis)

Literatur zu Kapitel 7.3:

Beck, K. und Brünings, H.	Grenzflankenpressung bei Stirnrädern aus PA66 und PA6 Konstruktion 25 (1973) 11, S. 451-454
Erhard, G. und Weis, Ch.	Zur Berechnung der Zahn- und Flankentemperatur von Zahnrädern aus Polymerwerkstoffen Konstrution 39 /1982) 5, S. 200-205
Hachmann, H. und Strickle, E.	Polyamide als Zahnradwerkstoffe Konstruktion 18 (1966) 3, S. 81-93
N. N.	Techn. Kunststoffe, B. 1.1 Stirnradgetriebe mit Zahnrädern, Frankfurt, 1992
Siedke, E.	Tragfähigkeitsuntersuchungen an ungeschmierten Zahnrädern aus thermoplastischen Kunststoffen Diss. TU Berlin, 1977
VDI-Richtlinie 2545	Zahnräder aus thermoplastischen Kunststoffen Beuth-Verlag, Berlin, 1981

Literatur zu Kapitel 7 gesamt:

Erhard, G. und Strickle, E.	Maschinenelemente aus thermoelastischen Kunststoffen 2. Auflage, VDI-Verlag, Düsseldorf, 1985

8 EDV-Unterstützung

Bei der Entwicklung von Formteilen ist zwischen der direkten Formteilgestaltung zur Erfüllung der Gebrauchstauglichkeit und der überwiegend rheologischen Werkzeugauslegung für den Fertigungsprozeß zu unterscheiden. Besonders wichtig dabei ist der zuverlässige Transfer von Geometriedaten vom Generieren mittels CAD zur Simulationsberechnung (CAE) und/oder zur Fertigung (CAM). Als Schnittstellen werden IGES- oder VDA-Schnittstellen bevorzugt. Ähnlich wichtig wie die Berechnung selbst ist das Bereitstellen geeigneter und das Material- verhalten richtig kennzeichnender Eigenschaftswerte. Übliche weitverbreitete Kennwerte, auch wenn sie nach Norm geprüft sind, entsprechen diesen Anforderungen häufig nicht. Ent- scheidenden Fortschritt hat hier die Entwicklung von Datenbanken (z.B. CAMPUS, s. Kap.1) von werkstofftechnisch orientierten Ingenieuren gebracht, die sich sowohl in der Verarbeitung als auch in der Konstruktion auskennen und unter diesen Gesichtspunkten die Kennwertaus- wahl festgelegt haben. Die Datenbank wird von über 20 Rohstoffherstellern erstellt und jeweils kostenlos zur Verfügung gestellt.

In der Kunststoffindustrie ist zu unterscheiden zwischen CAD zur Erstellung fertigungs- gerechter Konstruktionsunterlagen, CAE für Berechnungen zur Rheologie, Thermodynamik und mechanische Bauteilauslegung sowie Datenbanken incl. Büro-EDV, Bild 8.1. Im techni- schen Bereich dominiert nach einer Studie von O. Altmann der CAD-Einsatz, und zwar das 2D-CAD. Ein bewährter Name ist hierbei AutoCAD mit etwa 60% Marktanteil bei den Kunst- stoffverarbeitern und Werkzeugmachern. Während 29% 2D-CAD-Anlagen sind, ist damit zu rechnen, daß in Zukunft 3D-CAD-Anlagen zunehmen werden, die bereits einen Anteil von 14% haben, da sie als vollparametrische Volumenmodelle für die integrierte FE-Auslegung geeignet sind. Das Berechnungsmodell wird mit einem Geometriemodell gekoppelt. Aus diesem Grund dominiert das System Pro/Engineer.

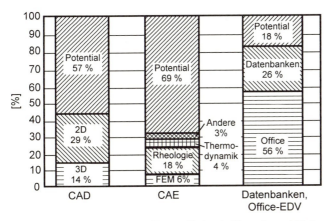

Bild 8.1:   *EDV-Software-Einsatz in der Kunststoffindustrie (Hersteller und Werkzeugmacher), 100% = etwa 2100 Kunststoffspritzgußunternehmen (nach Altmann)*

Eine Besonderheit der Kunststoffe ist die starke Abhängigkeit der Kennwerte von dem Fertigungsprozeß sowie die meist fertigungsbedingte Anisotropie von Kennwerten, die zu Unterschieden bis zum Mehrfachen eines Kennwertes führen können, meistens aber nicht homogen über ein Bauteil verteilt sind. Brauchbare Datenbanken wie CAMPUS basieren daher auf festgelegten Werkzeug- und Fertigungsbedingungen. Ein weiteres Hauptproblem ist das zeit- und temperaturabhängige nichtlineare Verformungsverhalten der Kunststoffe und das Fehlen rheologischer und thermodynamischer Kennwerte unter Verarbeitungsbedingungen (hohe Fließgeschwindigkeit, hoher Druck, komplizierte Kanäle). Selbst einfache Kennwerte wie Schub- und Druckfestigkeit genau zu bestimmen, ist kaum möglich.

Die Auslastungsgrade von EDV-Anlagen betragen etwa 50%, verglichen mit der Auslastung von Fertigungseinrichtungen im Spritzgußbetrieb mit etwa 80% ist das nicht sehr viel. Knapp 40% der eingesetzten EDV-Anlagen sind z.Zt. PCs, mehr als 60% Workstations. Altmann schätzt, daß bis zum Jahre 2000 der Marktanteil der PCs etwa 75% betragen wird. Als Gründe führt er an, daß die Leistungsfähigkeit und Geschwindigkeit von PCs sich, zum selben Preis, im Schnitt alle zwei Jahre verdoppelt hat. Alle Workstation-Konzepte sind bezüglich Preis und Lizenzenbindung nicht befriedigend. Obwohl sich der Gestehungspreis für diese Art von Rechnern reduziert hat, sind die von einigen Firmen verfolgten Anwenderbindungen (Lizenzverträge für Hardware, Software und Betriebssysteme) für die Kunststoffindustrie nicht positiv. Trotz des vertretbaren Ausgangspreises für die Workstations können die Folgekosten durch die Anwenderbindung für

-   Anwendungssoftware,

-   Peripheriegeräte,

-   Schulungen,

-   Wartung, Betreuung und

-   Updates

ein Vielfaches betragen, zum Teil bis Faktor 3, gegenüber den nicht hersteller-/hardwaregebundenen PC-Zusatzaufwendungen. Für einen vollausgestatteten EDV-Arbeitsplatz ist mit folgenden Investitionskosten zu rechnen (Stand 1995):

-   Workstation-Basis: etwa 740 000 DM

-   PC-Basis: etwa 350 000 DM.

Vor der Investition in derartigen Größenordnungen wird jeder Kunststoff-Formteilhersteller überlegen, ob er

-   in eine "unproduktive", aber kostensparende EDV oder

-   in produktive Maschinen, z.B. Spritzgußmaschinen investiert.

Die EDV-Software hat ein weiteres gravierendes Problem: Der Wiederveräußerungswert nach extrem kurzen Abschreibungszeiten (etwa 2 Jahre) ist nahezu mit Null anzusetzen, im Gegensatz z.B. von Spritzgußmaschinen. Außerdem entstehen noch hohe, schwer kalkulierbare Neben- und Folgekosten für Wartung, Schulung, Updates, Systembetreuung ect.

CAE-Anwendungen betreiben (Basis: 141 installierte Systeme der 3 größten Anbieter, Stand 3/95):

-   Großunternehmen, Elektro-, Autozulieferer $\sim$ 45%,

-   Ing.-Büros, Kleinbetriebe $\sim$ 23%,

-   Institute $\sim$ 17%,

-   Chemie $\sim$ 10%,

-   Autoindustrie $\sim$ 5%.

8.1 RHEOLOGISCHE AUSLEGUNGEN

Liegt das CAD-Modell einer Formteilkonstruktion bereits vor, soll durch rheologische Aus-legungen erreicht werden:

- sichere Formfüllung des Werkzeugs bei Drücken bis zu 1000 bar, Bindenähte in unkriti-schen Bereichen, Vermeiden von Lufteinschlüssen,

- sicheres Erreichen von Fließwegenden durch ein ausbalanciertes Angußsystem oder Fließhilfen bzw. -behinderungen.

Hierfür stehen relativ aufwendige FE-Programme (z.B: Cadmould, C-Flow oder Moldflow) zur Verfügung. Wichtig ist, daß der Anwender über fundierte Werkstoffkenntnisse verfügt, da auch die modernsten Programme die Anforderungen häufig nicht voll erfüllen können.

Neuerdings lassen sich auch Faserorientierungen durch die Simulationsberechnung erfassen. Durch eine Aufteilung in Rand- und Mittelschichten über die Wanddicke kann beurteilt werden, ob die Hauptorientierungsrichtung der Faser günstig zur Belastungsrichtung liegt. Über die qualitative Betrachtung der Faserorientierungen hinaus lassen sich die Informationen auch für eine genauere Bauteilauslegung verwenden.

Zunächst beschreibt man eine einzelne Faser/Matrix-Zelle durch entsprechende mikroskopi-sche Modelle. Die Eigenschaften werden dann durch makromechanische Modelle entspre-chend der existierenden Längen/Winkel-Klassen superponiert. Dadurch erhält man ein gemitteltes mechanisches Materialverhalten des real anisotropen Werkstoffs. Verwendet man thermomechanische Modelle, läßt sich das gemittelte thermische Materialverhalten des anisotropen Kunststoffs bestimmen. Durch diese Information wird versucht, den Verzug von Bauteilen aufgrund der Abkühlung vorauszuberechnen.

Die meisten kommerziellen FE-Programme sind nicht für die Kunststofftechnik speziell entwickelt worden. Wegen der formalen Ähnlichkeiten mechanischer und physikalischer Vorgänge eignen sie sich aber auch für die Berechnung von Kunststofformteilen. Für den Kunststofffachmann sind außer der isochronen Fließfrontlinie auch Linien gleichen Druckes (isobar) und Linien gleicher Temperatur (isotherm) und die in der Schmelze herrschenden Scherbeanspruchungen von Interesse. Möglichst niedriger Druck in symmetrischer Verteilung hilft z.B. Werkzeuge gleichmäßig zu belasten und damit gleiche Wanddicken einzuhalten. Einer der Hauptvorteile derartiger Berechnungen liegt darin, daß nach dem Erstellen des meistens recht komplizierten Modells mit relativ geringem Aufwand Variantenberechnungen durchgeführt werden können, die z.B. zum Festlegen der Angüsse, deren Durchmesser und auch der Formteilwanddicken führen können.

Häufig ist es ausreichend und vor allem kostengünstiger, mit einfachen Methoden, wie z.B. der Füllbild-Methode, Werkzeuge auszulegen. Als Hilfsmittel genügen bei vorhandener Zeichnung manchmal schon Zirkel und Lineal.

Füllbild-Methode

Die Füllbild-Methode beruht auf der Annahme, daß

- sich die Schmelze im Werkzeughohlraum wellenförmig ausbreitet,

- die Fließlänge direkt proportional der Wanddicke ist,

- die erzeugte Friktionswärme der Wärmeabfuhr über die gekühlte Wand entspricht,

- überall ähnliche Temperaturen und laminare Strömungsverhältnisse herrschen.

Die Füllbildkonstruktion unterscheidet im Prinzip nur zwei Grundfälle der Formteilgestalt:

- die Platte mit Ausnehmung (Loch),

- den Übergang von einer Wanddicke zur anderen.

Im Fall des rechteckigen oder runden Lochs kann man sich den Fließfrontenverlauf als kreisförmig vom Anspritzpunkt ausgehend vorstellen, der Eckpunkt des Rechteckloches oder der Tangentenpunkt des Rundloches sind dabei neue Bezugspunkte der Wellenausbreitung, leicht vorstellbar als Kontaktpunkt eines sich abwickelnden Fadens, der die Löcher um-wickeln muß, wobei sich der Radius beim Rechteckloch jeweils an den Ecken, beim Rundloch permanent an den Tangentenpunkten entsprechend verkürzt, Bild 8.2.

Füllbildkonstruktionen bei unterschiedlichen Wanddicken, deren Verhältnis den Faktor 2 nicht überschreiten sollte, stellt Bild 8.3 dar. Die Geschwindigkeit der sich zunächst kreisförmig ausbildenden Fließfront halbiert sich beim Übergang von dem dünneren in den dickeren Be-reich, Bild 8.3 links. Die Fließfront 2 strömt im dicken Bereich doppelt so schnell wie im engen. Der Abstand zwischen den Fließfronten 1 und 2 wird sich daher halbieren. Aus den beiden Berührungspunkten der Fließfront 2 mit der Übergangslinie dick/dünn und dem Punkt 2 der Senkrechten sind 3 Punkte eines neuen Kreissegmentes gegeben.

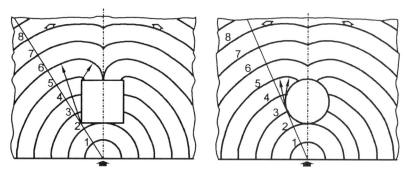

Bild 8.2: *Füllbildkonstruktion von Fließfronten an rechteckigem und rundem Loch*

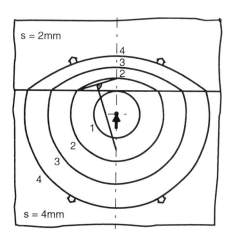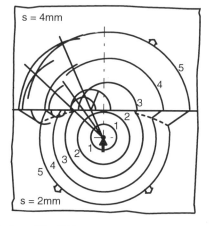

Bild 8.3: *Füllbildkonstruktion an Platte mit zwei verschiedenen Wanddicken*
links: dickere Seite angespitzt   rechts: dünnere Seite angespitzt

Umgekehrt verhält es sich bei dem Übergang von einer geringen zu einer größeren Wand-dicke. Hier wird die Fließfrontgeschwindigkeit verdoppelt. Das führt allerdings dazu, daß Rückströmungen stattfinden, wenn die Fließfront im dickeren Bereich die Übergangslinie schneller erreicht als im engen. Die rückströmende Fließfrontlinie wird aus Kreissegmenten konstruiert, die sich aus den Schnittpunkten der Hilfsstrahlen mit der Übergangslinie und dem doppelten Abstand der Fließlinien am Wanddickensprung ergeben. Kontrollrechnungen mit sehr viel aufwendigeren FE-Methoden haben eine gute Übereinstimmung ergeben. Ab-weichungen werden zurückgeführt auf Schwankungen in der Sollwanddicke, zu geringen Volumenstrom durch zu schwache Spritzgußmaschine, nicht gleichzeitigem Eintreten der Schmelze in den Hohlraum bei mehreren Angüssen und Verformungen des Werkzeugs bei ungleichmäßiger Belastung während des Füllvorganges.

Bei 3-dimensionalen Formteilen müssen die einzelnen Teile 2-dimensional betrachtet werden, d.h. die räumlichen Flächen werden als in die Ebene geklappt betrachtet.

8.2 BAUTEIL-AUSLEGUNG

Die klassische Spannungs- und Verformungsanalyse der Kontinuumsmechanik führt häufig zu Differentialgleichungen, die anhand gegebener Randbedingungen integriert werden müssen. Bei komplizierten Geometrien, bei denen sich im Falle der Biegung Trägheits-momente und Randfaserabstände ändern, ist das Problem nicht mehr ohne weiteres analy-tisch lösbar. In solchen Fällen ist es sinnvoll, mit Hilfe von **FE-Berechnungen** die Geometrie in einzelne zusammenhängende finite Elemente zu diskretisieren, von denen jedes unter einem eigenen Belastungsbild verformt wird und sowohl die Verformungen als auch die wirkenden Biegemomente auf das nachfolgende Element überträgt.

Mit der Methode der finiten Elemente lassen sich auch Verrippungen und räumlich gekrümm-te Versteifungsflächen berechnen, jedoch benötigt man hierzu oft dreidimensionale FE-Rechensysteme. Dabei muß unterschieden werden, ob die zugelassenen Verformungen noch im quasilinearen Bereich des Werkstoffgesetzes liegen, oder schon darüberhinausgehen. Bei immer leistungsfähigeren Pre- und Postprozessoren (Erzeugung der FE-Struktur, grafische Anzeige der Berechnungsergebnisse) sind der Festigkeitsberechnung heute kaum noch Grenzen gesetzt. Voraussetzungen sind jedoch eine leistungsfähige Hard- und Software, die heute allerdings schon auf PC-Basis zur Verfügung steht, und die Erkenntnis, wo welches Problem vorliegt und mit welchen Schädigungsvorgängen gerechnet werden kann.

Trotz der Vereinfachungen durch den EDV-Einsatz bieten die Methoden der klassischen Festigkeitslehre aufgrund ihrer einfachen Anwendbarkeit Vorteile, bei überschlägigen Berech-nungen. Erste Anhaltswerte für günstige Geometrien und geeignete Werkstoffe sind schnell zu erhalten. Häufig können die gleichen Formeln wie für "klassische" Materialien benutzt werden, wenn man an Stelle des konstanten E-Moduls die leider wiederum selten bekannten, aus zeit- und temperaturabhängigen **Materialgesetzen** abgeleiteten Sekanten-, Kriech- oder Relaxationsmoduln benutzt.

Für bestimmte häufig verwendete Funktionselemente, wie z.B. Maschinenelemente (Kap. 7) sind, unterstützt durch Bauteilversuche, semiempirische Berechnungsansätze entwickelt worden, die in der Regel auf analytischen Formeln unter Berücksichtigung zusätzlicher Abminderungsfaktoren beruhen. Diese **Auslegungsgleichungen** ermöglichen es, die speziellen Randbedingungen auszudrücken und zu berücksichtigen, unter denen das Bauteil normalerweise eingesetzt wird. Zudem können technologische Erscheinungen wie u.a. Reibung und Verschleiß, Alterung, Aussehen, Haftung, plastische Deformation, Spannungs-rißbildung, bisher nicht analytisch erfaßt werden. Für diese empirische Auslegung von Funktionselementen steht neben der Literatur auch Software zur Verfügung, die für sich alleine, aber auch während einer Konstruktion bei Bedarf als Unterprogramm aufgerufen werden. Gemäß den Eingaben wird dann das Element dimensioniert, und gleichzeitig erstellt das Programm die Geometrie, die dann mit dem CAD-System weiterverarbeitet werden kann.

Die Einführung der FEM-Technik ist nicht ganz problemlos. Sie hat inzwischen einen sehr hohen Stand erreicht, so daß praktisch alle komplizierten Probleme prinzipiell lösbar sind. Der Zeit- und Kostenaufwand einer 3D-Berechnung reicht jedoch an den Aufwand experimenteller Untersuchungen von Versuchsmustern heran. Große Erfahrungen beim Modellaufbau, bei der Elementeeinteilung, bei der Berücksichtigung von Randbedingungen und bei der Interpretation der Ergebnisse sind notwendig.

Nach wie vor ersetzt der Rechner nicht den ausgebildeten kreativen Fachmann, sondern hilft ihm, Fragen schneller und sicherer zu beantworten. Eine große Gefahr liegt darin, daß Ergebnisse aus dem Rechner unkritisch übernommen werden.

Zur Berechnung von Spannungen, Dehnungen und Verformungen, besonders bei zusammengesetzten Beanspruchungen, wird ein mehrdimensionales Materialgesetz benötigt, das einen Zusammenhang zwischen den Spannungen und Verformungen herstellt. Hierzu eignen sich viele Materialmodelle der Elasto- und Plastomechanik. Ein geschlossenes Materialmodell, das alle mechanischen Eigenschaften der Thermoplaste wiedergeben kann, existiert nicht. Der Aufwand zur experimentellen Ermittlung der benötigten Materialkennwerte für nicht lineare Berechnungen ist allerdings beträchtlich. Während Steifigkeitsberechnungen von Bauteilen relativ zuverlässig möglich sind, ist dagegen die Beurteilung des Versagens schwieriger. Vertiefte Kentnisse der Werkstoffmechanik, besonders beim Auftreten eines Übergangs spröd/zäh in Abhängigkeit von der Belastungsgeschichte sowie Umgebungsbedingungen wie Temperatur und Feuchtigkeit sind notwendig. Andererseits sind Spannungsdarstellungen meistens aussagekräftiger als Verformungsbilder. Bei Bauteilen mit Festigkeitsrestriktionen kann der Konstrukteur anhand von Spannungsdarstellungen sofort erkennen, welche Zonen hochbeansprucht oder nur wenig ausgenutzt sind. Bei Steifigkeitsproblemen dagegen liefern Verformungsbilder nur global interpretierbare Ergebnisse. Zur Ermittlung der Zonen mangelnder Steifigkeit dienen grafisch aufbereitete Sensitivitätsanalysen. Der zusätzliche Berechnungsaufwand dafür ist vergleichsweise gering, wenn diese Option bereits im FE-Programm vorgesehen wurde.

Literatur zu Kapitel 8:

Altmann, O.; Ruhland, H. und Wirth, H.	Grenzen und Möglichkeiten der EDV Kunststoffe 85 (1995) 5, S. 585-594
Bangert, H.	Vorausbestimmung des Fließfrontverlaufs in Spritzgießwerkzeugen Kunststoffe 75 (1985) 6, S. 325-329 und 12, S. 889-895
Hauck, Ch.	Optimieren mechanisch beanspruchter Bauteile aus Thermoplasten mit der FE-Methode Konstruktion 42 (1990) 12, S. 421-427
Osswald, T.A.	Modelling and Simulation in Polymer Processing Skript zur Vorlesung; Lehrstuhl für Kunststofftechnik Universität Erlangen, 1995
Wübken, G.	Rechnereinsatz bei der Konstruktion von Kunststoffteilen - Qualifikation des Personals entscheidet über Erfolg Plastverarbeiter 42 (1991) T.I: Nr.4, S. 20-27; T.II: Nr.5, S. 42-49

9 Umweltgerechtes Konstruieren

9.1 SYSTEMATISCHES KONSTRUIEREN

Nach der VDI-Richtlinie 2222, Konstruktionsmethodik - Konzipieren technischer Produkte - kann der Konstruktionsprozeß in vier Phasen eingeteilt werden: Planen, Konzipieren, Entwerfen und Ausarbeiten, Bild 9.1. Es wurden verschiedene Konzepte entwickelt, die den systematischen Anteil des Konstruktionsprozesses soweit wie möglich vergrößern sollen, um den intuitiven Anteil auf ein Minimum zu beschränken. Ziel des Konstruktionsprozesses ist es, durch eine stetig fortschreitende, iterative Optimierung den Bau von Maschinen, Apparaten oder sonstigen Teilen maßlich, stofflich und in seiner Gestalt festzulegen. Dieser Prozeß kann unter bestimmten übergeordneten Gesichtspunkten ablaufen. Ausschließlich technologische Gesichtspunkte führen zur Forderung nach einer werkstoffgerechten und fertigungsgerechten Konstruktion. Allein diese Gesichtspunkte zeigen schon die erheblichen Probleme, da selten ein Ingenieur die Kunststoffe in ihrer ganzen Komplexität überschauen kann, noch die jeweils angemessenen Fertigungsverfahren im Detail kennt. Obwohl eine Einführung in das Konstruieren mit Kunststoffen den methodischen Ansatz hochhalten soll, ist oft nicht zu leugnen, daß die besten Konstruktionen auf dem Kunststoffgebiet nicht durch eine systematische Produktentwicklung, sondern eher durch nicht näher spezifizierbare Einzelleistungen begabter Konstrukteure geschaffen wurden. Die Konstruktionssystematik hilft allerdings dem normal intelligenten Techniker seine Aufgaben zu lösen.

Bisher dominiert eindeutig die metallorientierte Konstruktionsweise, da der Ausbildungsstand auf dem Gebiet der Kunststoffe zu diesem Thema vergleichsweise gering ist. An den deutschen Universitäten gibt es noch keinen Lehrstuhl für das Konstruieren mit Kunststoffen.

Der Konstruktion kommt nach VDI 2234, wirtschaftliche Grundlagen für den Konstrukteur, in hohem Maße die Kostenverantwortung zu, während die Kostenverursachung sich vor allem auf den Materialbereich erstreckt, Bild 9.2. Da Kunststoff-Formteile häufig in sehr großen Stückzahlen gefertigt werden, ist die Kostenverantwortung der Entwicklung/Konstruktion eher häufig noch höher.

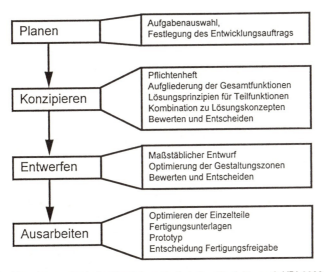

Bild 9.1:   Vorgehensweise beim Konzipieren technischer Produkte nach VDI 2222

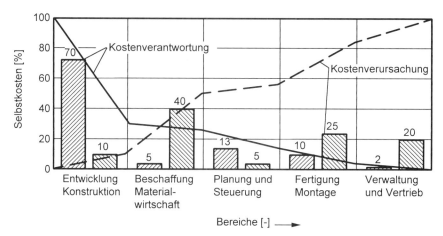

Bild 9.2:   Kostenverantwortung und Kostenverursachung nach VDI 2234

Die grundlegende Bedeutung der Werkstoffe als Produktionsfaktoren geht nach dem Statistischen Jahrbuch 1993 aus einer Zusammenfassung der Input-Größen für verschiedene
Wirtschaftszweige hervor, Tab.9.1. Danach ist der Anteil des Produktionfaktors Material um
10% höher als der des Produktionsfaktors Personal und um eine Größenordnung höher als
der des Produktionsfaktors Energie. Den Überlegungen zum werkstofflichen Recycling kommt
daher durchaus eine wirtschaftliche Bedeutung zu.

Wirtschaftszweig (alte Bundesländer 1991)	Bruttopro- duktionswert (Mio. DM)	Produktionsfaktoren (%) (Statistisches Jahrbuch 1993)			
		Personal	Material	Energie	Sonstige*
Straßenfahrzeugbau	289 510	23,4	43,7	1,0	31,9
Elektrotechnik	229 241	33,2	32,0	1,0	33,8
Maschinenbau	219 918	33,9	36,2	1,2	28,7
Chem. Industrie	200 748	25,3	29,7	3,7	41,3
Eisenschaffende Industrie	48 679	27,1	39,7	11,1	22,1
Stahl- und Leichtmetallbau	36 709	32,1	36,1	0,9	30,9
Nichteisen-Metallerzeugung	27 243	19,1	46,5	5,7	28,7
Mittelwert:		27,8	37,7	3,5	31,0
* Fertigung, Handelsware, Mieten, Zinsen, sonstige Dienstleistungen					

Tabelle 9.1:   Produktionsfaktoren der gewerblichen Industrie (nach Czichos)

Die Wirtschaftlichkeit muß die Gesamtkosten einschließlich Entsorgung berücksichtigen und
einerseits einen hohen Restwert bzw. Werterhalt durch Reparaturfreundlichkeit, andererseits
eine kostengüstige Entsorgung oder Verwertung anstreben. Ziel ist es, die erhöhten Bauteil-
kosten einer recyclingfreundlichen Konstruktion durch die damit erreichbaren minimierten
Entsorgungskosten aufzufangen, Bild 9.3.

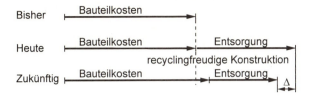

Bild 9.3: Tendenzielle Kosten für recyclingfreundliche Konstruktionen

9.2 ASPEKTE DES UMWELTGERECHTEN KONSTRUIERENS

Während als übergeordnete Ziele bei der Konstruktion bisher wirtschaftliche Gesichtspunkte neben nutzungs-, gestaltungs-, norm- und instandsetzungsorientierten dominierten, werden diese zunehmend durch Umweltaspekte ergänzt. Die Diskussion erstreckt sich im wesentlichen auf recyclinggerechtes Konstruieren, was die Problematik aber nur einseitig erfaßt. So kann ein recyclinggerechtes Konstuieren nur vernünftig betrieben werden, wenn vorher geklärt ist, wie und in welchen Umfang recycliert werden soll. Das ist zumindest auf dem Gebiet der Kunststoffe bei der nicht immer sachorientierten Betrachtung, den häufig fehlenden Maßstäben, Kriterien und Verordnungen mit Sicherheit schwer definierbar. Somit bleibt es häufig bei fiktiven oder vorläufigen Vorstellungen, auch wenn vereinzelt vernünftige Konzepte erkennbar sind. Zudem läßt sich bei der sich schnell entwickelnden Recycling-Technologie heute noch nicht genau absehen, welche Demontagetechniken, Sortiermöglichkeiten und Trennverfahren am "Lebensende" des zu entwickelnden Produkts einmal zur Verfügung stehen werden. Insofern ist die Konstruktion recyclinggerechter Bauteile und Geräte nur schwer zu bewerten. Übergeordnetes Ziel sollte ein ressourcenschonendes Konstruieren sein. Dieses ist jedoch nicht ohne Kriterien der ökonomischen und ökologischen Bilanzen möglich. Die methodischen Ansätze auf diesem Gebiet sind zwar noch in der Entwicklung, doch zeigt sich bereits zunehmend, wie komplex und von speziellen Annahmen abhängig derartige Bilanzen sind.

Man konzentriert sich daher zunächst auf das einfacher zu übersehende recyclinggerechte Konstruieren, das eine Wieder- oder Weiterverwendung der Bauteile bzw. des Werkstoffs nach deren Zerlegen oder Trennen zum Ziel hat. In der VDI-Richtlinie 2243 "Konstruieren recyclinggerechter technischer Produkte" werden wichtige Begriffe definiert und erläutert. Dem Konstrukteur werden einfache Gestaltungsregeln zur Verfügung gestellt, um Produkte recyclinggerecht konstruieren zu können. Eine derartige recyclinggerechte Konstruktion steht jedoch oftmals im Widerspruch zum Leichtbau, der mit Hilfe von hochintegrierten Verbundwerkstoffen oder innig verbundenen Werkstoffverbunden sehr viel stärker das Ziel der Ressourcenschonung verfolgt. Optimierte Bauteile aus Verbundwerkstoffen und Werkstoffverbunden sind häufig ressourcenschonend, aber gleichzeitig recyclingfeindlich.

Orientiert man das recyclinggerechte Konstruieren an der VDI-Richtliniee 2222 muß es in allen einzelnen Konstruktionsphasen berücksichtigt werden. Die **Planungsphase** geht von der Marktsituation, Trendstudien, angebotenen Forschungsergebnissen oder Kundenkontakten aus und ist zunächst überwiegend Marketing, d.h. kaufmännisch orientiert. Die Konstruktion bzw. Entwicklung spielt in dieser Phase zunächst eine untergeordnete Rolle. Zielsetzung sind:

- Marktrelevanz eines umwelt- oder recyclingorientierten Produkts.

- Erfordern Vorschriften oder Gesetze eine Berücksichtigung des Recyclings?

- Läßt sich die Marktakzeptanz vergrößern (Ökomarketing)?

- Ist eine Produktrücknahme auf Kundenwunsch oder aufgrund der Gesetzeslage erforderlich?

- Ist ein recyclinggerechtes Produkt logistisch zu handhaben? Ist es verfügbar und die Qualität sicherzustellen?

- Situation der und durch die Mitbewerber.

- Realisierbarkeit des Produkts und Marktakzeptanz (Moden, Zeitgeiststörmungen, reales Käuferverhalten).

In der **Konzeptionsphase** ist die Aufgabenstellung zu präzisieren und Anforderungen bzw. Restriktionen zu klären. In der Anforderungsliste sind denkbare Recyclingkonzepte zu formulieren bzw. deren technische, wirtschaftliche und logistische Randbedingungen zu erfassen.

In der **Entwurfsphase** erfolgen die Werkstoffauswahl bereits in Bezug auf das Fertigungsverfahren, die Dimensionierung, Gestaltung und die Entsorgung. Bei Kunststoffen ist die wechselseitige Abhängigkeit sehr stark.

In der **Ausarbeitungsphase** werden dann die Einzelheiten festgelegt bzw. optimiert und entsprechende Ausführungsunterlagen erstellt. Die üblichen Zeichnungen, Stücklisten, Anweisungen usw. müssen durch Vermerke bez. des Recyclings ergänzt werden. Hierzu gehört vor allem die Werkstoffkennzeichnung nach DIN ISO 11469, auch wenn diese wegen der Typenvielfalt nur bedingt zur Kennzeichnung ausreicht, da viele Zuschläge und Additive u.U. gegensinnig wirken. Sinnvoller kann von Fall zu Fall eine eindeutige Produktbezeichnung sein.

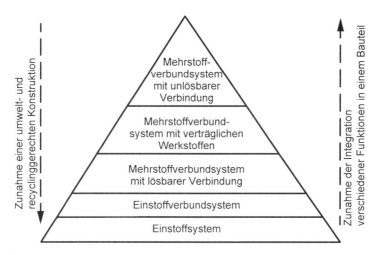

Bild 9.4:   Mehrstoffverbundsysteme für recyclinggerechte Konstruktionen

Ein recyclinggerechtes Konstruieren bevorzugt Einstoffsysteme ohne Beschichtungen und stoffschlüssige Verbindungen. Es ist in vielen Fällen nicht ressourcenoptimiert. Besonders **Verbundstrukturen** und **Materialverbunde** erschweren häufig das Recyclieren, Bild 9.4. Die Motive für Verbundstrukturen sind:

- Zusammenfassen komplexer Funktionen in einem Bauteil,

- Eigenschaftsverbesserung,

- (Betriebs-) Kostenminimierung,

- Erhöhung der Lebensdauer bei geringerem Gewicht,

- Erzielen oder Verbessern bestimmter Funktionstauglichkeiten.

Diese Eigenschaftsverbesserungen können so erheblich sein, daß ohne sie eine Bauteil-ausführung gar nicht möglich wäre.

Während die Konstruktionssystematik die fertigungsgerechten Aspekte der Konstruktions-technik bei überwiegend metallischen Konstruktionen relativ systematisch in den Griff zu bekommen scheint, bedarf dies bei ressourcenschonenden, hochintegrierten Konstruktionen aus Kunststoffen noch erheblicher Forschungsarbeiten. Vermutlich wird die Realität der Systematik noch lange vorauseilen. So wird bei einem abbremsenden und beschleunigenden Fahrzeug eine hochintegrierte Leichtbaukonstruktion ökologisch sinnvoller sein als eine zerlegbare recyclinggerechte.

9.2.1 Rezyklieren [1]

Das Rezyklieren von Bauteilen und Werkstoffen betrifft drei Abschnitte:

- Produktion/Produktionsabfälle,

- Nutzungsphase/Austausch,

- Nachgebrauchsphase.

Bei der **Produktion** ist zunächst für eine Abfallminimierung zu sorgen. Dieses bezieht sich bei der Kunststoffverarbeitung auf eine möglichst genaue Dosierung, Vermeidung von Abfällen durch optimierte Angußsysteme, Verwendung von formfüllenden Verfahren anstelle von abfallintensiveren Umformverfahren, von integrierten Bauteilen anstelle von zu ver-bindenden Einzelteilen (Vermeiden von zusätzlichen Angüssen), Verwendung sortenreiner Kunststoffe, Vermeidung von Werkstoffkombinationen und Beschichtungen, Reduzierung der Werkstoffvielfalt, recyclingfreundliche Kunststoffe.

Bei der Verwertung von Produktionsabfällen muß entschieden werden, ob die Produktionsab-fälle dem Herstellprozeß des Bauteils unmittelbar wieder zugeführt werden können oder, ob:

- die Produktionsabfälle für andere Bauteile verwendet werden,

- die Produktionsabfälle verkauft werden,

- die Abfälle verbrannt werden,

- die Abfälle deponiert werden.

Neben energetischen und ökologischen Fragen sind vor allem logistische und technologische Fragen der Aufbereitung zu klären.

Das Rezyklieren während der **Nutzungsphase**, auch als Austauschteile erzeugende Ferti-gung bezeichnet, geht von fünf Fertigungsschritten aus:

- Erzeugnisse demontieren,

---

[1] Die eingedeutschte Form des englischen Verbs "to recycle" lautet "recyceln", wobei es auch die Form "rezyklieren" gibt, die jedoch in der Allgemeinsprache weniger gebräuchlich ist. Analog dazu ist jedoch die Form "Rezyklierung" in der Allgemeinsprache weniger gebräuchlich als "Recycling". Bei Recyclat/Rezyklat sind beide Schreibweisen möglich. (Dudenredaktion, 16.9.93)

- Bauteile reinigen,

- Bauteile prüfen/sortieren,

- Bauteile aufarbeiten/erneuern,

- Erzeugnisse montieren.

Demontagegerechtes Gestalten erfordert eine besondere Berücksichtigung der Verbindungstechnik. Verschmutzungen, Verölungen und Korrosion können das Lösen erheblich behindern. Das Lösen stoffschlüssiger Verbindungen ohne Rückstände ist kaum möglich, das Lösen kraftschlüssiger Verbindungen kann zu Verformungen führen. Die im Vergleich zur Erstmontage meistens ebenso schwierige Austauschmontage erfordert Montageeinrichtungen, die jedoch selten das Niveau der Erstfertigung erreichen. Um die Montage zu erleichtern und um das ausgesonderte Teil weiter verwerten zu können, sind Reinigungsprozesse notwendig. Diese erfolgen meistens jedoch von Hand, oder mit Hilfsmitteln, die nur denen in Instandsetzungswerkstätten entsprechen.

Die Entscheidung über den Austausch einzelner Bauelemente hängt von der Beurteilung bzw. Prüfung deren Tauglichkeit ab. Neben der Funktionstauglichkeit sind Abbauerscheinungen der Werkstoffe, eine Verschleißerkennung oder auch optische Gesichtspunkte relevant.

Die ausgebauten Teile müssen sortiert werden, auch bei leichter Zuordnungs(möglichkeit) ist eine ausreichende Kennzeichnung und deren leichte Identifizierung erforderlich, besonders wenn die ausgetauschten Elemente für eine sortenreine Erfassung beim weiteren Rezyklieren vorgesehen sind. Aufgabe der Bauteileaufbereitung ist es, den Nutzwert bzw. Abnutzungsgrad richtig einzuschätzen, was bei der Komplexität von Teilen aus Kunststoffen häufig schwieriger ist als bei Metallen. Organische Werkstoffe altern. Der Grad des Alterungsprozesses bzw. die damit verbundenen Eigenschaftsveränderungen sind selbst für Fachleute schwierig zu beurteilen. Das gleiche gilt für Schutz- und Dekorschichten mit optischer Funktion.

Die Austauschmontage setzt Verbindungstechniken voraus, die von vornherein eine Mehrfach-montage ermöglichen. Werkstoffschlüssige Verbindungen (Schweißen, Kleben) sind dabei auch wegen der Gefahr der Werkstoffbeeinflussungen durch Hitze oder Lösemittel problematisch.

Allgemein übergreifende Gestaltungsregeln sind daher:

- Verschleißlenkung auf niederwertige Teile,

- Vermeidung von Beschichtungen wie Korrosionsschutz oder anderen Schutzschichten,

- leichte Zugänglichkeit,

- schnelle Demontierbarkeit,

- Standardisierung,

- leichte Kontrollierbarkeit.

Bei der Reinigung müssen möglichst entsorgungsproblematische Reinigungsverfahren und Medien, die gleichzeitig Rückstände und Schädigungen der zu reinigenden Bauteile bewirken können, vermieden werden.

Das **Rezyklieren nach Produktgebrauch** setzt eine zuverlässige Bauteilzerlegung, Aufbereitungs-, Zerkleinerungs- und Trennverfahren voraus. Selbst Einstoffsysteme können wegen der Materialbeeinflussung beim Gebrauch Schwierigkeiten bei der Aufbereitung machen. Besonders wichtig ist die logistische Steuerung der Materialströme. Massenprodukte aus sortenreinen ähnlichen Werkstoffen sind der Rezyklierung sehr viel leichter zugänglich als kurzlebige, weitgestreute und im Detail kaum erfaßbare Materialien. Bei Kunststoffen kann die Kennzeichnung des Bauteilwerkstoffs nützlich sein, wenn das Rezyklieren in der gleichen Baugruppe erfolgt. Da Kunststoffe auch mit gleicher Typenbezeichnung aufgrund unterschiedlichen molekularen Aufbaus, der Zusatzstoffe, Verstärkungsmittel, Stabilisatoren, Farben, Brandschutzmittel, u.a. sehr unterschiedlich sein können, genügt diese Bezeichnung für allgemeine Kennzeichnungen oftmals nicht.

Die Entsorgung oder eine zwischenzeitliche Verwertung erfolgt je nach Veredelungsstufe und Kontamination auf verschiedenen Ebenen, wobei jeder Kreislauf auf seine Optimierung hin betrachtet werden sollte, Bild 9.5.

Einer möglichst langen Produktnutzungsdauer können innovative Entwicklungen entgegenstehen, wenn diese mit ökologischem und ökonomischen Fortschritt verbunden sind.

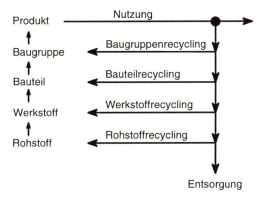

Bild 9.5:   Kreislaufszenarien für unterschiedliche Verwertungsstufen (nach Rink und Meyer)

9.2.2 Kriterien für das umweltgerechte Konstruieren und Fertigen

In einer durchdachten Analyse empfehlen Rink und Meyer für Kriterien für das umweltgerechte Konstruieren mit Kunststoffen. Aufgrund des Kreislaufgesetzes sind Hersteller, Verarbeiter und Vertreiber dazu verpflichtet, ihre Produkte so zu gestalten, daß bei deren Herstellung und deren Gebrauch die entstehenden Abfälle minimiert und umweltverträglich verwertet werden können. Konstruktion und Fertigungstechnik sind aufgerufen, diese zusätzlichen Produktionsanforderungen kostengünstig zu integrieren.

Damit kommen zu den bisherigen **Konstruktionskriterien**

- Sicherheit,

- Funktionstüchtigkeit,

- Wirtschaftlichkeit,

- Styling,

zusätzlich hierzu:

- Recycling,

- Entsorgung.

Der **Konstruktions- und Fertigungsablauf** umfaßt:

- Wirtschaftlichkeitsbetrachtung,

- Werkstoffauswahl,

- Konstruktion und Gestaltung,

- Verarbeitung,

- Montage/Demontage,

- Transport/Logistik.

Neben der **Wirtschaftlichkeitsbetrachtung**, die ganz generell für das Konstruieren gelten und in Bild 9.2 und Tab. 9.1 skizziert sind, gelten für das umweltgerechte Konstruieren und Fertigen, daß eine Gesamtkostenbetrachtung incl. Entsorgung erstellt wird, Bild 9.3. Dabei müssen die Kreislaufszenarien für unterschiedliche Verwertungsstufen berücksichtigt werden. Unterstützende Zielsetzungen können dabei im Sinne einer Wirtschaftlichkeit der Produkte sein, einen hohen Restwert, Werterhaltung durch Reparaturfreundlichkeit und eine kostengünstige Verwertung bzw. Entsorgung anzustreben.

Für die Werkstoffauswahl unter dem Umwelt- und Recyclinggesichtspunkt sind eine Reihe von Faktoren entscheidend:

- Recyclingfähige Werkstoffe verwenden,

- Reduzierung der Werkstoffvielfalt,

- konsequente Herstellung von Teilen gleicher Funktion aus den selben Werkstoffen,

- Vermeidung von Spezialwerkstoffen mit besonderen Additiven oder Ausrüstungen, Basiswerkstoffe müssen in realisierte Recyclingverfahren passen,

- Vermeidung von umweltproblematischen Additiven und Substanzen,

- Vermeidung oder Verwendung von unkritischen Flammschutzmitteln,

- Vermeidung von Oberflächenveredelungen und nicht lösbaren Werkstoffverbunden, bzw. Verwendung kompatibler Oberflächenveredelungen (z.B. spezielle Lacke),

- Kompatible Werkstoffe einsetzen, die auf Lack, Dekor, Fremdthermoplaste und etwaige Verunreinigungen verträglich reagieren,

- Vermeidung von glasfaserverstärkten Thermoplasten durch konstruktive Versteifungen (Schädigung von Glasfasern beim Recycling und Verunreinigung von unverstärkten Thermoplasten durch Glasfasern),

- Dunkle Farben bevorzugen wo möglich, um den Rezyklateinsatz zu begünstigen,

- Unkritische Entsorgung (Verbrennung, Deponie),

- Verfügbarkeit der Werkstoffe bzw. Rezyklate,

- Wirtschaftlichkeit.

Die **Konstruktion und Gestaltung** soll anstreben:

- Werkstoffminimierung (genaue Berechnung, Verrippung, Gasinjektionstechnik, kunststoffgerechte Konstruktion),

- Funktionsintegration (komplexe Bauteilform) und Funktionstrennung (Austausch-, Verschleiß- und Schutzteile),

- Konzentration nicht rezyklierbarer Elemente,

- trennfreundliche und unproblematische Verbindungstechniken (Schnappen, Schrauben, Schweißen, verträgliche Kleber).

Die konstruktive Auslegung muß dem **Verfahren** angepaßt erfolgen:

- Einkomponentenspritzguß,

- Gasinjektions- und Blasformen,

- ZK-Spritzguß mit verträglichen, kompatiblen Materialien,

- Hinterspritzen, Kaschieren, Lakieren und Beschichten mit verträglichen Komponenten,

- Galvanisieren und Metallisieren kritisch,

- Insert/Outserttechnik, hohe Integration gegenüber aufwendiger Trennung, Inserts aus gleichem verstärkten Material,

- Hybridtechnik,

- Materialschonung durch kontrollierte Materialbelastung (Verarbeitungstemperatur, Verweilzeit, Vorbereitung),

- Minimierung der Produktionsrückstände.

Am schwierigsten sind vorab die **Montage und Demontage** zu bewerten. Es gibt zwar Kriterien, die aber nicht unbedingt die Bewertung des erhaltenen Produkts mit einschließen. Demontagefreundlich sind:

- demontagegerechte Schnappverbindungen,

- sortenspezifische Kennzeichnung,

- Kraft- und Formschluß statt Stoffschluß,

- Demontagehinweise und -pläne,

- Austauscherleichterung,

- Kennzeichnungen.

Sollte im vielleicht nicht vorausbeurteilbaren Ergebnis aus werkstofflichen oder wirtschaftlichen Gründen ein werkstoffliches Recycling nicht sinnvoll sein, wäre eine demontagefreundliche Konstruktion möglicherweise genau das falsche, und zwar umweltunfreundliche Konzept.

Nur eine vorurteilsfreie und durch Erfahrungen begleitete Analyse kann zu einem sinnvollen Ergebnis führen. Zweifel sind erlaubt.

Selbst Gesichtspunkte von **Transport und Logistik** sind zu berücksichtigen. Der Vorteil der Kunststoffe als leichter und hochintegrierbaren Werkstoff ist mit einer Raumbedarf reduzierenden Stapelbarkeit zu verbinden. Fragen der späteren Erfassung, Sortierbarkeit und des Rezyklierens in den verschiedenen Stufen mit den damit verbundenen Problemen, s. Kapitel 9.2.1.

9.3 FLAMMSCHUTZ

Eine besondere Umweltthematik bei Kunststoffen sind die Flammschutzmittel. Kunststoffe sind organische Verbindungen, die sich bei relativ geringen Temperaturen (200-350 °C) zu zersetzen beginnen. Die gasförmigen Zersetzungsprodukte können unter Sauerstoffzufuhr zünden und verbrennen dann unter Energiefreisetzung. Durch Wärmestrahlung und -leitung breitet sich der Brand aus. Die Verbrennungsprodukte sind fest (Ruß, nicht brennbare Rückstände) oder gasförmig. Für viele sicherheitsrelevante Anwendungen wie z.B. Elektrogeräte, im Bauwesen und in der Verkehrstechnik (z.B. Innenausrüstung von Flugzeugen und Eisenbahnen), bestehen Vorschriften zum Einsatz von Kunststoffen einer bestimmten

Flammschutzklasse. Die Klassifizierung erfolgt mit standardisierten Prüfverfahren, in denen die Brennbarkeit einer Kunststoffprobe oder eines ganzen Bauteils, das Verhalten des Kunststoffs beim Brennen (z.B. Abtropfen, Flammausbreitung), die Rauchgasdichte, die Korrosivität der Rauchgase usw. geprüft wird. Eine wichtige Klassifizierung für Kunststoffe in der Elektrotechnik ist z.B. die Prüfung nach Underwriters Laboratories, UL 94. Es muß beachtet werden, daß die Brennbarkeit nicht nur vom Werkstoff, sondern ebenso von der Konstruktion (Bauteildicke, Wärmeableitung usw.) sowie den Beflammungs- und Umgebungsbedingungen beeinflußt wird.

Flammschutzmittel hemmen die Entzündung und Verbrennung von Kunststoffen. Beispielsweise werden ca. 17% aller Kunststoffe in der Elektrotechnik mit Flammschutzmitteln ausgerüstet. Die Funktionsweise von Flammschutzmitteln ist je nach Substanz unterschiedlich:

- Freisetzung unbrennbarer Gase, Verdünnungseffekt und Kühlung,

- Bildung von freien Radikalen, die die Verbrennungsreaktion stoppen,

- Ausbildung einer Verkohlungs- oder Schaumschicht auf dem Kunststoff, die den Werkstoff vom Brandgeschehen trennt.

Bisher wurden meist bromhaltige Flammschutzmittel mit Sb_2O_3 als Synergisten verwendet. Sie können zur Bildung von Schadstoffen, vor allem Dioxinen und Furanen, bei Verarbeitung, Recycling, Verbrennung in Hausmüllanlagen und im Fall eines Schadenfeuers (Verbrennungsgase und -rückstände) führen. Aus halogenhaltigen Kunststoffen entsteht bei der Verbrennung zudem korrosiver und toxischer Halogenwasserstoff. Da für viele Anwendungen ein Ersatz der halogenhaltigen Flammschutzsysteme angestrebt wird, kommen mehr und mehr halogenfreie Alternativen zum Einsatz.

Die Auswahl geeigneter halogenfreier Flammschutzsysteme ist kompliziert und läßt sich nicht verallgemeinern. Für jeden Kunststoff und viele Anwendungen müssen gesonderte Lösungen erarbeitet werden. Beispielsweise können ABS und SB z.Z. nicht halogenfrei ausgerüstet werden und müssen mit anderen Thermoplasten als Blend modifiziert (SB/PPO, ABS/PC) werden. Typische Vertreter der halogen- bzw. brom- und chlorfreien Flammschutzmittel sind:

- Organische und anorganische Phosphorverbindungen, oft zusammen mit PTFE als Antitropfmittel (z.B. SB/PPO, ABS/PC),

- Elementarer roter Phosphor (z.B. glasfaserverstärkte Polyamide),

- Aluminium- und Magnesiumhydroxid, Abspaltung von Wasser bei höheren Temperaturen (PP, PA, UP),

- Weitere Verbindungsklassen sind z.B. Ammoniumsalze, Melaminderivate, Zinkborate usw.

Der halogenfreie Flammschutz stellt eine Kompromißlösung hinsichtlich der Werkstoffeigenschaften dar, da das Flammschutzsystem in komplexer Weise die Eigenschaften von Kunststoffen beeinflußt. Beispielsweise müssen hohe Anteile bis ca. 50 Gew.-% des Flammschutzmittels Magnesiumhydroxid in die Thermoplaste eingearbeitet werden, um einen ausreichenden Flammschutz zu gewährleisten. Dadurch werden die mechanischen Eigenschaften und die Fließfähigkeit deutlich herabgesetzt. Andere Flammschutzmittel besitzen eine intensive Eigenfarbe, wieder andere lassen sich nicht lackieren. Die Kunststoffe mit halogenfreiem Flammschutz sind zudem meist deutlich teurer als die mit halogenhaltigen Flammschutzmitteln. Duroplaste, wie z.B. SMC, können hoch gefüllt werden und besitzen hier Vorteile gegenüber den Thermoplasten.

Aufgrund ihres aromatischen Kettenaufbaus sind viele hochtemperaturbeständige Thermoplaste (PES, PEEK, PEI) inhärent flammwidrig ohne Zusatzstoffe. Ihr hoher Preis und die schwierigere Verarbeitbarkeit beschränken jedoch ihre Anwendung.

In Tab. 9.2 werden unterschiedliche Kennwerte der nicht flammgeschützten Thermoplaste gegenübergestellt.

Polymer	LOI [%]	UL 94 (1,6 mm)	FIT [°C]	SIT [°C]	ZT [°C]	GT [°C]
POM	16	HB	350	400	220	100
PMMA	17,4	HB	300	450	170-300	70
PE	17,4	HB	340	350	340-440	90
PP	18	HB	360	400	330-410	100
PS	18	HB	350	490	300-400	80
ABS	18,5	HB	390	480	-	80
PBT	23	HB	440	480	-	80
PA 6	24	V-2	420	450	300-350	100
PA 66	27	V-2	490	530	320-400	120
PC	29	V-2	520	1)	350-400	100
PSU	30	V-1	475	1)	400	180
PAEK	37	V-0	-	-	-	250
PES	38	V-0	510	1)	400	220
PVC	48	V-0	390	455	200-300	60
PTFE	95	V-0	560	580	510-540	260

Tabelle 9.2:   *Kennwerte zur Beschreibung des Verhaltens von reinen Kunststoffen unter thermischer Belastung*

LOI: Sauerstoffindex, ASTM 2863, maximale Sauerstoffkonzentration, bei der ein Prüfkörper nach dem Entfernen der Flamme gerade noch weiterbrennt.

Brennverhalten nach UL 94, Beflammung von horizontalen bzw. vertikalen Probekörpern definierter Dicke mit einer standardisierten Flamme und Klassifizierung der Kunststoffe nach der Brennbarkeit, Abbrandgeschwindigkeit, Abtropfen. Steigende Flammwidrigkeit nach UL 94: HB, V-2, V-1, V-0

FIT: Entflammungstemperatur

SIT: Entzündungstemperatur, nach ASTM D 1929, DIN 54836, Ermittlung der niedrigsten Temperatur bei der sich die Zersetzungsgase von Kunststoffen mit (FIT) und ohne (SIT) Zündflamme entzünden.

1) keine Entzündung

ZT: Temperaturbereich der Zersetzung

GT: Gebrauchstemperatur

Literatur zu Kapitel 9:

Beitz, W.   Möglichkeiten zur material- und energiesparenden Konstruktionen
                                                Konstruktion 42 (1990) 10, S. 378-384

Beitz, W.; Birkhofer, H.   Konstruktionsmethodik in der Praxis
und Pahl, G.   Konstruktion 44 (1992) 12, S. 391-397

Birkhofer, H.	Von der Produktidee zum Produkt - Eine kritische Betrachtung zur Auswahl und Bewertung in der Konstruktion Festschrift Gerhard Pahl, TH Darmstadt, 1990, S. 195-204
Brinkmann, T.; Ehrenstein, G. W. und Steinhilper, R.	Umwelt- und recyclinggerechte Produktentwicklung Weka-Verlag, Augsburg, 1994
Czichos, H.	Werkstofftechnik als Basis industrieller Produkte Stahl und Eisen 114 (1994) 12, S.63-70
Ehrenstein, G. W.	Umweltschutz - Kriterien aus technisch - naturwissenschaftlicher Sicht in "Die Erhaltung der Umwelt als Herausforderung und Chance" (Hrsg.: Vollkommer, M.) Atzelsberger Gespräche 1994 Erlanger Forschungen, Reihe A, Band 72, Erlangen, 1995
Gächter, R. und Müller, H.	Taschenbuch der Kunststoffadditive Carl Hanser Verlag, München, 1990
Katz, H.S. und Milewski, J.V.	Handbook of Reinforcement and Filters for Plastics Van Nostrand Reinhold, New York, 1987
Meyer, H.; Neupert, M.; Pump, W. und Willenberg, B.	Flammschutzmittel entscheiden über die Wiederverwertbarkeit Kunststoffe 83 (1993) 4, S. 253-257
N. N.	Brandverhalten von Kunststoffen - Status und Perspektiven Fachtagung des SKZ, Würzburg, 1995
N. N.	Vermeiden flammhemmender Zusätze in Kunststoffen Information des ZVEI, Frankfurt, 1992
Rink, M. und Meyer, H.	Recycling und Design Bayer AG, Anwendungstechnische Information ATI 949, 1995
Schiebisch, J.	Zum Recycling von Faserverbundkunststoffen mit Duroplastmatrix Diss. Universität Erlangen, 1995
VDI-Richtlinie 2222	Konstruktionsmethodik - Konzipieren technischer Produkte, Blatt 1/2, VDI-Verlag, Düsseldorf, 1979
VDI-Richtlinie 2234	Wirtschaftliche Grundlagen für den Konstrukteur VDI-Verlag, Düsseldorf, 1990
VDI-Richtlinie 2243 E	Konstruieren recyclinggerechter technischer Produkte VDI-Verlag, Düsseldorf, 1991

Stichwortverzeichnis

Namensverzeichnis